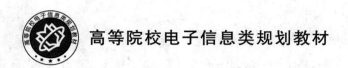

高等院校电子信息类规划教材

装备机电一体化技术

主　编　张传清
副主编　江鹏程　张小明　陈　伟

北京邮电大学出版社
www.buptpress.com

内 容 简 介

本书在装备机电一体化系统产生和演进的基础上阐述机电一体化技术的发展脉络、基础理论和关键技术。主要内容包括：机电一体化的基本概念、系统的构成要素、共性关键技术；机电系统数学模型、常用的工程分析方法；机电控制系统嵌入式控制器、接口及总线技术；嵌入式系统中PID控制算法及软件实现、测控系统实时数据处理以及软件抗干扰技术；驱动控制技术及在装备中的实际应用；装备机电一体化系统总体技术以及在新型无人装备上的应用。

本书可作为机械工程、车辆工程等专业本科教材，也可作为从事机动装备机电一体化技术、测控技术专业工程技术人员的学习参考。

图书在版编目(CIP)数据

装备机电一体化技术 / 张传清主编. -- 北京 ：北京邮电大学出版社，2024. -- ISBN 978-7-5635-7362-2

Ⅰ. TH-39

中国国家版本馆 CIP 数据核字第 20248VY029 号

策划编辑：刘纳新 姚 顺	责任编辑：满志文	责任校对：张会良	封面设计：七星博纳

出版发行：北京邮电大学出版社
社　　址：北京市海淀区西土城路 10 号
邮政编码：100876
发 行 部：电话：010-62282185　传真：010-62283578
E-mail：publish@bupt.edu.cn
经　　销：各地新华书店
印　　刷：保定市中画美凯印刷有限公司
开　　本：787 mm×1 092 mm　1/16
印　　张：16.75
字　　数：377 千字
版　　次：2024 年 11 月第 1 版
印　　次：2024 年 11 月第 1 次印刷

ISBN 978-7-5635-7362-2　　　　　　　　　　　　　　　定　价：49.00 元

・如有印装质量问题，请与北京邮电大学出版社发行部联系・

前言

本书选取典型无人装备机电一体化系统作为研究对象,以实际系统研发和应用为蓝本,构建了系统建模和工程分析、仿真分析方法,共性关键技术原理,机电一体化技术应用的内容体系,本书突出系统论的主要思想,目标是培养学生对装备机电一体化系统进行建模、仿真分析和编程调试实验的工程实践能力,强化工程素养与创新能力培养,使学生能利用机电一体化基本理论和方法解决装备机电系统运用中的实际问题。

本书的主要特色包括:

第一,本书以无人装备实例作为背景构建内容体系。选取了轮式无人平台,采用"解剖麻雀"的方法,以实装案例建模仿真、子系统关键技术实现和总体功能实现为线索,构建本书的内容体系,每章理论内容都会落实到实装实现,使理论与实践结合更加紧密,同时规划了章节实验内容和课终实验内容,可保证学生通过理论学习,最终能编写控制代码,操控目标平台行驶,并能设计实验方案测定无人平台机动性能指标。

第二,本书以算法程序、核心代码结束重点章节内容。软件和微电子技术向传统机械工程领域渗透,形成了机电一体化技术的增长点,开启了智能化的新时代,显然机电一体化技术是软件技术的深度融入,所以传统机械工程、自动控制等基础理论,最终落实到软件实现,才能最终体现机电一体化思想,使课程教学内容紧跟时代发展。

目前无人装备的发展和应用正在进入一个新的阶段,我们已经迈入了智能化时代,新时期对新型人才能力需求中自然增加了编程能力的要求,学生理解机电一体化系统编程思想显得尤为重要。本书的编写结合课程教学模式改革,大幅增加算法代码内容,使理论内容通过软件落地到典型装备实际系统中,使学生可将基础理论顺利应用到后续实验环节,并为将来装备工程实践打下良好基础。

教材包含7个章节。第1章绪论,介绍机电一体化的基本概念、系统的构成要素、共性关键技术、机电一体化技术在装备中的应用和发展趋势;第2章阐述机电系统建模,重点讨论机电系统数学模型的分析与应用；第 3 章阐述机电系统特性分析；第 4 章阐述机电一体化控制技术，重点是无人平台综合控制器、配电控制器的原理和编程方法；第 5 章阐述机电一体化测控软件技术，重点是嵌入式系统中 PID 控制算法及软件实现、测控系统实时数据处理以及软件抗干扰技术；第 6 章阐述机电一体化伺服驱动技术，以直流伺服电动机为例讨论其数学模型、动静态特性、驱动控制方法以及在装备中的实际应用；第 7 章阐述机电一体化技术应用，探讨装备研发过程、通用质量特性要求及实施过程，并以轻型轮式无人平台为例讨论机电一体化技术在新型无人装备上的应用。

本书由张传清主编并统稿。第 1 章由江鹏程编写，第 2 章和第 3 章由陈伟编写，第 6 章由张小明编写，第 4 章、第 5 章和第 7 章由张传清编写。

本书在编写过程中，经丛华教授、乔新勇副教授的多轮修订和审定，在此表示衷心感谢！

因作者水平有限，书中不足之处，请各位老师和同学批评指正！

编　者

目 录

第1章 绪论 1

1.1 机电一体化技术及发展 1
1.1.1 机电一体化的基本概念 1
1.1.2 机电一体化技术发展与特征 2
1.2 机电一体化系统的基本组成要素 4
1.2.1 三子系统论 5
1.2.2 机电一体化系统的结构 5
1.2.3 机电一体化构成要素 7
1.3 机电一体化关键技术 9
1.3.1 系统总体技术 10
1.3.2 精密机械技术 11
1.3.3 检测传感技术 11
1.3.4 信息处理与传输技术 12
1.3.5 自动控制技术 12
1.3.6 伺服驱动技术 13
1.4 机电一体化技术在装备中的应用和发展趋势 14
1.4.1 动力系统 15
1.4.2 传动系统 16
1.4.3 地面无人机动平台 18
习题与思考题 19

第2章 机电系统建模 20

2.1 概述 20
2.1.1 数学模型的概念 21
2.1.2 数学模型的分类 21
2.1.3 数学模型的建模方法 22

  2.2 机电系统数学模型 ··· 23
    2.2.1 线性系统的概念 ·· 24
    2.2.2 线性系统的微分方程 ·· 24
    2.2.3 传递函数 ··· 28
    2.2.4 状态空间模型 ··· 35
  2.3 MATLAB 控制工具箱与机电系统模型 ······························ 37
  2.4 无人平台系统建模与分析 ·· 41
    2.4.1 轮式无人平台基本构成 ······································ 41
    2.4.2 轮式无人平台运动学模型 ·································· 43
    2.4.3 轮式无人平台动力学模型 ·································· 46
  习题与思考题 ·· 50

第 3 章　机电系统特性分析 ··· 51

  3.1 机电系统时域分析方法 ·· 51
    3.1.1 系统时域响应特性分析 ······································ 51
    3.1.2 系统稳定性与误差分析 ······································ 55
  3.2 机电系统频域分析方法 ·· 60
    3.2.1 系统频域特性 ··· 60
    3.2.2 系统频域特性图 ·· 62
    3.2.3 典型环节频域特性 ··· 62
    3.2.4 开环频域特性 ··· 65
    3.2.5 频域特性与传递函数 ··· 68
    3.2.6 相位裕度和幅值裕度 ··· 69
    3.2.7 闭环频率性能指标 ··· 70
  3.3 机电系统工程分析方法的 MATLAB 实现 ························ 71
    3.3.1 时域分析 ·· 71
    3.3.2 稳定性分析 ·· 73
    3.3.3 频域分析 ·· 74
  3.4 机电一体化系统计算机仿真分析 ···································· 76
    3.4.1 轮式无人平台 ADAMS/Simulink 联合仿真 ·········· 77
    3.4.2 轮式无人平台 ADAMS/Simulink 联合仿真实验 ·· 81
  习题与思考题 ·· 82

第 4 章　机电一体化控制技术 ··· 84

  4.1 概述 ·· 84

4.1.1 计算机控制系统控制器的分类及其特点 ……………………………… 84
4.1.2 嵌入式系统的发展历程和特点 ………………………………………… 88
4.1.3 嵌入式操作系统 ………………………………………………………… 93
4.2 典型嵌入式控制器及最小系统 ……………………………………………… 94
4.2.1 典型 8 位 MCU-C8051F 系列 ………………………………………… 95
4.2.2 典型 32 位 MCU-STM32F 系列 ……………………………………… 99
4.2.3 8 位 MCU C8051F040 的最小系统 …………………………………… 102
4.2.4 32 位 MCU STM32F407 的最小系统 ………………………………… 106
4.3 嵌入式系统接口技术 ………………………………………………………… 111
4.3.1 微控制器 I/O 端口技术 ………………………………………………… 112
4.3.2 基于轮速计的无人平台车速测量 ……………………………………… 125
4.3.3 无人平台电气配电控制器 ……………………………………………… 134
4.3.4 模拟量接口技术 ………………………………………………………… 140
4.3.5 控制器通信接口技术 …………………………………………………… 150
4.3.6 内部总线与智能传感器接口 …………………………………………… 158
4.4 车载现场总线技术 …………………………………………………………… 163
4.4.1 车载总线概述 …………………………………………………………… 164
4.4.2 主战装备综合电子系统 ………………………………………………… 167
4.4.3 CAN 总线原理及技术实现 …………………………………………… 171
4.4.4 电气配电控制器 CAN 总线接口 ……………………………………… 178
4.4.5 轮式无人平台 CAN 总线用户层协议制定及指令传输 ……………… 180
习题与思考题 ……………………………………………………………………… 184

第 5 章 机电一体化测控软件技术 ……………………………………………… 185

5.1 PID 控制算法及软件实现 …………………………………………………… 185
5.1.1 模拟控制器与数字控制器 ……………………………………………… 186
5.1.2 模拟 PID 控制器 ………………………………………………………… 187
5.1.3 数字 PID 控制器 ………………………………………………………… 188
5.1.4 增量型 PID 算法的程序实现 …………………………………………… 189
5.1.5 PID 控制器控制参数整定 ……………………………………………… 191
5.2 测控系统实时数据处理 ……………………………………………………… 192
5.2.1 数字滤波技术 …………………………………………………………… 192
5.2.2 基于卡尔曼滤波算法评估无人平台姿态角 …………………………… 194
5.3 机电一体化系统软件抗干扰技术 …………………………………………… 195
5.3.1 软件冗余技术 …………………………………………………………… 196
5.3.2 "看门狗"技术 ………………………………………………………… 198
习题与思考题 ……………………………………………………………………… 198

第6章 机电一体化伺服驱动技术 ... 200

6.1 概述 ... 200
6.1.1 执行元件的组成及分类 ... 200
6.1.2 现代伺服系统 ... 201
6.1.3 液压传动及电液伺服驱动技术 ... 205

6.2 直流伺服电动机及驱动技术 ... 208
6.2.1 直流伺服电动机数学模型、静态和动态特性 ... 209
6.2.2 直流伺服电动机驱动技术 ... 213
6.2.3 直流电动机转矩转速控制 ... 220

6.3 无刷电动机及驱动技术 ... 224
6.3.1 无刷电动机结构及原理 ... 224
6.3.2 无刷电动机的控制模型 ... 226
6.3.3 无刷电机驱动技术 ... 227
6.3.4 轮式无人平台轮毂电动机驱动控制 ... 229

习题与思考题 ... 236

第7章 机电一体化技术应用 ... 237

7.1 装备机电一体化系统总体设计 ... 237
7.1.1 机电一体化系统设计方法的演变 ... 237
7.1.2 机电一体化系统的特征 ... 238
7.1.3 机电一体化系统的方法论 ... 239
7.1.4 机电一体化系统设计的考虑方法 ... 242
7.1.5 机电一体化系统的设计程序、准则和规律 ... 243

7.2 军用装备机电系统技战术指标体系 ... 244
7.2.1 军用装备机电一体化系统技战术指标体系 ... 244
7.2.2 国内外典型移动无人平台(小型)及技术指标简介 ... 246

7.3 轮式无人平台总体设计 ... 249
7.3.1 轮式无人平台行动系统优化设计 ... 250
7.3.2 轮式无人平台控制系统及任务软件架构 ... 251
7.3.3 轻型轮式无人平台高速行驶稳定性分析及控制策略 ... 256

习题与思考题 ... 259

参考文献 ... 260

第1章 绪论

现代科学技术的不断发展极大地推动了不同学科之间的交叉、渗透与融合,并导致工程领域的技术革命。历史上的三次工业革命的发展过程并不孤立,是层级递进的。机械工程领域技术的发展奠定了电气化的基础;机械与电气技术的融合,直接推动了电子技术和计算机技术的迅猛发展,并最终使机械、电气、电子、计算机、信息通信技术融为一体,加速信息化时代的到来。目前,机械工程学科已逐步迈入了以"机电一体化"技术为特征的信息化、智能化发展阶段。

1.1 机电一体化技术及发展

1.1.1 机电一体化的基本概念

机电一体化概念是由日本学者最先提出的。"机电一体化"是指在机构的主功能、动力功能、信息处理功能和控制功能上引进电子技术,将机械装置与电子化设计及软件结合起来所构成的系统的总称。机电一体化已成为当今信息化、现代化工业生产的重要标志。目前,机电一体化已经从原来的电子、机械的简单结合发展成为集液压、热元件、热工学和控制学于一体的综合性系统。

机电一体化发展至今已成为一门有着自身体系的新型学科,并且伴随着科学技术的不断进步还将被赋予新的内容。但其基本特征可概括为:机电一体化是从系统的观点出发,综合运用机械技术、微电子技术、自动控制技术、计算机技术、信息技术、传感测控技术、电力电子技术、接口技术、信息变换技术以及软件编程技术等群体技术,根据系统功能目标和优化组织目标,合理配置与布局各功能单元,在多功能、高质量、高可靠性、低能耗的意义上实现特定功能价值,并使整个系统最优化的系统工程技术。由此而产生的功能系统,则成为一个机电一体化系统或机电一体化产品。

因此,"机电一体化"涵盖"技术"和"产品"两个方面。只是,机电一体化技术是基于上述群体技术有机融合的一种综合技术,而不是机械技术、微电子技术以及其他新技术的简单组合、拼凑。这是机电一体化与机械加电气所形成的机械电气化在概念上的根本区别。

机械工程技术由纯技术发展到机械电气化、自动化时，仍属传统机械，其主要功能依然是代替和放大的体力。但是发展到机电一体化后，其中的微电子装置除可取代某些机械部件的原有功能外，还能赋予许多新的功能，如自动检测、自动处理信息、自动显示记录、自动调节与控制、自动诊断与保护等，即机电一体化产品不仅是人的手与肢体的延伸，还是人的感官与头脑的延伸，具有智能化的特征是机电一体化与机械电气化在功能上的本质区别。

1.1.2 机电一体化技术发展与特征

1. 机电一体化发展历史

机电一体化的发展大体可以分为3个阶段，每一个历史阶段，都因其科学技术发展水平的不同，呈现出不同的特征。

（1）20世纪60年代以前为第一阶段，这一阶段称为初级阶段。在这一时期，尤其是第二次世界大战期间，战争的刺激，迫使人们逐步地利用电子技术的初步成果来改进和完善机械产品的性能，这些机电结合的军用技术，战后转为民用，对战后经济的恢复起到了积极的作用。那时，研制和开发从总体上看还处于自发状态。

由于当时电子技术的发展尚未达到一定水平，机械技术与电子技术的结合还不够广泛和深入，已经开发的产品也无法大量推广。

（2）20世纪70—80年代为第二阶段，可称为蓬勃发展阶段。这一时期，计算机技术、控制技术、通信技术的发展，为机电一体化的发展奠定了技术基础。大规模、超大规模集成电路和微型计算机的出现，为机电一体化的发展提供了充分的物质基础，这个时期Mechatronics一词首先在日本被普遍接受。到了20世纪80年代末期，Mechatronics——机电一体化一词，在世界范围内被较广泛认可，各国均开始对机电一体化技术和产品给予很大的关注和支持，机电一体化技术和产品得到了极大发展。

（3）20世纪90年代后期，开始了机电一体化技术向智能化方向迈进的新阶段，机电一体化进入深入发展时期。一方面，光学、通信技术等进入机电一体化，微细加工技术也在机电一体化中崭露头角，出现了光机电一体化和微机电一体化等新分支；另一方面，对机电一体化系统的建模设计、分析和集成方法，机电一体化的学科体系和发展趋势都进行了深入研究。同时，人工智能技术、神经网络技术及光纤技术等领域取得的巨大进步，为机电一体化技术开辟了发展的广阔天地。这些研究，使机电一体化进一步建立了坚实的基础，并且逐渐形成完整的学科体系。

我国是从20世纪80年代初才开始进行这方面的研究和应用。国务院成立了机电一体化领导小组，并将该技术列入"863计划"中。在制定"九五"规划和2010年发展纲要时,充分考虑了国际上关于机电一体化技术的发展动向和由此可能带来的影响。许多大专院校、研究机构及一些大中型企业对这一技术的发展及应用做了大量的工作,取得了一定成果,但与日本等发达国家相比,仍有相当大的差距。

2. 机电一体化发展趋势

机电一体化是集机械、电子、光学、控制、计算机、信息等多学科的交叉综合,它的发展和进步依赖并促进相关技术的发展。机电一体化的主要发展方向大致有以下几个方面。

(1) 智能化

智能化是21世纪机电一体化技术的一个重要发展方向。人工智能在机电一体化的研究中日益得到重视,机器人与数控机床的智能化就是重要应用之一。这里所说的"智能化"是对机器行为的描述,是在控制理论的基础上,吸收人工智能、运筹学、计算机科学、模糊数学、心理学、生理学和混沌动力学等新思想、新方法,使它具有判断推理、逻辑思维及自主决策等能力,以求得到更高的控制目标。使机电一体化产品具有与人完全相同的智能,是不可能的,也是不必要的。但是,高性能、高速度的微处理器使机电一体化产品赋有低级智能或者人的部分智能,则是完全可能而且必要的。

(2) 模块化

模块化是一项重要而艰巨的工程。由于机电一体化产品种类和生产厂家繁多,研制和开发具有标准机械接口、电气接口、动力接口和环境接口等的机电一体化产品单元是一项十分复杂但又非常重要的事情。如研制集减速、智能调速于一体的动力单元,具有视觉、图像处理、识别和测距等功能的控制单元,以及各种能完成典型操作的机械装置等。有了这些标准单元就可迅速开发出新产品,同时也可以扩大生产规模。为了达到以上目的,还需要制定各项标准,以便于各部件、单元的匹配。由于利益冲突,近期很难制定出国际或国内这方面的标准,但可以通过组建一些大企业逐渐形成。显然,从电气产品的标准化、系列化带来的好处可以肯定,无论是对生产标准机电一体化单元的企业,还是对生产机电一体化产品的企业,模块化将给机电一体化企业带来美好的前程。

(3) 网络化

20世纪90年代,计算机技术发展的突出成是网络技术成熟。网络技术的兴起和飞速发展给科学技术、工业生产、政治、军事、教育等带来了巨大的变革。各种网络将全球经济、生产连成一片,企业间的竞争也将全球化。机电一体化新产品一旦研制出来,只要其功能独到、质量可靠,很快就会畅销全球。由于网络的普及,基于网络的各种远程控制和监视技术方兴未艾,而远程控制的终端设备本身就是机电一体化产品。

(4) 微型化

微型化兴起于20世纪80年代末,指的是机电一体化向微型机器和微观领域发展的趋势。国外称其为微电子机械系统(MEMS),泛指几何尺寸不超过1 cm^3的机电一体化产品,并向微米、纳米级发展。微机电一体化产品体积小,耗能少,运动灵活,在生物医疗、军事、信息等方面具有无可比拟的优势。微机电一体化发展的瓶颈在于微机械技术。

微机电一体化产品的加工采用精细加工技术,即超精密技术,它包括光刻技术和蚀刻技术两类。

(5) 系统化

系统化的表现特征,首先是系统体系结构进一步采用开放式和模式化的总线结构。系统可以灵活组态,进行任意剪裁和组合,同时寻求实现多子系统协调控制和综合管理。未来的机电一体化更加注重产品与人的关系,机电一体化的人格化有两层含义:一层是如何赋予机电一体化产品人的智能、情感、人性等,显得越来越重要,特别是对家用机器人,其高层境界就是人机一体化;另一层是模仿生物机理,研制出各种机电一体化产品。事实上,许多机电一体化产品都是受动物的启发而研制出来的。

(6) 光机电一体化

一般机电一体化系统是由传感系统、动力系统、信息处理系统、机械结构等部件组成。引进光学技术,利用光学技术的先天特点,就能有效地改进机电一体化系统的传感系统、能源系统和信息处理系统。

(7) 柔性化

未来机电一体化产品,控制和执行系统有足够的"冗余度",有较强的"柔性",能较好地应付突发事件,被设计成"自律分配系统"。在系统中,各子系统是相互独立工作的,子系统为总系统服务,同时具有本身的"自律性",可根据不同环境条件做出不同反应。其特点是子系统可产生本身的信息并附加所给信息,在总的前提下,具有"行动"是可以改变的。这样,既明显地增加了系统的能力(柔性),又不因某一子系统的故障而影响整个系统。

1.2 机电一体化系统的基本组成要素

机电一体化系统设计的最终目的是实现要求的可控运动行为。从功能上讲,是用于完成多动力学任务的机械和机电部件相互联系的完整的系统,强调各种技术的协调和集成,各部分之间是有机结合而不是简单拼凑和堆砌。基于机电一体化系统是现代机械系统这一基本认识,可以建立起更符合实际的机电一体化系统的构成体系及其概念模型。

德国学者认为,机电一体化系统由控制、动力、传感器检测、操作和结构5个方面的模块组成,类似于人类的大脑、内脏、五官、四肢和躯干,以一种通俗的、系统的方式分析和理解机电一体化系统;丹麦的学者,则把机电一体化理解为机械、电子、软件3个系统的交叉融合,是机械、电子和计算机工程在机电产品和系统开发中的协同应用;挪威科技大学则提出了可以将机电一体化系统分为物理和控制两个子系统的观点。

最为普遍的观点认为,机电一体化系统的最本质的特征是一个机械系统,但又不同于一般的传统机械,它是在机构的主功能、动力功能、信息与控制功能上引进了电子技术,并与软件结合而成的一种特殊的机械系统,具有系统性、柔性、智能性的特征。

1.2.1 三子系统论

机电一体化系统的最终目的是实现机械运动和动作,是一个由计算机进行信息处理和控制的现代机械系统。根据系统论的观点,将一个系统划分为互相联系的子系统的原则,一是应突出系统的主功能;二是应按功能分解原理,将总功能分解为各相对独立的子功能以确定子系统。

从完成功能动作要求出发,机电一体化系统可划分为:广义执行机构子系统、传感检测子系统、信息处理及控制子系统。3 个子系统分别完成机械运动动作、信息检测和信息处理及控制。

按三子系统论将机电一体化系统按功能分解以上 3 个基本构成要素,有助于对机电一体化系统进行概念设计和功能集成,从而分别寻求各自的功能载体,并通过系统优化来得到机电一体化系统的总体方案。

1.2.2 机电一体化系统的结构

机电一体化系统包含单元级与系统级两个层次,单元级的机电一体化系统只有一个执行单元,其运动载体是单个的广义执行机构,是对传统机构的发展;系统级的机电一体化系统具有多个执行单元,这些执行单元的协调作用共同完成更为复杂的执行运动功能,是对传统机构系统的超越。

两个层次的机电一体化系统的应用范围不同,当产品的功能很简单时,往往只需要单个的广义执行机构就能实现,可以采用单元级的机电一体化系统的结构形式。在确定广义执行机构形式后,结构参数及控制策略的设计,要在广义执行机构运动学建模和动力学建模基础上同时进行,机电设计是完全耦合的。当产品的运动功能较为复杂时,映射的结果可能需要多个广义执行机构,这时需采用系统级的机电一体化系统的结构组成,系统级的机电一体化系统更强调各单元间的集成、协调与控制。

1. 机电一体化系统单元结构

图 1-1 所示为机电一体化单元结构,从自动控制理论的角度看,机电一体化单元具有闭环控制逻辑结构。广义执行机构作为运动载体,实现了驱动元件和执行机构的相互融合,具有良好的可控性,使机电一体化系统具有足够的运动柔性和实时可调性。信息处理与控制子系统,控制广义执行机构子系统对外界的信息交互、信息处理和指令发布等工作。传感检测子系统按照广义执行机构子系统功能要求,服务于信息处理及控制子系统,对广义执行机构子系统运动状态进行探测。如果没有传感检测子系统,则单元结构为开环控制的单元级机电一体化系统。

广义执行机构具有以下基本特性:

(1)多样性。通过可编程控制驱动元件,使机构的输出运动按需要改变,满足各种功能需求。例如,工厂自动装配生产线上的机器臂,可以实现六自由度高速精密装配动作;

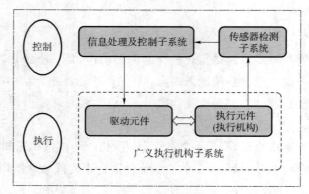

图 1-1 机电一体化单元结构

数控加工中心由五轴联动已经发展到了八轴联动,使复杂机械零件的加工精度和效率得到极大的提升。

(2) 智能化。通过采用一些智能化驱动元件,如形状记忆合金等,使机构输出运动具有智能化特征,实现机器的智能化控制。

(3) 微型化。微机电系统(MEMS)通过超声电动机、压电晶体等作用,可使机构产生微米级工作行程,实现机构微型化。

(4) 可控性。传感技术、电子技术、控制技术等使机电融合在一起,实现运动的柔性输出,极大地满足了运动功能的多样性要求。

在广义执行机构中驱动元件与执行元件系统融为一体,使输出运动可以复杂多变,使广义执行机构具有可控性。广义执行机构,是以机电一体化系统划分为机械主功能、检测功能和控制功能为前提的。广义执行机构概念的提出,有利于进行机电一体化系统方案的分析和设计。

2. 机电一体化系统结构

在传统机械系统中,运动载体是其中的机构系统,机构间的协调与控制往往通过复杂的多种机械传动分配机构和环节来实现,这样的机械系统很难进行动态调节,其所具有的机械柔性也是很有限的。与传统机械系统不同,系统级的机电一体化系统采用光、机、电、气、液一体,硬件和软件复合的手段来实现协调与控制功能,因而带来了极大的工作柔性,也大大简化了运动机构自身。

图 1-2 所示为机电一体化系统结构。系统级的机电一体化系统包括主控和执行两大功能模块,其中主控模块包括信息处理及控制系统、传感器检测两个子系统,执行模块由多个执行单元组成,而每个执行单元又包括广义执行机构子系统、信息处理及控制子系统和传感检测子系统。实质上每个执行单元就等同于一个单元级的机电一体化系统,主控模块中的传感检测子系统从设计过程来说,依然附属于信息处理及控制子系统。主控模块中的信息处理及控制子系统协调控制各执行单元的信息交互、信息处理及指令发布等工作。

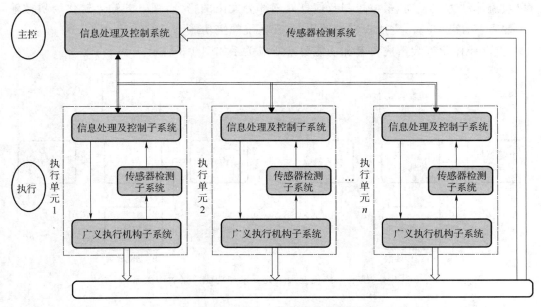

图 1-2 机电一体化系统结构

1.2.3 机电一体化构成要素

机电一体化系统要实现其目的功能,通常需要具备五大功能要素:动作功能、动力功能、检测功能、控制功能和构造功能。

动作功能是实现系统目的功能直接必需的功能,表明了系统的主要特征;动力功能是向系统提供动力,让系统得以运转的功能;检测功能用于获取外部或内部信息;控制功能对整个系统实施控制;构造功能则将系统各要素组合起来,进行空间配置,形成一个统一的整体。

上述五大功能要素对应机电一体化系统的五大组成部分,包括机械本体、动力单元、传感器与检测单元、信息处理与控制单元、执行机构,分别构成了结构组成要素、动力组成要素、感知组成要素、控制组成要素、动作组成要素。

机械本体(结构组成要素):是系统所有功能要素的机械支持结构,一般包括有机身、框架、支撑、连接等,实现系统的构造功能。

动力单元(动力组成要素):为系统提供能量和动力,并依据系统控制要求将输入的能量转换成需要的形式,实现动力功能。

测试传感部分(感知组成要素):包括各种传感器和信号处理电路,对系统运行时的内部状态和外部环境进行检测,提供进行控制所需的各种信息,实现检测功能。

信息处理与控制单元(控制组成要素):根据系统的功能和性能要求以及传感器反馈的信息,进行分析、处理、存储和决策,控制整个系统有目的的运行,实现控制功能。

执行机构(动作组成要素):包括执行元件和机械传动机构,执行元件通常基于电气、机械、流体动力或气动，根据控制及信息处理部分发出的指令，把电气输入转化为机械输出，如力、角度和位置，完成规定的动作，实现系统的主功能。

机电一体化五大组成要素和功能要素对应关系如图1-3所示。

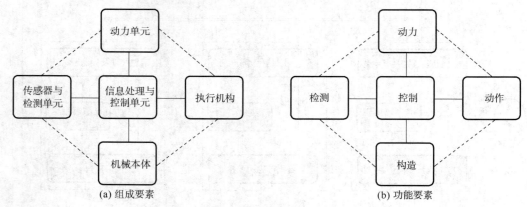

图1-3 机电一体化五大组成要素和功能要素对应关系

机电一体化系统的五大组成要素在工作中各司其职，相互协调、补充，共同完成目的功能。即在机械本体的支撑下，由传感器检测系统的运行状态及环境变化，将信息反馈给计算机进行处理，并按要求控制动力源驱动执行机构工作，完成要求的动作。其中系统控制单元在软、硬件的保证下，完成信息的采集、传输、储存、分析、运算、判断、决策，以达到信息控制的目的。智能化程度高的信息处理与控制单元还包含了知识获得、推理机制以及自学习等知识驱动功能。

需要指出的是，构成机电一体化系统的5个基本组成要素需要各种技术的协调和集成，各部分之间是有机结合而不是简单拼凑和堆砌而成，它是一个有机的整体，各要素之间与各子系统之间必须能够顺利地进行物质、能量和信息的传递与交换。因此，各要素与子系统相连处必须具备一定的联系条件，从而实现相互间的物质、能量和信息的传递与交换，以满足系统正常工作的需要。不同要素或子系统的连接和转换部分称为接口，接口技术是机电一体化系统技术的重要内容，是实现系统各个部分有机连接、可靠工作的保证。机电一体化系统接口包括机械接口、电气接口、人机接口等，如图1-4所示。

机械接口实现机械与机械、机械与电气装置的物理连接，主要用于能量和运动的传递，如联轴器、法兰、离合器等。电气接口完成系统间电信号的连接，实现电信号的传递、转换和匹配，起到电平转换和功率放大、抗干扰隔离、调制解调器、A/D或D/A转换器等。人机接口则提供了人与系统间的交互界面，实现操作者与机电系统之间的信息交换，按照信息的传递方向，可以分为输入与输出接口两大类。机电系统通过输出接口向操作者显示系统的各种状态、运行参数及结果等信息；另外，操作者通过输入接口向机电系统输入各种控制命令，干预系统的运行状态，以实现所要求的功能。

机电一体化系统接口可分为直接式接口和间接式接口两种基本类型，如图1-5所示。直接式接口利用子系统或要素本身具有接口性能的那一部分进行连接，这种连接方式的

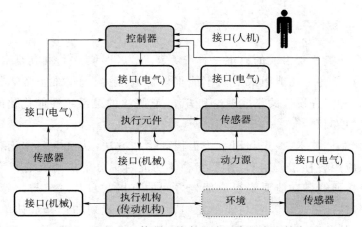

图 1-4 机电一体化系统各组成要素的有机结合

接口称为直接式接口。直接式接口只能传递信息而不能进行信息转换。例如:电气连接中的插座、插头、电缆等;机械连接中的铆钉、销、螺钉等都是直接接口方式。

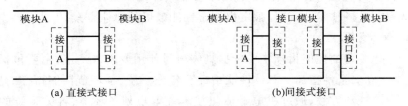

(a) 直接式接口　　　　　　　　(b) 间接式接口

图 1-5 机电一体化系统两种基本接口

间接式接口借助中间系统的接口部分与相应子系统或要素进行连接,这种连接方式的接口称为间接式接口。在机电一体化系统中,这种类型的接口居多。间接式接口不仅能够传递数据和信息,而且可以对数据和信息进行处理,从而使相连接的子系统形成一个有机的整体。它可以是具有一定功能的部件,也可以是一台设备。例如电子设备之间的各种接口电路板、机械与电动机之间的联轴器、减速器等。

此外,接口还可以是计算机的程序。接口程序是用来连接计算机的各个子程序的,广义地说,接口在系统(或产品)中无处不在,无处不有。构成系统(或产品)的每一个输入、输出口就是它的接口。若系统(或产品)是由许多要素或子系统构成的,那么每一个要素或子系统都可以看作是前后两个要素或子系统间的接口。

1.3　机电一体化关键技术

机电一体化共性关键技术主要有下述 6 项:系统总体技术、精密机械技术、检测传感技术、信息处理与传输技术、自动控制技术、伺服驱动技术。

1.3.1 系统总体技术

对于由多个功能要素组成的机电一体化系统而言,即使各个组成要素的性能完备,可靠性也很高,如果各个功能组成之间不能很好协调,系统也很难正常运行。机电一体化总体技术是一种工程设计的集成理论和方法,它解决的是系统性能优化问题和组成要素之间的有机联系问题。

机电一体化总体技术,首先利用系统工程理论和方法,从机电一体化装备整体功能目标出发,组织应用各种相关技术,将系统总体功能目标分解成相互有机联系的若干功能单元;其次分析研究各功能要素组成部分之间的有机联系及系统与外界环境的关系,综合分析装备的性能要求以及各功能单元的特性,合理规划和选择最佳单元组合方案;最后从系统整体的角度,对组合方案进行分析、评价、优化和完善,实现机电一体化装备整体效能的最优化。

系统总体技术的原理和方法还在不断发展和完善中。总体方案拟定是机电一体化总体设计的关键实质性内容,要求充分发挥机电一体化系统设计的灵活性,根据目标需求以及所掌握的先进技术和资料,拟定出综合性能最优的总体方案。

1. 性能指标分配

机电一体化装备的性能指标主要依据具体项目使用要求来确定,主要包括功能性指标、经济性指标和安全性指标。总体性能指标和各分系统、各环节性能指标的实现,需要采用系统工程理论和方法,通过机电一体化技术统筹规划各环节、各分系统的结构和功能来保证,自然地也会受到制造水平和能力的约束。

依据所掌握的先进技术资料以及设计经验,对各分系统、各环节功能进行对接与交叉分析研究,比较分析各项性能指标的重要程度及其实现的难易程度,从而确定设计重点、难点和性能指标,提出总体方案的设计要求。

2. 总体结构规划

按照系统总体性能指标要求,提出多种可行的结构方案。对每个环节和分系统,进行结构组合和功能、性能比较分析,必要时可以通过实验来进行方案比测,筛选给出最优的拟定总体方案。

最初拟定的总体方案通常都不是一成不变的。在原理样机试制的过程中,如果出现原材料采购、加工工艺、技术瓶颈等方面的问题,还需要进行优化调整。

3. 总体性能评估

总体方案设计完成之后,必须进行总体性能评估。机电一体化总体设计的目的,就是设计出综合性能最优或次优的总体方案。在总体方案规划设计过程中,必须对多个可行方案的各分系统、单元进行校核或计算分析,依据评价指标对各方案进行比较和评价,为进一步明确总体方案提供依据。总体方案设计完成后,应再对整体性能指标进行复查;在原理样机试制成功之后,要进行整体性能指标试验验证,如发现总体方案存在问题,也应及时加以改进。

系统总体技术,要对机电一体化装备全寿命周期内各性能指标要求做出科学合理的规划设计。

1.3.2 精密机械技术

机电一体化系统的主功能和构造功能往往是以机械本体为载体实现的,因此机械技术是机电一体化的基础。机械本体在质量、体积等方面都占有较大比例,如地面机动作战平台的车体、传动装置、动力装置等。实际上,所有的硬件设备,包括元器件,都必须以机械结构为基础来实现其自身的功能。

随着机电技术的一体化深入融合,传统的机械技术面临着深刻的变革和挑战。在机电一体化装备中,新工艺、新材料、新结构及新原理都在不断地被发掘与应用,机械技术不再是单一地负责完成系统间的连接,在系统结构、重量、体积、刚强度、耐用性和整体效能等方面对机电一体化系统都有着重要的影响。

在进行机械结构设计时,除了要利用传统的机械理论与工艺等机械技术外,还要借助计算机辅助技术,采用三维建模、虚拟仿真、优化设计等多种方法,以提高以上关键零部件的精度和可靠性。近年来,随着新型驱动器、仿生机械等新兴技术的发展与应用,越来越多的刚柔混合机械系统对经典的机械设计理论提出了挑战,推动了多刚体和刚柔混合机械系统的分析理论与仿真设计方法的发展。从单元零部件可靠性分析到整机系统的可靠性研究,以及机械结构的损伤容限设计、动力优化设计、低噪声设计、抗疲劳设计等,机电一体化产品的机械设计内容与方法在不断拓展和发展。

1.3.3 检测传感技术

在机电一体化系统中,检测传感技术就像神经和感官一样,源源不断地从待测对象那里获取能反映待测对象特征和状态的信息,以保障机电一体化系统能高精度地完成自动控制和自动调节功能。其水平的高低,在很大程度上影响和决定着系统的功能,是机电一体化系统不可缺少的关键技术。

检测传感技术的主要内容,一是将各种物理量,如位置、位移、速度、加速度、力、温度、压力、流量、成分等,转换成与之对应的电量;二是对转换的电信号进行加工处理,如滤波、放大、补偿、变换等。

机电一体化系统要求检测传感装置能快速、精确、可靠地获取信息,因此,检测传感器必须具有足够高的精度、灵敏度和可靠性,并且价格低廉。

随着现代工业技术对传感器的精度、灵敏度和可靠性等方面要求越来越高,传感器的发展已进入集成化、智能化发展阶段。检测传感技术的主要发展方向有以下几个方面。

1. 新型敏感材料

通过微电子、光电子、生物化学、信息处理等各种学科技术的互相渗透和综合利用,研发基于新型敏感材料的先进传感器。

2. 高精度

为进一步提高机电一体化系统的准确性和可靠性,研发灵敏度高、精确度高、响应速度快、互换性好的新型传感器。

3. 微型化

通过开发新的材料及加工技术研发微型化新型传感器。例如微机电(MEMS)传感器、薄膜传感器等。

4. 微功耗及无源化

传感器一般都是把非电量信号转换为电量信号,对于电源的稳定度要求很高,研发微功耗的传感器及无源传感器是一个新的发展方向。

5. 智能化、数字化、集成化

随着微电子和信息技术的发展,现代传感器检测系统正迅速由模拟式、数字式向集成化、智能化方向发展。集成化传感器可同时检测几种物理量,如视听复合传感器,力、力矩复合传感器、生物化学传感器等。它们不仅能对外界信号进行转换与测量,同时还具有融合多种信息,进行记忆存储、运算及数据处理等功能。

1.3.4 信息处理与传输技术

信息处理技术主要是指在机电一体化设备的运行过程中,与设备状态、参数及功能控制相关的信息的运算、判断、存储及分析等,是机电一体化技术中最关键的因素。

基于微电子技术和计算机技术的信息处理技术是使机电一体化产品具有自动化、数字化和智能化的关键所在,也是促进机电一体化技术和产品发展最活跃的因素。近年来备受关注的人工智能技术、专家系统技术、神经网络技术等均属于计算机信息处理技术。

机电一体化系统中常用的计算机与信息处理装置包括微型计算机、单片机、可编程序控制器(PLC)、数字信号处理器(DSP)和其他与之配套的输入输出器件、显示器、存储芯片等。信息处理能力直接影响到机电一体化系统的工作质量和效率。因此,采用小型大容量高速处理计算机或高速小功率运算部件等,提高信息处理的速度;采用自诊断、自恢复和容错技术提高系统的可靠性;采用人工智能、专家系统和神经网络技术等提高智能化程度,都是机电一体化中信息处理技术的发展方向。

1.3.5 自动控制技术

自动控制是相对人工控制概念而言的,指的是在没人参与的情况下,利用控制装置使被控对象自动地按预定规律运行。机电一体化系统自动控制技术以自动控制理论为基础,以电子技术、电力电子技术、传感器技术、计算机技术、网络与通信技术为主要工具,实现机电一体化产品的自动化。由于微型计算机的发展和广泛普及,自动控制技术与计算机控制技术逐渐融合在了一起,并且成了支撑机电一体化设备的核心技术。

机电一体化系统中的自动控制技术内容十分丰富,包括高精度定位控制、速度控制、自适应控制、自诊断、校正、补偿等控制技术。近年来自动控制技术发展迅猛,特别是计算机技术、网络和通信技术发展的突飞猛进,将人们构思的自动操作得以付诸实现。如网络控制技术、可编程控制器等均属于自动化控制技术中的使能技术。由于现实中的被控对象往往与理论上的控制模型之间存在较大差距,使得从控制设计到控制实施往往要经过反复调试与修改,才能获得比较满意的结果。

机电一体化系统自动控制技术的重点,主要是提高系统的抗干扰能力、对控制模型的优化、对控制边界条件的确认以及控制理论的实用化与工程化等方面。随着控制对象的复杂性和控制性能要求的不断提高,自动控制技术正向着网络化、集成化、分布化、节点节能化、智能化的方向发展。

1.3.6 伺服驱动技术

伺服驱动技术主要是指机电一体化产品中执行元件和驱动装置的技术。高性能伺服驱动系统涉及的关键技术包括伺服电动机技术、伺服驱动器技术、伺服控制技术和接口技术。伺服驱动技术的发展与磁性材料技术、半导体技术、通信技术、组装技术、生产工艺水平等基础工业技术的发展密切相关。微处理器(特别是数字信号处理器——DSP)技术、电力电子技术、网络技术、控制技术的发展为伺服驱动技术的进一步发展奠定了良好的基础。

20世纪80年代以来,交流伺服驱动技术日趋完善并不断扩大应用领域,直流伺服驱动技术和步进电动机技术有了新的发展,超声电动机和直线电动机等一系列新型伺服电动机因其特有的性能而被广泛开发和利用。此外,气动伺服技术、电液比例技术以及新型液压驱动技术等都在当今机械工业自动化技术中发挥着特殊作用。随着技术的进步和整个工业的不断发展,伺服驱动技术和伺服驱动系统已进入全数字化和交流化的时代,并向着智能化、网络化的方向发展。

机电一体化产品中的执行元件通常有电动、气动和液压3种类型,如步进电动机、电控气缸、液压电动机等。机电一体化产品驱动装置,通常是驱动电源电路,目前多数采用电力电子器件及集成化功能电路。执行元件一方面通过电气接口向上与计算机相连,以接收计算机的控制指令;另一方面又通过机械接口向下与机械传动和执行机构相连,以实现规定的动作。随着科学技术的发展,电动、气动和液力驱动3种技术逐渐互相融合,已发展成为机电一体化装备的一个关键技术。

1. 电力驱动

电力驱动是利用各种电动机产生的力或转矩,直接或经过减速机构去驱动负载。优点是易于控制、运动精度高、噪声低、污染小、使用方便,缺点是体积和重量大、响应速度慢,尤其是对于大功率的伺服驱动系统而言,这一缺点更加突出。电动机的选择主要包括异步电动机、步进电动机、压电驱动器等。

2. 气压驱动

气压驱动是使用空气压缩机,将电动机或其他原动机输出的机械能转化为空气的压力能,然后在控制元件和辅助元件的作用下,通过压缩空气做气源来驱动直线或旋转气缸,把压力能转化为机械能。在所有的驱动方式中,气压驱动器是最简单、最环保的。

气压驱动系统的工作介质为压缩性很大的空气气体,较容易取得。与液压传动相比,气动动作迅速、反应快、维护简单、工作介质洁净,不存在介质变质问题。此外,气动系统环境适应性好,特别是在易燃、易爆、多尘埃、强磁、辐射、振动等恶劣环境中,安全可靠性优于液压、电力驱动系统。但由于空气具有可压缩性,气动执行装置通常输出功率不大,噪声较大。

3. 液压驱动

液压驱动系统是以液压为动力的自动控制系统,通常由液压泵、液压管路、液压油缸、液压电动机、液压控制阀等部组件组成一个液压回路,利用液体的压力来进行能量的传递。

液压驱动系统能够在运行过程中实现大范围的无级调速,具有操作控制方便、易于实现自动控制、单位质量输出功率大等优点。但是,液压伺服元件对加工精度要求高,对油液污染较为敏感,可靠性易受到影响,而且噪声大,使用环境易受污染。在小功率系统中,液压伺服控制不如电子线路控制灵活方便。

1.4 机电一体化技术在装备中的应用和发展趋势

武器装备地面机动平台具有的机动、火力、防护三大基本要素,可以与机电一体化技术五大组成要素,即:机械本体(结构组成要素)、动力驱动部分(动力组成要素)、测试传感部分(感知组成要素)、信息处理与控制部分(控制组成要素)、执行机构(运动组成要素)紧密衔接。而事实上,正是第二次世界大战期间,战争需求刺激了机械产品与电子技术、信息技术的结合;战后又对经济、技术的发展起到了巨大的推动作用。计算机技术、控制技术、通信技术的融合发展,使得机电一体化技术在武器装备数字化、智能化、模块化、网络化等领域的应用越来越普遍了。

坦克装甲车辆的机电一体化大致经历了以下 5 个阶段:

(1) 利用各种继电器、机械开关、用电设备(大灯、发电机、启动电机等),构成电气系统。

(2) 增加各种电子器件、晶体管、晶闸管形成弱电控制逻辑单元,构成电气控制系统。

(3) 增加由 8 位、16 位微处理器、单片机等构成的测控单元,子系统部分实现自动化。

（4）嵌入式控制器、现场总线技术大量应用,电子综合化系统、大量能直接提高战斗力的子系统进入装备。

（5）复杂机电一体化设备大量应用,部分系统已可以替代人员执行自动操作(如自动装弹机),整装智能化成为研究热点,无人化成为装备发展方向。

1.4.1 动力系统

作为动力系统,无论是燃气轮机还是活塞式柴油发动机,都是地面重型机动武器平台机动性能的关键因素,其机电一体化技术水平一直在不断提升。典型的活塞式发动机燃油供给系统组成如图 1-6 所示。

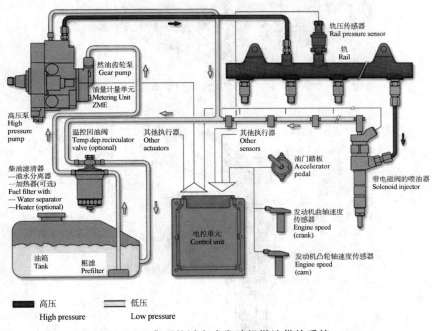

图 1-6　典型的活塞式发动机燃油供给系统

高压共轨技术已经成为柴油发动机技术发展的一个焦点。由高压泵、柴油滤清器、喷油器、电控单元、传感器等组成的共轨系统,使得燃油喷射压力的产生和喷射过程彼此完全分开。可以将燃油以极高压力和速度、精准的时机、油量和雾化程度,多次向气缸内供油,可以大幅度提高柴油机转速和效率。

德国 MTU890 系列 HPD 柴油发动机采用高压共轨喷射系统(如图 1-7 所示),控制程序可根据需要设置所有的喷射参数,灵活地适应各种工况的变化;可根据需要设置喷射正时、持续期和过程以及喷射压力;可实现喷油压力 200 MPa、最高转速 4200 rpm、单缸功率 102.5 kW 的高效运行,而油耗仅为 215 g/kW。

德国西门子公司在 2005 年年末推出压电陶瓷喷油器(如图 1-8 所示),其执行器取代了传统的电磁阀结构,运动部件由原来的4个减少为1个,运动质量减少75%,开关时间减少50%,喷射压力为160 MPa,响应时间为0.1 ms,每次循环可实现5次喷射。

图1-7　MTU 890系列发动机

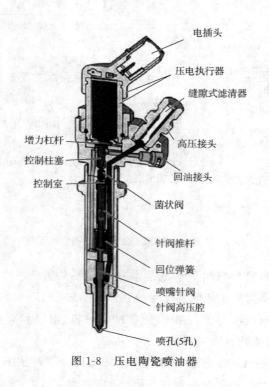

图1-8　压电陶瓷喷油器

1.4.2　传动系统

坦克作为战斗车辆,其作战应用环境复杂多变,在十分复杂的路面行驶时,遇到沟壑土丘、残垣断壁、水渠田垄等都要跨越而过。因此,坦克遇到的阻力变化很大,必须在坦克的发动机之后，配上一套增力变速机构，以扩大发动机输出牵引力的变化范围和转速的变化范围。坦克传动系统安装在发动机与履带推进装置之间，它将坦克发动机的动力按传动路线传给车体两侧的主动轮，使坦克前进、倒驶、转向、制动和停车，并能增大主动轮的转矩和转速的变化范围，以改变坦克运动时的牵引力。

坦克传动系统一般由传动箱、主离合器或液力变矩器、变速箱、转向机构、制动器及侧减速器等部件组成。传动箱用来将发动机的动力传给主离合器或液力变矩器，并增大转速，用电启动发动机时，通过传动箱可增大起动转矩，使发动机容易启动。主离合器位于发动机与变速箱之间，通过主、被动摩擦片的摩擦力来传递动力，分离时便于启动发动机和换挡，接合时传递发动机转矩，并借助结合摩滑使坦克平稳启动加速。液力变矩器是主要以液体动能传递能量的液力式传动部件，可使坦克传动系统有良好的自动适应性。变速箱用以在较大范围内改变坦克主动轮上的转矩和转速，实现坦克前进、倒退行驶和切断动力。转向机构是控制坦克行驶方向的部件。制动器是利用摩擦来吸收坦克动能的部件，通过控制摩力使坦克减速或停车。侧减速器是直接与主动轮相连的末端减速机构，用以增大主动轮上的转矩和降低其转速，以增大推动坦克前进的牵引力。

在坦克装甲车辆传动系统的发展过程中采用过各种方案和结构，从实现功率传递的传动方式来分，有机械传动、液力传动、液力机械传动、液压传动、液压机械传动、电力传动和机电复合传动 7 种主要类型。从齿轮机构类型来分，有定轴齿轮传动和行星齿轮传动两类。从功率传递流来分，有单功率流和双（多）功率流传动两类。从实现转向的机构来分，有机械转向、液压转向、液压机械复合转向和液压液力复合转向 4 种主要类型。

坦克装甲车辆传动系统随着车辆行驶要求的不断提高和机电一体化技术的进步而不断发展。如图 1-9 所示为综合传动系统原理图，以 ECU 为中心，自动控制机械传动换挡、双流转向操纵，实现了坦克装甲车辆零半径的无级转向性能。

现代综合传动系统已经发展成为机械工业中最复杂的产品之一。对于今后坦克传动系统发展的趋势，主要有以下几个特点。

① 广泛采用行星传动。行星传动的优点是传动效率高，能在体积小、重量小的情况下传递大功率。

② 使用液压转向机构。双流传动方案以及液压转向机构的引入，使履带装备具备了中心转向和无级转向能力。

③ 采用液力制动器以提高行车中和下长坡时的制动可靠性。

④ 电液操纵控制系统功能强化。电液操纵控制系统的引入不仅实现自动换挡，以减轻驾驶员的操作强度，同时更为装备无人化、智能化操作提供了技术支撑。

⑤ 设置高速倒挡。用于躲避敌方高效、精确武器的攻击。

⑥ 发展无级或电力传动。无级传动可以大大简化发动机系统结构和降低燃油消耗量，电力传动可以取消复杂的传动装置。

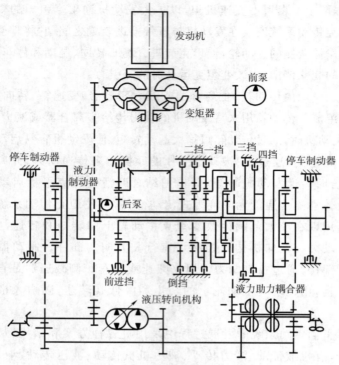

图 1-9 综合传动系统原理图

1.4.3 地面无人机动平台

地面无人机动平台是机电一体化技术含量很高的武器装备之一,可以提高战场环境态势感知能力、情报侦察与监视能力、爆炸物或危险品探测与处理能力、通信导航支援能力、目标攻击能力。图 1-10 所示为地面无人机动平台。平台结构、动力驱动、态势感知、自主控制、任务载荷、数据链和指挥控制技术,是地面无人机动平台技术体系的基本组成部分,除此之外,还需考虑标准化、模块化设计技术等基础共性技术及其平台监测与诊断等综合保障技术。

图 1-10 无人机动平台

军用地面无人机动平台的研究，最早可以追溯到第一次世界大战期间德国的线控"歌利亚"坦克。20世纪80年代，美国国防部（DOD）专门制定了无人作战系统发展的战略计划，对地面无人作战平台的研究进行大规模资助。随着机电一体化技术的发展，目前世界各军事大国，已经有各种功能的、数量越来越多的无人平台装备部队和走向战场。在战场上，武器平台能自主机动和遂行作战任务，是人们渴望已久的目标。不久的将来，也许会出现"无人战""机器人战""微型战"等作战形式。

军用地面无人机动平台各子系统在发展过程中的关键技术主要集中在：

① 多模态传感器信息融合方法的研究，基于机器学习技术的障碍物、路面检测和分类方法的研究，GNSS、INS、VO 和 SLAM 各定位子系统互补的高精度、长航时、大范围动态场景下的组合导航定位系统的研究。

② 考虑欠驱动系统动力学模型、带约束的最优控制实时轨迹规划算法的研究；针对动态场景的快速动态重规划路径规划算法的研究。

③ 考虑精确车辆动力学的多约束非线性模型预测控制算法的研究；基于机器学习的路径跟踪智能控制方法的研究。

④ 面向用途和任务的高集成度、模块化的通用无人机动平台机电一体化设计技术的研究；以混合动力为主的电驱动技术、电传动技术，轻量化、高通过性、高机动性的底盘设计技术的研究。

习题与思考题

1. 列举一个装备机电一体化系统，并描述其构成要素及各构成要素的主要功能。
2. 简述机电一体化的定义？
3. 机电一体化的共性关键技术包括哪 6 项？

第 2 章 机电系统建模

人们将各种信号作用于物理系统并测量其响应。如果系统性能不满足既定要求，则通过调整系统的某些参数或者在其中接入某种校正装置来改善系统特性。这种方法在很大程度上依赖于研究者的经验，并通过试凑法来实施。实践证明，在物理系统相对简单、系统功能要求不高的情况下，这一方法是十分有效的。

如果物理系统复杂，或者加工制造成本昂贵、耗时长，或者过于危险而导致难以开展物理实验，则实验法失效。在这种情况下，解析法变得不可或缺。

机电一体化系统总体设计，往往源于定性分析，有了数学模型就可以同时进行定量分析。定量分析至关重要，不仅可以分析系统对特定输入的响应，而且可以分析一般输入及边界条件下系统的特性，诸如快速性、准确性、稳定性、能控性和能观性等特性。若系统性能不符合要求，则必须对系统进行修正。在某些情况下，可以通过调整系统的某些参数来完成修正，而通常需要引入校正器。一个与物理系统足够接近、足够简单的数学模型，是进行系统分析研究与设计最基础、最重要的问题。

数学模型是联系数学与实际问题的桥梁，数学在各个领域广泛应用的媒介，是数学科学技术转化为生产力的主要途径。不论是用数学方法在科技和生产领域解决哪类实际问题，还是多学科交叉融合形成新的技术，如机电一体化技术，首要的和关键的一步是建立研究对象的数学模型，并加以计算求解。数学建模在科学技术发展中越来越受到数学界和工程界的广泛重视，数学模型和计算机技术在知识经济时代的作用越来越重要，甚至是关键的、决定性的作用。

2.1 概　　述

把客观物理现象或问题上升到数学抽象的理论高度，是现代科学发现与技术创新的基础，而"数学模型"是人们对自然世界的一种抽象理解。它与自然世界有关的现象和问题具有"性能相似"的特点。人们可利用"数学模型"来分析研究自然世界的问题与现象，以达到认识世界与改造世界的目的。

2.1.1 数学模型的概念

数学模型是对研究的实际问题的一种数学表述。具体一点说,描述系统变量之间以及系统与环境之间相互关系的动态特性的运动方程,称为系统数学模型(Mathematical Model),也称为系统动力学方程或系统微分方程。数学模型通常由关系和变量组成,关系可以通过算子来描述,例如代数算子、函数、微分算子等;变量是选取的系统参数的抽象和量化。

同一物理系统可以有不同的数学模型。例如,工作在高频区和低频区的恒值电阻模型并不相同,工作在高频区域的电阻,其感性和容性阻抗是不能被忽略的。

不同的物理系统也可以具有相同的模型。建立的物理系统模型是否恰当,取决于具体研究的问题的提法,以及对物理系统及其工作条件的透彻理解。系统的数学方程描述可以有多种形式,诸如线性方程、非线性方程、积分方程、差分方程、微分方程等。在描述同一系统时,某种形式的方程可能优于另外一种形式。

2.1.2 数学模型的分类

数学模型是数学抽象的概括性的产物,数学模型有广义和狭义两种解释。广义地说,数学概念,如数、集合、向量、方程都可称为数学模型;狭义地说,只有反映特定问题和特定的具体事物系统的数学关系结构方能称为数学模型。机电一体化系统数学模型是对机械、电子、流体、光学等复合的物理系统特性的数学抽象,目的是要对机电一体化系统进行结构设计、仿真计算、性能分析和运动控制。建立机电一体化系统的数学模型需要解决两个问题,一是建立什么类型的数学模型,即采用什么数学表达形式;二是如何建立数学模型,即建模的方法。

对一个特定的机电系统建立什么形式的数学模型取决于机电系统的性质类型、分析研究的目的和所具备的条件。表 2-1 简要给出了数学模型类型。

表 2-1 数学模型类型

系统类型	静态系统	动态系统						
		连续系统				离散系统		
		集中参数			分布参数	时间离散		随机离散
数学模型	代数方程	微分方程	传递函数	状态方程	偏微分方程	差分方程	脉冲传递函数	离散状态方程	概率分布

用于控制和动态性能分析的模型应选择动态模型,而用于系统优化的模型则应选择静态模型。当注重分析系统的输出效果,把系统看作一个抽象的整体时,对于连续集中参数系统,建立系统微分方程、传递函数。如果需要分析系统内部结构状态和输出之间的关系,需要建立状态方程。采用状态方程的系统模型可知系统内部各环节的特性,可以对内部各环节参数进行调整,这样可进一步优化系统结构。

机电一体化系统基本都是动态系统,并且是由计算机控制的系统,具有离散系统的特性,不能完全由连续系统的数学模型来表达。但是,由于连续系统数学模型如微分方程、传递函数类等的建立较为经典,建模方便,因此往往对离散系统的建模,采用先建立连续系统数学模型,再将其离散化的方法。机电一体化系统的微分方程、传递函数是系统性能分析时最常建立的数学模型。

2.1.3 数学模型的建模方法

1. 建模过程

机电一体化系统是由多种技术结构组成的集合体。当根据系统类型和建模目的选择了数学模型种类后,首先要对系统进行功能分解,画出系统结构连接图。针对各子功能(或功能元)结构进行建模后,再根据子功能结构之间的连接方式组合成整体数学模型,如图2-1所示。

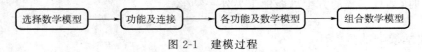

图 2-1 建模过程

在建模过程中,系统功能分解的合理性很重要,原则上使分解的建模功能,既要简单易于建模又要形成具有输入/输出关系的独立结构。如机电一体化系统各建模子功能的划分一般为控制、驱动、操作(执行元件)、传动、检测等,如果某子功能结构过于复杂可以继续分解。

2. 建模方法

根据对象的特征和建模目的,对问题进行必要的、合理的简化,用精确的语言作出假设,是建模的关键。系统的数学建模方法一般分两种。

(1)数学分析法。以各种已知的力学、电子学等数学、物理原理建立系统参数或变量之间的关系,如基尔霍夫电压定律和电流定律应用于电气系统,牛顿定律应用于机械系统等,并取得系统近似数学描述(机理模型)。

(2)实验分析法。根据合理的实验结果进行分析获得满足系统输入/输出关系的数学描述(辨识模型),利用试验法建立系统数学模型的过程,也称为系统辨识。

建模的过程如图2-2所示。

仿真实验结果的有效性取决于"系统模型"的可靠性。因此,模型验证是建模的一项十分重要的工作,它应该贯穿于"系统建模—仿真实验"这一过程中,直到仿真实验取得满意的结果。模型验证的内容主要是验证"系统模型"能否准确地描述实际物理系统的性能与行为;检验基于"系统模型"的仿真实验结果与实际物理系统的近似程度是否满足性能要求。

模型验证工作具有模糊性,模型的全面验证往往不可能或者是难以实现的。模型验证的方法主要有两种,一是通过对实际物理系统所具有的各种特性进行仿真模拟或仿真

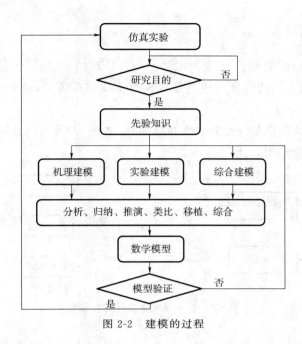

图 2-2 建模的过程

实验,通过仿真结果与机理建模的"必要条件"的吻合程度来验证系统模型的可信性与有效性;另外一种是通过考查在相同输入条件下,系统模型与实际物理系统的输出结果在"数理统计"方面的一致性来综合判断其可信性与准确性。

3. 相似性原理

相似性原理是系统数学建模的一种规律或有效工具。相似性原理表明,不同的物理系统,如机械系统和电学系统,实际上存在着相似的数学抽象,甚至物理量也是相似量。比如在机械系统中的质量和惯量具有储能性质,而电路中的电感、电容也具有储能性质,机械系统中的阻尼和电路的电阻都具有耗能的特性。这就导致了不同的系统具有相似的数学模型,或一种数学模型可以代表不同的物理系统。

2.2 机电系统数学模型

实际的机电一体化系统,通常是由五大功能模块和相关技术要素有机结合的复杂的非线性系统,建立整体的系统模型需要多种类型的参数,这些参数的获取需要大量的试验,耗时长、难度大。数学模型的复杂程度与数学模型对参数的需求以及数值计算的效率之间经常是一对矛盾。

本书主要讨论利用解析法建立机电一体化系统广义执行机构单元级和系统级的控制模型。

2.2.1 线性系统的概念

在没有特别说明的情况下,研究对象都是经过合理的近似简化处理后的线性时不变系统,描述系统运动规律的微分方程都是线性时不变微分方程,微分方程的系数均为常数,也称为线性定常系统。

线性定常系统的特征是满足齐次性和叠加性,如图 2-3 所示。其中,$x_1(t)$、$x_2(t)$ 为输入,$y_1(t)$、$y_2(t)$ 为输出,a、b 为常数。

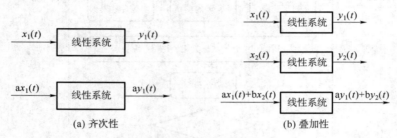

图 2-3 线性系统齐次性和叠加性

2.2.2 线性系统的微分方程

利用解析法建立的机电系统数学模型存在多种形式,时域范围内常用的数学模型主要有微分方程、差分方程和状态方程;复数域范围内常用的数学模型为传递函数;频域范围内常用的数学模型为伯德图、奈奎斯特图等。时域模型、复数域模型和频域模型是可以相互转化的,借助积分变换工具可以实现不同模型间的相互转化,如图 2-4 所示。工程上常用的机电系统数学模型主要为微分方程、传递函数和频域特性图。

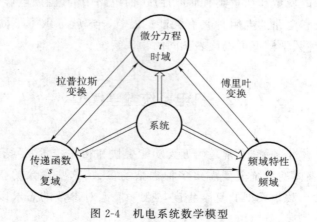

图 2-4 机电系统数学模型

1. 微分方程

微分方程是最基本的机电系统数学模型形式,是建立传递函数数学模型的基础。系统线性微分方程的一般表达式为

$$a_n \frac{d^n x_o(t)}{dt^n} + a_{n-1} \frac{d^{n-1} x_o(t)}{dt^{n-1}} + \cdots + a_1 \frac{dx_o(t)}{dt} + a_0 x_o(t) \quad (n \geqslant m)$$

$$= b_m \frac{d^m x_i(t)}{dt^m} + b_{m-1} \frac{d^{m-1} x_i(t)}{dt^{m-1}} + \cdots + b_1 \frac{dx_i(t)}{dt} + b_0 x_i(t) \tag{2-1}$$

式中，$x_o(t)$ 系统的输出量；$x_i(t)$ 系统的输入量；$a_0, a_1, \cdots, a_n$ 和 $b_0, b_1, \cdots, b_m$ 是与系统结构参数有关的常数。

【例 2-1】 机械系统由 3 个基本元件组成，分别为质量块元件、弹簧元件和阻尼元件，结构参数如图 2-5 所示。输入量为质量块作用力 $F(t)$，输出量为质量块运动位移 $y(t)$，建立该系统的标准微分方程。

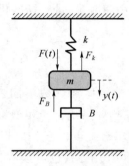

图 2-5 机械系统原理图

根据牛顿第二定律列写微分方程组：

$$F(t) - F_B - F_k = ma \tag{2-2}$$

$$a = \frac{d^2 y(t)}{dt^2} \tag{2-3}$$

$$F_k = k \cdot y(t) \tag{2-4}$$

$$F_B = B \cdot v \tag{2-5}$$

$$v = \frac{dy(t)}{dt} \tag{2-6}$$

对微分方程组进行整理，消除中间变量，获得如下微分方程：

$$F(t) - B \frac{dy(t)}{dt} - ky(t) = m \frac{d^2 y(t)}{dt^2} \tag{2-7}$$

对微分方程进行标准化处理，获得标准微分方程：

$$m \frac{d^2 y(t)}{dt^2} + B \frac{dy(t)}{dt} + ky(t) = F(t) \tag{2-8}$$

【例 2-2】 电气系统由 3 个基本元件组成，分别为电阻元件、电感元件和电容元件，结构参数如图 2-6 所示。输入量为输入电压 $u_i(t)$，输出量为输出电压 $u_o(t)$，建立该系统的标准微分方程。

根据基尔霍夫电流定律和欧姆定律列写微分方程组：

$$Ri(t) + L \frac{di(t)}{dt} + \frac{1}{C} \int i(t) dt = u_i(t) \tag{2-9}$$

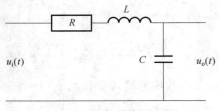

图 2-6 电气系统原理图

$$\frac{1}{C}\int i(t)\mathrm{d}t = u_\mathrm{o}(t) \tag{2-10}$$

对微分方程组进行整理,消除中间变量,进行标准化处理,获得如下标准微分方程:

$$LC\frac{\mathrm{d}^2 u_\mathrm{o}(t)}{\mathrm{d}t^2} + RC\frac{\mathrm{d}u_\mathrm{o}(t)}{\mathrm{d}t} + u_\mathrm{o}(t) = u_\mathrm{i}(t) \tag{2-11}$$

2. 相似系统与相似量

我们注意到两个系统,虽然物理结构和参数不同,但微分方程形式是完全一样的。像这种具有相同的数学模型的不同物理系统称为相似系统,在相似系统中对应的物理量称为相似量。所以,不同类型的物理系统可以有相同形式的数学模型,而同一物理系统因为研究的目的不同,或者建模的方式不同,也可以有不同形式的数学模型。利用相似系统的概念可以用一个易于实现的系统来模拟相对复杂的系统,进行建模和仿真研究。

机电一体化技术研究对象的相似系统和相似量如表 2-2 所示。

表 2-2 相似系统和相似量

机械平移系统	机械回转系统	电气系统	液压系统
力 F	转矩 T	电压 U	压力 p
质量 m	转动惯量 J	电感 L	液感 L_H
黏性阻尼系数 f	黏性阻尼系数 f	电阻 R	液阻 R_H
弹簧系数 k	扭转系数 k	电容的倒数 $1/C$	液容的倒数 $1/C_\mathrm{H}$
线位移 y	角位移 θ	电荷 q	容积 V
速度 v	角速度 ω	电流 i	流量 q

3. 通用线性系统微分方程数学模型

利用解析法建立机电系统微分方程的主要步骤如下:

(1) 根据实际物理系统和研究的目的,确定系统和各元部件的输入量和输出量;

(2) 对系统中每一个元件列写出与其输入、输出量有关的物理方程;

(3) 对上述方程进行简化(比如略去一些对系统影响小的次要因素,对非线性元部件进行线性化等);

(4) 从系统的输入端开始,按照信号的传递顺序,在所有元部件的方程中消去不关心的中间变量,最后得到描述系统输入和输出关系的微分方程。

4. 拉普拉斯变换的定义

函数 $f(t)$，t 为实变量，如果线性积分 $\int_0^\infty f(t)\mathrm{e}^{-st}\mathrm{d}t$ 在 s（s 为复数变量，$s=\sigma+\mathrm{j}\omega$，$\sigma$、$\omega$ 均为实数）的某一域内收敛，则其为函数 $f(t)$ 的拉普拉斯变换，记为 $F(s)$ 或 $L[f(t)]$：

$$F(s)=L[f(t)]=\int_0^\infty f(t)\mathrm{e}^{-st}\mathrm{d}t \tag{2-12}$$

其反变换为

$$L^{-1}[F(s)]=f(t)=\frac{1}{2\pi \mathrm{j}}\int_{-\mathrm{j}\infty}^{+\mathrm{j}\infty} F(s)\mathrm{e}^{st}\mathrm{d}s \tag{2-13}$$

式中，$F(s)$ 为 $f(t)$ 的象函数，$f(t)$ 为 $F(s)$ 的原函数。

5. 拉普拉斯变换定理

实际工作中，应用最为广泛的是拉普拉斯变换的性质和定理。常用的性质和定理主要有线性性质、位移定理、微分定理、积分定理、初值定理、终值定理和卷积定理等。

(1) 线性性质

若有常数 k_1 和 k_2 及函数 $f_1(t)$ 和 $f_2(t)$，则

$$L[k_1 f_1(t)+k_2 f_2(t)]=k_1 L[f_1(t)]+k_2 L[f_2(t)]=k_1 F_1(s)+k_2 F_2(s) \tag{2-14}$$

(2) 位移定理

设函数 $f(t)$ 的拉普拉斯变换为 $F(s)$，对于任意常数 a，有

$$L[\mathrm{e}^{-at}f(t)]=F(s+a) \tag{2-15}$$

(3) 微分定理

设函数 $f(t)$ 的拉普拉斯变换为 $F(s)$，$f(t)$ 一阶导数的拉普拉斯变换为

$$L\left[\frac{\mathrm{d}f(t)}{\mathrm{d}t}\right]=sF(s)-f(0) \tag{2-16}$$

式中，$f(0)$ 为函数 $f(t)$ 在自变量 $t=0$ 处的值。另外，微分定理可以推广到 $f(t)$ 的各阶导数的拉普拉斯变换，统一表达式为

$$L\left[\frac{\mathrm{d}^n f(t)}{\mathrm{d}t^n}\right]=s^n F(s)-s^{n-1}f(0)-s^{n-2}f'(0)-\cdots-f^{n-1}(0) \tag{2-17}$$

在函数 $f(t)$ 初始条件为 0 的情况下，即 $f(t)$ 及各阶导数在 $t=0$ 处均为零的前提下，微分定理将进一步简化为 $L\left[\dfrac{\mathrm{d}^n f(t)}{\mathrm{d}t^n}\right]=s^n F(s)$。

证明：

函数 $f(t)$ 的拉普拉斯变换为 $F(s)$，$f(t)$ 一阶导数的拉普拉斯变换为

$$\begin{aligned}L\left[\frac{\mathrm{d}f(t)}{\mathrm{d}t}\right]&=\int_0^\infty \frac{\mathrm{d}f(t)}{\mathrm{d}t}\mathrm{e}^{-st}\mathrm{d}t=\int_0^\infty \mathrm{e}^{-st}\mathrm{d}f(t)\\&=\mathrm{e}^{-st}f(t)\Big|_0^\infty+s\int_0^\infty f(t)\mathrm{e}^{-st}\mathrm{d}t=sF(s)+f(0)\end{aligned} \tag{2-18}$$

(4) 积分定理

设函数 $f(t)$ 的拉普拉斯变换为 $F(s)$，$f(t)$ 积分函数的拉普拉斯变换为

$$L\left[\int f(t)\mathrm{d}t\right] = \frac{1}{s}F(s) + \frac{1}{s}f^{(-1)}(0) \tag{2-19}$$

式中，$f^{(-1)}(0)$ 为函数 $\int f(t)\mathrm{d}t$ 在自变量 $t=0$ 处的值。另外，积分定理可以推广到 $f(t)$ 的多重积分的拉普拉斯变换，统一表达式为

$$L\left[\int \cdots \int f(t)\mathrm{d}t\right] = \frac{1}{s^n}F(s) + \frac{1}{s^n}f^{(-1)}(0) + \cdots + \frac{1}{s}f^{(-n)}(0) \tag{2-20}$$

在函数 $f(t)$ 初始条件为 0 的情况下，即 $f(t)$ 及多重积分在 $t=0$ 处均为零的前提下，积分定理将进一步简化为

$$L\left[\int \cdots \int f(t)\mathrm{d}t\right] = \frac{1}{s^n}F(s) \tag{2-21}$$

(5) 初值定理

设函数 $f(t)$ 的拉普拉斯变换为 $F(s)$ 且 $\lim\limits_{s\to\infty}sF(s)$ 存在，$f(t)$ 的初始值为

$$\lim_{t\to 0}f(t) = \lim_{s\to\infty}sF(s) \tag{2-22}$$

(6) 终值定理

设函数 $f(t)$ 的拉普拉斯变换为 $F(s)$ 且 $\lim\limits_{s\to 0}sF(s)$ 存在，$f(t)$ 的终值为

$$\lim_{t\to\infty}f(t) = \lim_{s\to 0}sF(s) \tag{2-23}$$

(7) 卷积定理

设函数 $f_1(t)$ 和 $f_2(t)$ 的拉普拉斯变换分别为 $F_1(s)$ 和 $F_2(s)$，有

$$L\left[\int_0^t f_1(t-\tau)f_2(\tau)\mathrm{d}\tau\right] = F_1(s) \cdot F_2(s) \tag{2-24}$$

式中，$\int_0^t f_1(t-\tau)f_2(\tau)\mathrm{d}\tau = f_1(t) * f_2(t)$ 为函数 $f_1(t)$ 和 $f_2(t)$ 的卷积。

2.2.3 传递函数

微分方程不便于对系统进行分析与设计。虽然拉普拉斯变换为求解微分方程带来便利，但是微分方程的系数（由系统的结构参数决定）与微分方程解（一般为系统的被控量）之间的影响规律仍然难以发现和利用，一旦求得的结果不满足要求，便无法从中找出改进方案。

而与微分方程有关的另一种数学模型——传递函数，能够间接地分析系统结构参数对系统输出的影响，还可以把对系统性能的要求转化为对系统传递函数的要求，使综合设计易于实现。更重要的是，传递函数可以用框图表示和化简，求解系统的传递函数比求取系统的微分方程更直观、方便。因此，传递函数是经典控制理论中最重要的数学模型。

1. 传递函数定义

传递函数是线性定常系统在零初始条件下，输出量的拉普拉斯变换与输入量的拉普

拉斯变换之比。根据传递函数的定义可以看出,传递函数针对的是线性定常系统,并且要求系统的初始条件为零,即要求系统的输入量和输出量及其对应的各阶导数在初始时刻 $t=0$ 时均为零。

当初始条件为零时,对式(2-1)两端同时进行拉普拉斯变换,并运用拉普拉斯变换的微分定理,可得

$$(a_n s^n + a_{n-1} s^{n-1} + \cdots + a_1 s + a_0) X_o(s)$$
$$= (b_m s^m + b_{m-1} s^{m-1} + \cdots + b_1 s + b_0) X_i(s) \tag{2-25}$$

根据传递函数的定义,系统传递函数 $G(s)$ 为

$$G(s) = \frac{X_o(s)}{X_i(s)} = \frac{B(s)}{A(s)} = \frac{b_m s^m + b_{m-1} s^{m-1} + \cdots + b_1 s + b_0}{a_n s^n + a_{n-1} s^{n-1} + \cdots + a_1 s + a_0} \quad (n \geqslant m) \tag{2-26}$$

利用传递函数可以把元件或系统的输出量的拉普拉斯变换写成 $X_o(s) = G(s) X_i(s)$。

传递函数是对微分方程在零初始条件下进行拉普拉斯变换得到的,如果已知系统的传递函数和输入信号,由式(2-26)可以得到零初始条件下系统输出量的拉普拉斯变换 $X_o(s)$,对 $X_o(s)$ 进行拉普拉斯反变换就得到输出量 $x_o(t)$。

2. 关于传递函数的几点说明

(1) 传递函数是在拉普拉斯变换的基础上导出的,而拉普拉斯变换是一种线性积分变换,因此传递函数的概念只适用于线性定常系统。

(2) 传递函数是描述系统动态特性的一种数学模型,但它是在系统工作在某个相对静止状态时得出的。因为传递函数是在零初始条件下定义的,即在零时刻之前,系统对所给定的平衡工作点是处于相对静止状态的。因此,传递函数原则上不能反映系统在非零初始条件下的全部运动规律。

(3) 传递函数只表示输出量与输入量的关系,是一种函数关系。这种函数关系由系统的结构和参数所决定,与输入信号和输出信号无关。这种函数关系在信号传递的过程中得以实现,所以称为传递函数。

(4) 一个传递函数只能表示一个输入对一个输出的关系,所以只适用于单输入、单输出系统的描述,而且一个传递函数也无法全面反映系统内部的中间变量的变化情况。如果是多输入、多输出系统,不可能用一个传递函数来表示该系统各变量之间的关系,而要用传递函数矩阵来表示。

(5) 传递函数可以写成零点、极点表达式

$$G(s) = \frac{Y(s)}{X(s)} = \frac{b_m}{a_n} \times \frac{Q(s)}{P(s)} = K_g \frac{\prod\limits_{i=1}^{m}(s - z_i)}{\prod\limits_{j=1}^{n}(s - p_j)} \tag{2-27}$$

式中,z_i 为传递函数分子多项式的根,称为传递函数的零点,$i = 1, 2, \cdots, m$;p_j 为传递函数分母多项式的根,称为传递函数的极点,$j = 1, 2, \cdots, n$。

零点和极点的数值完全取决于系统的参数 $a_0, a_1, \cdots, a_n$ 和 $b_0, b_1, \cdots, b_m$,即取决于系

统的结构参数。一般地,零点和极点可以为实数(包括零)或复数。若为复数,必共轭成对地出现,这是因为系统结构参数均为正实数的缘故。把传递函数的零点和极点表示在复平面上的图形,称为传递函数的零点和极点分布图,零点用"o"表示,极点用"×"表示。

如传递函数 $G(s) = \dfrac{s+0.5}{3s^3+2s^2+s+0.5}$,零极点图如图 2-7 所示。

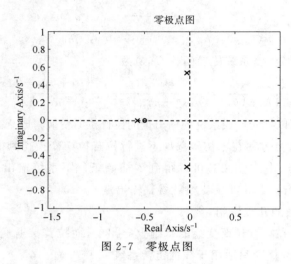

图 2-7 零极点图

3. 典型环节及其传递函数

控制系统一般由若干元件或者单元以一定形式连接而成,这些元件的物理结构和工作原理可以是多种多样的,但从控制理论来看,物理本质和工作原理不同的元件,可以有完全相同的数学模型,即具有相同的动态性能。在控制工程中,常常将具有某种确定信息传递关系的元件、元件组或元件的一部分称为一个环节,经常遇到的环节则称为典型环节。这样,任何复杂的系统都可归结为由一些典型环节组成,从而给建立数学模型、研究系统特性带来方便,使问题简化。常用的典型环节有比例环节、惯性环节、微分环节、积分环节、振荡环节和延迟环节等。

(1) 比例环节

输出量以一定的比例复现输入量,不失真不滞后的环节,称为比例环节。其运动方程式为 $x_o(t) = kx_i(t)$。式中,k 为比例环节的常数,通常称为放大系数或者增益。其传递函数为 $G(s) = \dfrac{X_o(s)}{X_i(s)} = k$。

(2) 惯性环节

在时间域内,惯性环节输入量和输出量可表达为一阶微分方程 $Tx_o'(t) + x_o(t) = x_i(t)$。初始条件为零,对上式两边进行拉普拉斯变换,得 $TsX_o(s) + X_o(s) = X_i(s)$,则

$$G(s) = \dfrac{X_o(s)}{X_i(s)} = \dfrac{1}{Ts+1} \tag{2-28}$$

(3) 微分环节

在时间域内,环节输入量和输出量可表达为纯微分方程 $x_o(t)=kx_i'(t)$,初始条件为零,对上式两边进行拉普拉斯变换得 $X_o(s)=ksX_i(s)$,则

$$G(s)=\frac{X_o(s)}{X_i(s)}=ks \tag{2-29}$$

(4) 积分环节

在时间域内,环节输入量和输出量可表达为积分方程 $x_o(t)=k\int x_i(t)\mathrm{d}t$,初始条件为零,对上式两边进行拉普拉斯变换,得 $X_o(s)=k\dfrac{X_i(s)}{s}$,则

$$G(s)=\frac{X_o(s)}{X_i(s)}=\frac{k}{s} \tag{2-30}$$

(5) 振荡环节

在时间域内,环节输入量和输出量可表达为二阶微分方程:
$T^2x_o''(t)+2T\xi x_o'(t)+x_o(t)=x_i(t)$ $0\leqslant\xi$,初始条件为零,对式(2-30)两边进行拉普拉斯变换,得 $(T^2s^2+2T\xi s+1)X_o(s)=X_i(s)$,则

$$G(s)=\frac{X_o(s)}{X_i(s)}=\frac{1}{T^2s^2+2T\xi s+1} \tag{2-31}$$

(6) 延迟环节

在时间域内,环节输入量和输出量可表达为如下方程 $x_o(t)=x_i(t-\tau)$,初始条件为零,对上式两边进行拉普拉斯变换,得 $X_o(s)=X_i(s)\mathrm{e}^{-\tau s}$,则

$$G(s)=\frac{X_o(s)}{X_i(s)}=\mathrm{e}^{-\tau s} \tag{2-32}$$

4. 系统框图及化简

机电系统通常由许多元件、环节等单元构成。为了表明各元件或者单元的功能,以及系统中信息转换、传递的过程,经常要用到框图。

系统框图是系统各个元件功能和信号流向的图解表示,主要由信号线、引出点、比较点和各环节框图组成,如图 2-8 所示。

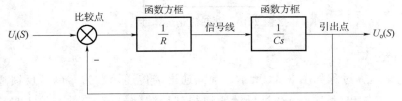

图 2-8　函数框图组成示意图

建立机电系统的函数框图不仅可以方便清晰地展示系统组合及信息流向,而且可以通过简化运算很方便地得到系统的传递函数。利用机电系统的函数框图求解传递函数,主要有 3 种简化运算法则,分别是串联运算、并联运算和反馈运算。

(1) 串联运算

串联简化运算过程如图 2-9 所示。若干环节构成串联关系,函数方框所表示的环节传递函数分别为 $G_1(s), G_2(s), \cdots, G_n(s)$。根据信号流向,利用统一的传递函数 $G_1(s)$ 表示诸多环节信号输入量 $X_i(s)$ 与输出量 $X_o(s)$ 的关系。$G(s)$ 与 $G_1(s), G_2(s), \cdots, G_n(s)$ 的关系如下:

$$G(s) = G_1(s) \cdot G_2(s), \cdots, G_n(s) \tag{2-33}$$

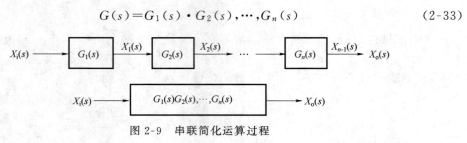

图 2-9 串联简化运算过程

(2) 并联运算

并联简化运算过程如图 2-10 所示。若干环节构成并联关系,函数方框所表示的环节传递函数分别为 $G_1(s), G_2(s), \cdots, G_n(s)$。根据信号流向,利用统一的传递函数 $G(s)$ 表示诸多环节信号输入量 $X_i(s)$ 与输出量 $X_o(s)$ 的关系。$G(s)$ 与 $G_1(s), G_2(s), \cdots, G_n(s)$ 的关系如下:

$$G(s) = G_1(s) + G_2(s) + \cdots + G_n(s) \tag{2-34}$$

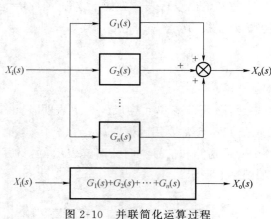

图 2-10 并联简化运算过程

(3) 反馈运算

反馈简化运算过程如图 2-11 所示。前向通道的传递函数为 $G(s)$,反馈通道的传递函数为 $H(s)$。输出量 $X_o(s)$ 经过反馈通道得到反馈信号 $B(s)$ 并与输入量 $X_i(s)$ 进行比较得到偏差 $E(s)$。根据信号流向,可得如下表达式:$B(s) = X_o(s) \cdot H(s)$,$E(s) = X_i(s) \mp B(s)$,$X_o(s) = G(s) \cdot E(s)$,综合上述 3 个表达式可得反馈环节总的传递函数为

$$\frac{X_o(s)}{X_i(s)} = \frac{G(s)}{1 \pm G(s)H(s)} \tag{2-35}$$

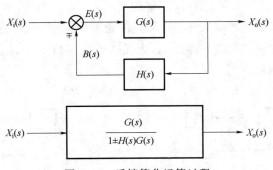

图 2-11 反馈简化运算过程

一般情况下，机电系统的函数框图较为复杂，不能明确地表示为串联、并联或者反馈形式。这就需要对系统的函数框图进行化简，清晰地表示为串联、并联、反馈或者 3 种形式的组合。化简函数框图主要有两种途径，操作比较点和操作引出点。移动比较点和引出点的原则是保持各前向通道传递函数的乘积不变并且保持各回路传递函数的乘积不变。

比较点的操作主要有 4 种，分解、交换、前移和后移，如图 2-12 所示。比较点由函数方框的后端移至前端，为保持通道传递函数不变，需要在反馈通道中除以函数方框的传递函数 $G(s)$。同理，比较点由函数方框的前端移至后端，为保持通道传递函数不变，需要在反馈通道中乘以函数方框的传递函数 $G(s)$。

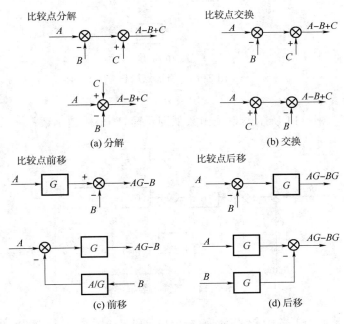

图 2-12 比较点操作

引出点的操作主要有 3 种，交换、前移和后移，如图 2-13 所示。引出点由函数方框的后端移至前端，为保持传递函数不变，需要在通道中乘以函数方框的传递函数 $G(s)$。同理，引出点由函数方框的前端移至后端，为保持传递函数不变，需要在反馈通道中除以函数方框的传递函数 $G(s)$。

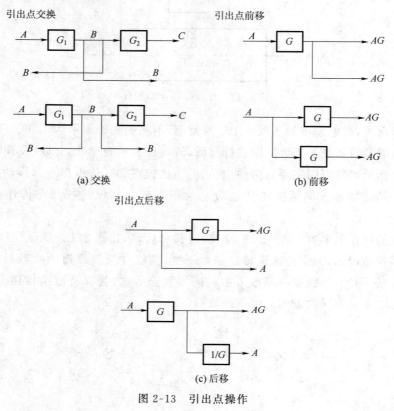

图 2-13　引出点操作

【例 2-3】　将图 2-14 所示的系统函数框图化简，获得传递函数 $\dfrac{C(s)}{R(s)}$。

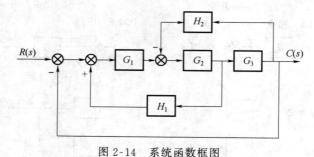

图 2-14　系统函数框图

如图 2-15 所示，前移比较点使得 G_1、G_2 和 H 形成反馈连接，传递函数简化为 $\dfrac{G_1 G_2}{1-G_1 G_2 H_1}$。

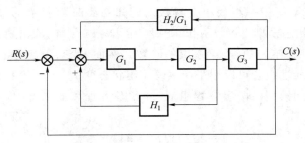

图 2-15　化简过程

进一步如图 2-16 所示，$\dfrac{G_1G_2}{1-G_1G_2H_1}$、$\dfrac{H_2}{G_1}$ 和 G_3 形成反馈连接，传递函数简化为 $\dfrac{G_1G_2G_3}{1-G_1G_2H_1+G_2G_3H_2}$。

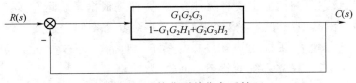

图 2-16　简化到单位负反馈

最后，系统简化为单位反馈环节，传递函数简化为

$$\frac{C(s)}{R(s)}=\frac{G_1G_2G_3}{1-G_1G_2H_1+G_2G_3H_2+G_1G_2G_3} \tag{2-36}$$

2.2.4　状态空间模型

传递函数只适用于单输入、单输出系统的描述，而且一个传递函数也无法全面反映系统内部的中间变量的变化情况。对于多输入、多输出系统，不可能用一个传递函数来表示该系统各变量之间的关系，而要用传递函数矩阵来表示状态模型中的变量，即状态变量。因此，复杂的动态系统一般采用状态变量空间模型，简称为状态空间模型。

状态空间模型是对系统输入、输出和系统内部状态变量之间关系的全面表达，应用计算机仿真进行系统分析时，状态空间模型提供了系统方便的表示方法。

状态模型中的变量，即状态变量，是系统内部的一组变量 $x_1(t), x_2(t), \cdots, x_n(t)$，综合了一个物理系统在任何给定时刻 t 的能量状态。系统的任何一组输出都可以由状态变量导出，如图 2-17 所示。

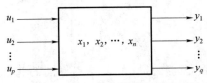

图 2-17　动态系统的状态变量表示法

状态变量组是系统的一组最小变量数。已知初始时刻 t_0 的状态变量和所有时刻 $t \geq t_0$ 的输入值，由状态模型可以计算出未来所有时刻 $t \geq t_0$ 的输出值。对于一个给定的系统，状态变量数 n 是唯一的，等于系统的阶数。然而，状态变量的定义不是唯一的，一组状态变量的任意线性组合可以用来产生另一组状态变量。

完整的状态空间模型由两组方程组成，即状态方程和输出方程。对于线性系统，状态方程具有下列形式：

$$\dot{x} = A(t)x(t) + B(t)u(t)$$
$$y(t) = C(t)x(t) + D(t)u(t) \tag{2-37}$$

式中，$x(t)$ 为 $n \times 1$ 状态向量；$u(t)$ 为 $p \times 1$ 输入或控制向量；$y(t)$ 为 $q \times 1$ 输出向量；$A = [a_{ij}]$ 为 $n \times n$ 系统矩阵；$B = [b_{jk}]$ 为 $n \times p$ 控制、输入或分布矩阵；$C = [c_{ij}]$ 为 $q \times n$ 输出矩阵；$D = [d_{ik}]$ 为 $q \times p$ 输出分布矩阵。

对于时不变系统，所有这些矩阵都是常数矩阵。

建立系统的状态空间模型主要有两种方法，一种是根据系统运动规律建立状态空间表达式，另一种是由其他已知数学模型进行转化得到状态空间表达式。

【例 2-4】 已知电气系统由电阻 R、电感 L、电容 C 这 3 个元件组成，输入电压 $u_i(t)$，输出电压 $u_o(t)$，建立系统的状态空间模型。

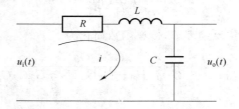

图 2-18　RLC 电路

根据基尔霍夫电流定律可得：$Ri + L\dfrac{di}{dt} + \dfrac{1}{C}\int i \, dt = u_i(t)$。

设 $x_1 = i$，$x_2 = \dfrac{1}{C}\int i \, dt$，状态方程为

$$\dot{x}_1 = -\frac{R}{L}x_1 - \frac{1}{L}x_2 + \frac{1}{L}u_i(t), \quad \dot{x}_2 = \frac{1}{C}x_1$$

输出方程为 $u_o(t) = x_2$，利用矩阵表示为

$$\begin{bmatrix} \dot{x}_1 \\ \dot{x}_2 \end{bmatrix} = \begin{bmatrix} -\dfrac{R}{L} & -\dfrac{1}{L} \\ \dfrac{1}{C} & 0 \end{bmatrix} \begin{bmatrix} x_1 \\ x_2 \end{bmatrix} + \begin{bmatrix} \dfrac{1}{L} \\ 0 \end{bmatrix} u_i(t) \tag{2-38}$$

$$u_o(t) = \begin{bmatrix} 0 & 1 \end{bmatrix} \begin{bmatrix} x_1 \\ x_2 \end{bmatrix} \tag{2-39}$$

对于该系统，选择不同的状态变量，可以得到不同的状态空间模型。这些模型描述的是同一个系统。

2.3 MATLAB 控制工具箱与机电系统模型

MATLAB(矩阵实验室)是美国 MathWorks 公司开发的编程语言和数值计算软件,支持交互式环境和可视化编程方法。MATLAB 是一种高级矩阵语言,它的基本处理对象是矩阵,即使是一个标量纯数,MATLAB 也认为它是只有一个元素的矩阵。随着 MATLAB 的发展,特别是它所包含的大量工具箱(应用程序集)的集结,使 MATLAB 已经成为带有独特数据结构、输入输出、流程控制语句和函数、并且面向对象的高级语言。MATLAB 语言被称为一种"演算纸式的科学计算语言",它在数值计算、符号运算、数据处理、自动控制、信号处理、神经网络、优化计算、模糊逻辑、系统辨识、小波分析、图像处理、统计分析、甚至于金融财会等广大领域有着十分广泛的用途。

MATLAB 语言在工程计算与分析方面具有无可比拟的优异性能。它集计算、数据可视化和程序设计于一体,并能将问题和解决方案以使用者所熟悉的数学符号或图形表示出来。

MATLAB 是功能强大的数值计算和仿真分析工具平台。本教材中利用 MATLAB 控制系统工具箱,可以很方便地进行连续系统设计和离散系统设计、状态空间和传递函数以及模型转换、时域响应(脉冲响应、阶跃响应、斜坡响应)、频域响应(伯德图、奈奎斯特图)以及根轨迹、极点配置等。

1. 拉普拉斯变换与反变换

MATLAB 利用 laplace()函数和 ilaplace()函数实现原函数 $f(t)$ 与象函数 $F(s)$ 之间的相互转化,基本格式如下:

```
F = laplace(f,t,s)
f = ilaplace(F,s,t)
```

例:计算 $f(t)=\sin(at)$ 的象函数,同时根据象函数确定原函数。

程序命令:

```
>>syms a t s
>> F1 = laplace(sin(a * t),t,s)
```

2. 传递函数建立

多项式传递函数的一般表达形式为

$$G(s)=\frac{b_m s^m+b_{m-1}s^{m-1}+\cdots+b_1 s+b_0}{a_n s^n+a_{n-1}s^{n-1}+\cdots+a_1 s+a_0}$$

MATLAB 利用 tf()函数建立连续系统的传递函数,基本格式如下:

```
tf(num,den)
```

其中 num=$[b_m, b_{m-1}, \cdots, b_1, b_0]$ 为分子系数向量，den=$[a_n, a_{n-1}, \cdots, a_1, a_0]$ 为分母系数向量。

【例 2-5】 建立连续系统传递函数：$G(s) = \dfrac{13s^3 + 4s^2 + 6}{5s^4 + 3s^3 + 16s^2 + s + 7}$。

程序命令：

```
>>num = [13 4 0 6];
>>den = [5 3 16 1 7];
>> G = tf(num, den)
```

MATLAB 指令窗口反馈：

```
G =
         13 s^3 + 4 s^2 + 6
    ---------------------------
    5 s^4 + 3 s^3 + 16 s^2 + s + 7

Continuous-time transfer function.
```

零极点传递函数的表达形式为 $G(s) = k\dfrac{(s+z_1)(s+z_2)\cdots(s+z_m)}{(s+p_1)(s+p_2)\cdots(s+p_n)}$

MATLAB 利用 zpk() 函数建立连续系统的传递函数，基本格式如下：

```
zpk(z,p,k)
```

其中 $\boldsymbol{z} = [z_m, z_{m-1}, \cdots, z_1, z_0]$ 为零点向量，$\boldsymbol{p} = [p_n, p_{n-1}, \cdots, p_1, p_0]$ 为极点向量，k 为增益值。

【例 2-6】 建立连续系统传递函数：$G(s) = \dfrac{7(s+3)}{(s+2)(s+4)(s+5)}$。

程序命令：

```
>> z = -3;
>> p = [-2 -4 -5];
>> k = 7;
>> G = zpk(z,p,k)
```

MATLAB 指令窗口反馈：

```
G =
         7 (s + 3)
    -------------------
    (s + 2) (s + 4) (s + 5)

Continuous - time zero/pole/gain model.
```

建立复杂系统的传递函数，需要用到乘积函数 conv()，其基本用法为 $w = \text{conv}(u, v)$，其中 u 和 v 是多项式系数向量。

【例 2-7】 建立连续系统传递函数：$G(s) = \dfrac{4(s+3)(s^2+7s+6)^2}{s(s+1)^3(s^3+3s^2+5)}$。

程序命令：

```
>>num = 4 * conv([1 3],conv([1 7 6],[1 7 6]));
>>den = conv([1 0],conv([1 1],conv([1 1],conv([1 1],[1 3 0 5]))));
>> G = tf(num, den)
```

MATLAB 指令窗口反馈：

```
G =
   4 s^5 + 68 s^4 + 412 s^3 + 1068 s^2 + 1152 s + 432
   ---------------------------------------------------
   s^7 + 6 s^6 + 12 s^5 + 15 s^4 + 18 s^3 + 15 s^2 + 5 s
Continuous - time transfer function.
```

3. 状态空间模型建立

线性定常系统状态空间模型表示为

$$\dot{X}=AX+BU$$
$$Y=CX+DU \tag{2-40}$$

式中，A 称为系统矩阵；B 称为控制矩阵；C 称为观测矩阵；D 称为前馈矩阵。

MATLAB 利用 ss() 函数建立连续系统的状态空间模型，基本格式如下：

ss(A,B,C,D)

【例 2-8】建立系统的状态空间模型：

$$\dot{x} = \begin{bmatrix} 0 & 1 \\ -5 & -2 \end{bmatrix} x + \begin{bmatrix} 0 \\ 3 \end{bmatrix} u \tag{2-41}$$
$$y = \begin{bmatrix} 0 & 1 \end{bmatrix} x$$

程序命令：

```
>> A = [0 1; -5 -2]
>> B = [0;3]
>> C = [0 1]
>> D = 0
>>ss(A,B,C,D)
```

4. 模型转换

（1）多项式传递函数与零极点传递函数的转换

MATLAB 利用 tf2zp() 函数实现多项式传递函数向零极点传递函数的转换，基本格式如下：

[z,p,k] = tf2zp(num,den)

MATLAB 利用 zp2tf 函数实现零极点传递函数向多项式传递函数的转换，基本格式如下：

[num,den] = zp2tf(z,p,k)

【例2-9】 建立连续系统传递函数 $G(s)=\dfrac{13s^3+4s^2+6}{5s^4+3s^3+16s^2+s+7}$，转换为零极点传递函数形式。

程序命令：

```
>>num = [13 4 0 6]
>>den = [5 3 16 1 7]
>> G = tf(num, den)
>> [z,p,k] = tf2zp(num,den)
```

（2）多项式传递函数与状态空间模型的转换

MATLAB 利用 tf2ss() 函数实现多项式传递函数向状态空间模型的转换，基本格式如下：

```
[A,B,C,D] = tf2ss(num,den)
```

MATLAB 利用 ss2tf 函数实现状态空间模型向多项式传递函数的转换，基本格式如下：

```
[num,den] = ss2tf(A,B,C,D)
```

【例2-10】 建立连续系统传递函数 $G(s)=\dfrac{13s^3+4s^2+6}{5s^4+3s^3+16s^2+s+7}$，转换为状态空间模型。

程序命令：

```
>>  num = [13 4 0 6]
>>den = [5 3 16 1 7]
>> G = tf(num, den)
>> [A,B,C,D] = tf2ss(num,den)
```

【例2-11】 系统状态空间模型：

$$\dot{x}=\begin{bmatrix}0 & 1\\ -5 & -2\end{bmatrix}x+\begin{bmatrix}0\\ 3\end{bmatrix}u$$

$$y=\begin{bmatrix}0 & 1\end{bmatrix}x$$

转换为多项式传递函数。

程序命令：

```
>> A = [0 1;-5 -2]
>> B = [0;3]
>> C = [0 1]
>> D = 0
>> [num,den] = ss2tf(A,B,C,D)
>> G = tf(num,den)
```

(3) 零极点传递函数与状态空间模型的转换

MATLAB 利用 zp2ss()函数实现零极点传递函数向状态空间模型的转换,基本格式如下:

[A,B,C,D] = zp2ss(z,p,k)

MATLAB 利用 ss2zp 函数实现状态空间模型向零极点传递函数的转换,基本格式如下:

[z,p,k] = ss2zp(A,B,C,D)

【例 2-12】 连续系统传递函数 $G(s) = \dfrac{7(s+3)}{(s+2)(s+4)(s+5)}$,转换为状态空间模型。

程序命令:

```
>> z = -3
>> p = [-2 -4 -5]
>> k = 7
>> G = zpk(z,p,k)
>> [A,B,C,D] = zp2ss(z,p,k)
```

2.4 无人平台系统建模与分析

本教材选用具备操作安全性且功能要素齐全的轮式地面无人平台作为教学应用案例。图 2-19 所示的轻型轮式无人平台是自主设计和具有完全知识产权的高机动移动平台。该无人平台预期配属装甲步兵、侦察兵,执行抵近侦察、爆炸物清除等任务。

本节重点阐述轮式无人平台的基本构成及其运动学、动力学模型,这将为后续轮式无人平台控制系统构建以及控制策略的提出提供理论支撑。

2.4.1 轮式无人平台基本构成

轮式无人平台主要由轻型轮式高通过性机动平台、便携式遥控工作站以及附属备件构成(图 2-19)。

轻型轮式无人平台本体主要性能参数:

(1) 六轮全电驱动结构,其中前两轮通过摆臂联动,直线弹簧悬挂,后两轮独立摇臂悬挂;
(2) 电子差速转向,支持零半径转向;
(3) 平整路面最大速度 30 km/h;
(4) 最大越障高度 0.21 m;
(5) 最大爬坡角度 40°;
(6) 战斗全重 70 kg;
(7) 外廓尺寸 800×670×400(长×宽×高,mm,不包含摄像机);

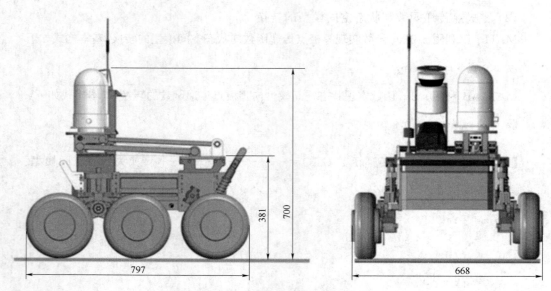

图 2-19 轮式底盘和侦察载荷

(8) 双锂电池组供电,一次充电续航 40 km;

(9) 遥控距离 2 km(通视条件下)。

轮式底盘由一体化密闭平台本体、单轮悬挂机构、摆臂轮悬挂机构、驱动电动机等零部件构成,按照功能可划分为行动单元、车体单元、动力单元、控制系统、侦察载荷升降单元、侦察信息处理单元等。

行动单元包含 6 个独立电驱动的轮毂电动机,电动机分布如图 2-20 所示,定义平台前向如箭头所示。左 1 电动机和左 2 电动机、右 1 电动机和右 2 电动机分别通过摆臂连接在一起,再通过导轨滑块悬挂机构安装到车体上,左 3 和右 3 电动机分别通过独立的摇臂悬挂机构安装到车体上。

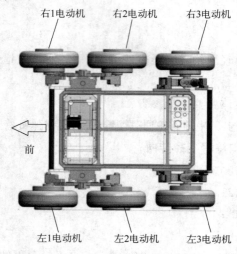

图 2-20 轮毂电动机分布

轮毂电动机通过悬挂机构连接到平台本体。悬架机构主要用来传递作用于车身和车轮之间的力和力矩，以缓和路面冲击载荷引起的车身振动，达到平台正常行驶的目的。悬挂机构性能的优劣直接影响到无人平台的行驶平顺性、稳定性、通过性、可靠性等性能。故而，设计性能优良的悬挂机构有着十分重要的意义。

轮式无人平台摆臂悬挂机构包含悬挂底板、上定位块、下定位块、光轴、悬挂弹簧、液压减振器、弹簧座、滑块轴承、限位挡片、摆臂座、橡胶缓冲垫、摆臂、摆臂轴等主要零部件。两个轮毂电动机通过摆臂连接成为一个整体，摆臂中心压装铜套，通过摆臂轴连接到摆臂座上。两个接地轮毂电动机可围绕摆臂轴摆动，当无人平台在崎岖不平路面运动时，可保持较大轮胎接地压力，大大提高轮式平台的动力性。当遇到垂直障碍时，两个联动的轮毂电动机同步推动摆臂翻转，大大提高平台越障能力。

轮毂电动机与电动机摆臂一端连成一个整体，定位轴插装到悬挂底板上，电动机摆臂另一端压装铜套，与定位轴配合，使轮毂电动机可绕定位轴摆动。保持架通过 4 个螺栓固定到悬挂底板上，起到强化定位轴的作用。提手座与悬挂底板通过螺栓连接在一起，上定位块焊接在提手座上。提手座与电动机摆臂中间的铰接点通过直销安装液压减振器，构成一套摇臂悬挂机构。

通过摆臂悬挂与摇臂悬挂组合形成的轻型轮式侦察平台行动系统具有明显的优势：

（1）大大提高了小轮径移动单元通过障碍的能力，使越障高度可达车轮直径；

（2）在崎岖路面、湿滑路面，可保持多轮同时接地，通过性大大加强；

（3）优异的悬挂性能，提升了平台行驶稳定性，大大提高了通行速度；

（4）悬挂减震性能优异，平台驱动控制系统电子设备可靠性大大提高，侦察图像稳定性有保证。

2.4.2 轮式无人平台运动学模型

六轮无人平台转向是通过左右侧差速运动实现，完全依靠电动机速度控制。该转向形式相比传统阿克曼转向方式结构更为简单、更加节省空间，但是增加了运动控制的复杂度。车轮在转向过程并非纯滚动状态，而是综合了滚动和滑动的运动状态。同时，不同速度和车轮转矩可以帮助平台实现多种行驶方式，因此需要通过控制力矩与速度分配以实现滑动与转动的合理分配，为此研究六轮无人平台转向模型非常有必要。

轮式平台滑移转向近似于履带车辆的转向方式，均是通过分配两侧轮履不同的运动速度以实现滑移，并在质心处产生横摆角速度实现转向功能。按照运动学理论分析轮式无人平台滑移转向特性较为复杂，加之路面情况未知多变，使得仅通过输入量实现精确的底盘运动控制是不可能的，为此，本节选择根据几何学关系推导六轮驱动无人平台的运动学模型。根据相关研究成果，控制过程保持同侧轮胎转动速度相同。若同侧车轮转速不一致则会导致部分车轮被"拖动"，部分车轮被"牵制"，最终影响能量利用效率。

据此建立运动学模型，研究滑移转向特性，如图 2-21 所示，遵循如下假设：

① 路面车轮的接触方式被视为点接触、无变形,接触点为车轮径向行驶与路面相切点;
② 车体质量分布均匀,车体重心位于几何中心位置;
③ 地面为水平面,无人平台只作平面运动;
④ 忽略风阻等因素影响。

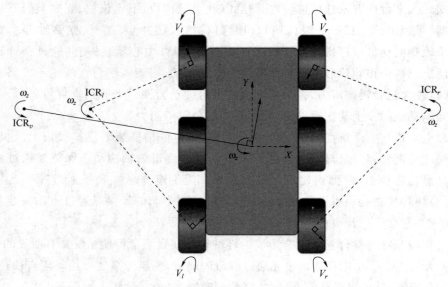

图 2-21 轮式无人平台运动学建模

考虑滑移时的双侧瞬心几何关系,以车体中心建立坐标系,O 为无人平台几何中心,近似质心位置,Y 方向为无人平台驱动行驶的正方向,XOY 平面与平台底面平行。车轮半径为 r,两侧轮心间距为 B。无人平台两侧轮胎滚动速度相同时,局部坐标系下左右两侧轮胎的滚动线速度可表示为 $(V_l, V_r) = r \cdot (\omega_l, \omega_r)$。所以,$XOY$ 平面上的正运动学关系可以表示为

$$(v_x, v_y, \omega_z) = f_d(V_l, V_r) \tag{2-42}$$

式中,$V = (v_x, v_y)$ 表示的是局部坐标系下的平移速度,转向过程中其横摆角速度为 ω_z。以上为无人平台正运动学关系,由此可以获得其逆运动学关系如下,以此实现速度控制:

$$(V_l, V_r) = f_i(v_x, v_y, \omega_z) \tag{2-43}$$

无人平台转向时,将该无人平台视作平面运动的刚体,定义其瞬心(ICR)为局部坐标系下的旋转中心,则此点可以表示为 $\text{ICR}v = (x_{\text{ICR}v}, y_{\text{ICR}v})$。车轮运动可以分解为车轮对地运动和车身运动的合运动。所以,综合肯尼迪瞬心理论,两侧车轮瞬心位置可以推算如下:

$$x_{\text{ICR}v} = \frac{-v_y}{\omega_z} \tag{2-44}$$

$$x_{\text{ICR}l} = \frac{r \cdot \omega_l - v_y}{\omega_z} \tag{2-45}$$

$$x_{\text{ICR}r} = \frac{r \cdot \omega_r - v_y}{\omega_z} \tag{2-46}$$

$$y_{\text{ICR}v} = y_{\text{ICR}l} = y_{\text{ICR}r} = \frac{v_x}{\omega_z} \tag{2-47}$$

式中，$x_{\text{ICR}v}$ 的值随着无人平台路径曲率的变化而改变，当曲率无限大直至旋转角速度为 0 时，$x_{\text{ICR}v}$ 趋于 $+\infty$。但此数值特性不适用于 $x_{\text{ICR}l}$ 及 $x_{\text{ICR}r}$，因为在直线运动状态估计时获得的表达式(2-44)、式(2-45)、式(2-46)，其分子分母均趋近于 0，且为等价无穷小，所以获得的 $x_{\text{ICR}l}$、$x_{\text{ICR}r}$、$x_{\text{ICR}v}$ 均是有限值。

可以得出无人平台局部坐标系下单侧速度与行驶速度和转动速度的关系：

$$v_x = \frac{r \cdot (\omega_r - \omega_l)}{x_{\text{ICR}r} - x_{\text{ICR}l}} y_{\text{ICR}v} \tag{2-48}$$

$$v_y = \frac{r \cdot (\omega_r - \omega_l)}{2} - \frac{r \cdot (\omega_r - \omega_l)}{x_{\text{ICR}r} - x_{\text{ICR}l}} \left(\frac{x_{\text{ICR}r} - x_{\text{ICR}l}}{2} \right) \tag{2-49}$$

$$v_y = \frac{r \cdot (\omega_r - \omega_l)}{2} - \frac{r \cdot (\omega_r - \omega_l)}{x_{\text{ICR}r} - x_{\text{ICR}l}} \left(\frac{x_{\text{ICR}r} - x_{\text{ICR}l}}{2} \right) \tag{2-50}$$

同时可以获得逆运动学关系：

$$V_l = r \cdot \omega_l = v_y + x_{\text{ICR}l} \cdot \omega_z \tag{2-51}$$

$$V_r = r \cdot \omega_r = v_y + x_{\text{ICR}r} \cdot \omega_z \tag{2-52}$$

因此两侧瞬心位置也体现了两侧车轮的滑转情况，瞬心位置偏离质心程度越大，滑转情况越严重。进一步，分解轮胎转动可以得出轮心运动与绕瞬心运动如下：

$$x_{\text{ICR}l} \cdot \omega_z = r \cdot \omega_l + \left(x_{\text{ICR}l} + \frac{B}{2} \right) \cdot \omega_z \tag{2-53}$$

$$x_{\text{ICR}r} \cdot \omega_z = r \cdot \omega_r - \left(\frac{B}{2} - x_{\text{ICR}r} \right) \cdot \omega_z \tag{2-54}$$

式(2-53)为左侧轮胎运动关系，由于左侧轮胎旋转瞬心 $x_{\text{ICR}l}$ 位于原点左侧，所以在数值上为负值，其代数部分为整个平台的转向半径 R，同理可推出式(2-54)。假设无人平台为稳速转向，其内外侧轮胎转速比 $k = \omega_l / \omega_r$，可得其转向半径为

$$R = -x_{\text{ICR}v} = \frac{k \cdot x_{\text{ICR}r} - x_{\text{ICR}l}}{1-k} + \frac{B}{2} \cdot \frac{1+k}{1-k} \tag{2-55}$$

$$s = \frac{k \cdot \alpha_r + \alpha_l}{1-k} + \frac{1+k}{1-k} \tag{2-56}$$

设：$\alpha_r = \frac{2x_{\text{ICR}r}}{B}$ 和 $\alpha_l = \frac{-2x_{\text{ICR}l}}{B}$ 分别表示左右两侧轮胎的偏移程度，s 表示相对转向半径。由式(2-56)可以得出不同偏移程度、不同内外侧转速比下的比转向半径关系，k 值域为 $(-1,1)$。由于左右两侧对称，只研究正值情况；在 α_l 趋于 0 时，$\alpha_{r1} = 0.2$，$\alpha_{r1} = 0.5$，$\alpha_{r1} = 1$ 的曲线如图 2-22 所示，表明了随着速比增大，转向半径的增大，当转向两侧速度

相同时,转向半径+∞;随着外侧相对瞬心的偏移,单侧轮胎组转向半径增大,也影响了最终的车体转向半径随之增大。

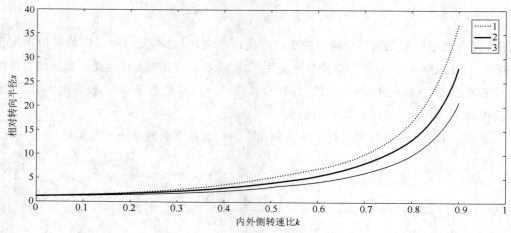

图 2-22 相对转向半径与内外侧转速比关系

以上提供了几何关系下的正逆运动学关系,正运动学给出了包含滑移滑转情况下的瞬心与运动状态的关系,两侧轮速易得,通过车速与横摆角速度可以辅助进行平台行驶状态的估计,确定平台整体的运动状态;逆运动学以横摆角速度为反馈控制两侧轮速,可以实现整个平台的运动控制。

2.4.3 轮式无人平台动力学模型

轮式无人平台运动依赖于车轮运动过程产生的路面与车轮的接触力,如牵引力、侧向力。本教材重点研究无人平台的行驶稳定性控制,目的是确保直驶过程的防滑性能和转向过程的车体稳定。主要研究对象为滑移率和横摆角速度,两者体现动力学作用效果。建立六轮无人平台动力学模型,为方便研究,做如下假设:

（1）忽略侧倾运动与俯仰运动,认为无人平台只做平行于地平面的运动;
（2）忽略载荷转移对平台质心的影响,认为质心位于平台几何中心位置;
（3）忽略空气阻力对平台运动的影响;
（4）忽略轮胎自身的侧倾和绕轴摆动。

根据上述假设,将平台质心设为所在 XOY 平面的坐标原点,建立如图 2-23 的动力学模型,其中 M 是无人平台在其质心处的等效质量。

纵向动力学方程:

$$\boldsymbol{M}\dot{v}_y = F_{y1} + F_{y2} + F_{y3} + F_{y4} + F_{y5} + F_{y6} = \sum_{i=1}^{6} F_{di} - F_{fi} \quad (2\text{-}57)$$

横向动力学方程:

$$\boldsymbol{M}(\dot{v}_x + v_y \boldsymbol{\omega}_z) = \sum_{i=1}^{6} F_{xi} \quad (2\text{-}58)$$

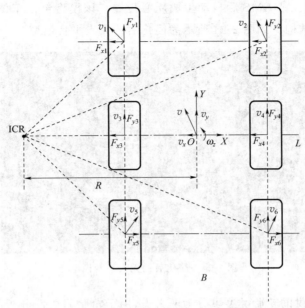

图 2-23 六驱无人平台动力学建模

横摆运动：

$$J_z \omega_z = \frac{L}{2} \sum_{i=1}^{6} F_{xi} + \frac{B}{2}(F_{y2} + F_{y4} + F_{y6} - F_{y1} - F_{y3} - F_{y5}) \tag{2-59}$$

横摆力矩：

$$M_z = \frac{B}{2}(F_{y2} + F_{y4} + F_{y6} - F_{y1} - F_{y3} - F_{y5}) \tag{2-60}$$

至此建立了轮胎与地面接触力和平台本体动力学的关系，通过改变驱动力在平台上的分布与幅值，可以实现驱动电动机控制下的车体运动状态控制。

单纯的建立数学模型计算复杂而且无法精确，试制实车更需要耗费大量人力物力，为此，使用多体动力学仿真建模软件 ADAMS 进行仿真分析，建立无人平台模型，通过软件模拟轮胎与路面结构特征、平台的动力学及运动学特征，实现运动状态反馈与动力学控制，验证控制方法的适用性，从而为平台设计辅助提供数据支持。

即便是计算机仿真模型也无法做到与实车完全一致，但是可以为无人平台的结构优化设计、控制系统建立、极限工况稳定性研究实现辅助指导，研究规程中建立了轻型轮式无人平台的 ADAMS 仿真模型。

ADAMS 仿真模型的建立一般有两种方式，对于结构较简单的模型可以通过 ADAMS/View 实现快速建模，而后定义对象的质量、质心、转动惯量等物理属性；对于结构较复杂的模型，可以通过 IMPORT 模块导入外部设计软件给出的三维模型。本项目设计的六驱无人平台通过 SolidWorks 软件设计而成。由于本教材使用 ADAMS 软件主要任务是分析整车的动力学特性，所以将平台上的通信模块，侦察模块省略，获得简化模型,所得模型在导入 ADAMS 后自动生成质心位置。该模型包含车体框架、前后悬挂系统、前侧被动摇臂结构。如图 2-24 所示为简化后的无人平台模型。

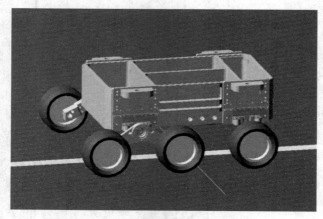

图 2-24 简化后的无人平台模型

ADAMS 所提供的轮胎类型可分为两大类,用于轮胎耐久性分析的模型和用于操纵稳定性分析的轮胎模型。为了实现行驶过程的稳定性,评估了轮毂电动机轮胎特性后,选择适用于操纵性分析的 UA 模型。UA 模型是经典弹性圆环状梁模型,针对所研无人平台特性,设计轮胎参数。ADAMS 软件具有独立的路面设计能力,可以根据路面不平度自动生成路面,获得常规平整公路条件下的行驶仿真;也可以自主设计路面障碍,获得平台在遭遇凸台、凹坑等特殊路面下的行驶特性。为了验证无人平台在城市路面环境的行驶能力,使用 ADAMS/Car 模块进行多种不同粗糙程度的路面文件生成。针对附着系数、凸凹程度等不同路面,进行仿真实验,检验无人平台不同路面情况下的通过性能。如图 2-25 为混合粗糙程度的路面制作。

表 2-3 所示为符合轮毂电动机轮胎参数的 UATIRE 模型。

表 2-3 符合轮毂电动机轮胎参数的 UATIRE 模型

轮胎指标	项目参数	轮胎指标	项目参数
1. UNLOADED_RADIUS	0.075	8. CALPHA	60 000
2. WIDTH	0.05	9. CGAMMA	3 000
3. ASPECT_RATIO	0.45	10. UMIN	0.8
4. VERTICAL_STIFFNESS	190 000	11. UMAX	1.1
5. VERTICAL_DAMPING	50	12. REL_LEN_LON	0.6
6. ROLLING_RESISTANCE	0.003	13. REL_LEN_LAT	0.5
7. CSLIP	80 000		

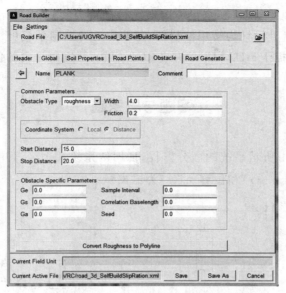

图 2-25 混合粗糙程度的路面制作

根据 ADAMS 提供的丰富的约束副可以实现多种连接关系，在平台模型建立的过程中，使用了固定副、旋转副、弹簧。图 2-26 为添加了约束和驱动的平台模型。使用的旋转副有两种，一种为被动旋转，另一种为驱动旋转。驱动旋转是添加了驱动的旋转副，驱动可以为力矩或者速度，亦可为关于时间的函数，ADAMS 软件的便捷性在于可以独立设置每台电动机的转速和转矩，使得针对电驱动无人平台的仿真实验在动力性能方面更加符合实际情况。前侧摆动机构为无驱动旋转，属于被动旋转机构。当平台遭遇路面垂直方向冲击时，前侧轮胎首先与其相接，被动旋转使前轮抬起，中轮着地，保证了整个平台的稳定性。当遇到台阶路面时，前侧被动摆臂结构也可以在大力矩工作状态下实现越台动作。

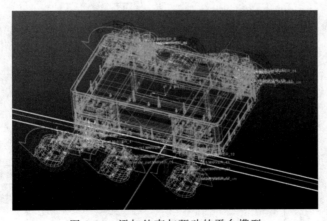

图 2-26 添加约束与驱动的平台模型

6 个轮胎轴向设计为驱动旋转副，设置为旋转副的结构可以在一个自由度下实现绕轴旋转。仿真建立的无人平台各控制变量是控制系统与外部的接口，旋转副建立为控量的接口提供了控制对象，控制变量可以通过控制接口实现对平台的完全控制。为此，在各个轮轴输入变量处设计为转矩控制量，完整建立的控制系统可以在其内部建立变量之间的关系，亦可受控于 ADAMS/CONTROL 模块，建立跨平台的仿真。

习题与思考题

1. 列写题图 2-1 所示系统的微分方程，证明两系统相似。其中，电压 $u_i(t)$ 和位移 $x_i(t)$ 为输入量，电压 $u_o(t)$ 和位移 $x_o(t)$ 为输出量。

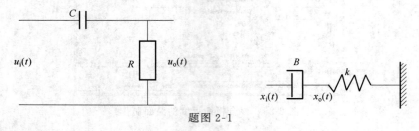

题图 2-1

2. 求下列函数 $f(t)$ 的拉普拉斯变换，假设 $t<0$ 时，$f(t)=0$。

(1) $f(t)=1-e^{-\frac{1}{T}t}$ (2) $f(t)=\sin\left(5t+\dfrac{\pi}{3}\right)$

3. 求题图 2-2 所示系统的传递函数，电压 $u_i(t)$ 为输入量，电压 $u_o(t)$ 为输出量。

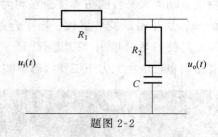

题图 2-2

4. 化简题图 2-3 所示的系统框图，求传递函数 $\dfrac{C(s)}{R(s)}$。

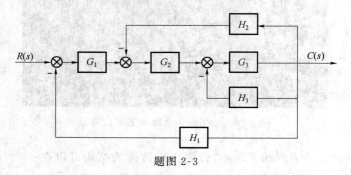

题图 2-3

第 3 章 机电系统特性分析

得到已知系统数学模型后，就可以利用控制理论对其进行定量或定性分析。在进行机电系统特性分析时主要采用两种方法，时域分析法和频率分析法。两种方法分别在时域空间和频率空间对机电一体化系统的性能进行分析，进而继续重点讨论系统的稳定性、准确性和快速性。两种方法的思路大体一致，利用典型信号作为系统的输入，根据系统数学模型得到相应的输出响应，对照时域和频率性能指标对输出结果进行分析，进而建立系统结构参数与性能指标之间的函数关系，为装备机电一体化系统的性能判定、优化和运用提供科学依据。

3.1 机电系统时域分析方法

3.1.1 系统时域响应特性分析

时域分析法具有简单、直观的特点，是经典控制理论进行系统分析的一种重要方法。时域分析法是通过传递函数、拉普拉斯变换及反变换求出系统在典型输入下的输出时域表达式，从而分析系统输出对时间响应的全部信息。这是一种定量分析方法。时域分析法的目标是通过时域性能指标，对系统时间响应的"稳、准、快"进行定量描述。

所谓时间响应是系统在输入信号的作用下，输出随时间的变化过程。机电系统的时间响应分为两部分，瞬态响应和稳态响应。瞬态响应是指系统在某一输入信号的作用下其输出量从初始状态到稳定状态的响应过程。稳态响应为在某一信号输入作用下系统在时间趋于无穷大时的输出状态。机电系统设计的目标就是要产生期望的瞬态响应，减少稳态误差，实现稳定性。

1. 典型输入信号

根据时域分析法的定义可知，若要对机电系统进行时域分析，首要工作是在系统输入端加载典型输入信号。这是为了对各类机电系统有一个客观的性能评判和比较。时域分析常用的理想化的典型输入信号主要有 4 种,分别为脉冲信号、阶跃信号、速度信号和加速度信号。

(1) 脉冲信号

数学表达式为 $x_i(t)=\begin{cases}\lim\limits_{t_0\to 0}\dfrac{a}{t_0} & (0<t<t_0) \\ 0 & (t<0 \text{ 或 } t>t_0)\end{cases}$,拉普拉斯变换为 $L[x_i(t)]=a$,当 $a=1$ 时称之为单位脉冲信号。

(2) 阶跃信号

数学表达式为 $x_i(t)=\begin{cases}a & (t\geq 0) \\ 0 & (t<0)\end{cases}$,拉普拉斯变换为 $L[x_i(t)]=\dfrac{a}{s}$,当 $a=1$ 时称之为单位阶跃信号。

(3) 速度信号

数学表达式为 $x_i(t)=\begin{cases}at & (t\geq 0) \\ 0 & (t<0)\end{cases}$,拉普拉斯变换 $L[x_i(t)]=\dfrac{a}{s^2}$,当 $a=1$ 时称之为单位速度信号。

(4) 加速度信号

数学表达式为 $x_i(t)=\begin{cases}at^2 & (t\geq 0) \\ 0 & (t<0)\end{cases}$,拉普拉斯变换 $L[x_i(t)]=\dfrac{2a}{s^3}$,当 $a=\dfrac{1}{2}$ 时称之为单位加速度信号。

2. 系统时域分析性能指标

已知机电系统的数学模型,并且确定了典型输入信号,若要对系统输出进行分析还需要建立系统的性能指标。在时域范围内建立机电系统的性能指标较为直观、简单且易于接受。时域分析性能指标是以系统对单位阶跃输入的时域响应形式给出的,如图 3-1 所示。系统时域性能指标主要分为三类,分别为稳定性指标、快速性指标和准确性指标。

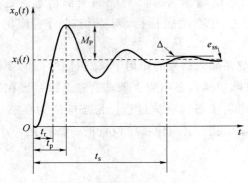

图 3-1 系统时域性能指标

(1) 稳定性指标

最大超调量 M_p：系统输出响应曲线最大峰值和稳态值的差再与稳态值之比；单位阶跃输入时为输出响应曲线的最大峰值与稳态值之差。通常用百分数表示。

振荡次数 N：在调整时间 t_s 内输出响应曲线振荡的次数。

(2) 快速性指标

上升时间 t_r：输出响应曲线从零时刻首次到达稳态值的时间。针对系统输出无超调情况，上升时间定义为输出响应曲线从稳态值10%上升到稳态值90%所需的时间。

峰值时间 t_p：输出响应曲线从零时刻到达最大峰值的时间。

调整时间 t_s：输出响应曲线达到并一直保持在允许误差范围内的最短时间。

(3) 准确性指标

稳态误差 e_{ss}：输出响应稳定时，稳态响应的实际值与期望值之间的误差。

3．一阶系统时域分析

机电系统的阶次取决于描述它的微分方程的阶次。凡是能用一阶微分方程描述的机电系统称之为一阶系统；凡是能用二阶微分方程描述的机电系统称之为二阶系统。若机电系统只能利用高阶微分方程来描述，则称之为高阶系统。机电系统输出响应根据输入信号的不同而不同。系统在单位脉冲信号作用下的输出响应称之为单位脉冲响应，依此类推还有单位阶跃响应、单位速度响应和单位加速度响应等。

典型的一阶系统的传递函数表示为

$$G(s) = \frac{X_o(s)}{X_i(s)} = \frac{1}{Ts+1} \tag{3-1}$$

式中，T 为系统时间常数，由系统结构参数确定。

一阶系统单位脉冲响应的拉普拉斯变换为

$$X_o(s) = G(s) \cdot X_i(s) = \frac{1}{Ts+1} \cdot 1 = \frac{1}{Ts+1} \tag{3-2}$$

对式(3-2)进行拉普拉斯反变换可得一阶系统单位脉冲响应的时域表达式为

$$x_o(t) = \frac{1}{T} e^{-\frac{t}{T}} \quad (t \geqslant 0) \tag{3-3}$$

根据式(3-3)绘制的一阶系统单位脉冲响应曲线如图3-2所示。可以看出，这是一条单调下降的指数曲线，并且 $t \to \infty$ 时 $x_o(t) \to 0$，由此可知单位脉冲响应的稳态值为0。另外，响应曲线下降速度与时间常数 T 有关。T 值越大，响应曲线下降速度越慢，响应过程越长，表明快速性越差；T 值越小，响应曲线下降速度越快，响应过程越短，表明快速性越好。

一阶系统单位阶跃响应的拉普拉斯变换为

$$X_o(s) = G(s) \cdot X_i(s) = \frac{1}{Ts+1} \cdot \frac{1}{s} = \frac{1}{s} - \frac{T}{Ts+1} \tag{3-4}$$

对式(3-4)进行拉普拉斯反变换可得一阶系统单位脉冲响应的时域表达式为

$$x_o(t) = 1 - e^{-\frac{t}{T}} \quad (t \geqslant 0) \tag{3-5}$$

根据式(3-5)绘制的一阶系统单位阶跃响应曲线如图 3-3 所示。可以看出,这是一条单调上升的指数曲线,并且 $t \to \infty$ 时 $x_o(t) \to 1$,由此可知单位阶跃响应的稳态值为 1。另外,响应曲线上升速度与时间常数 T 有关。T 值越大,响应曲线上升速度越慢,响应过程越长,表明快速性越差;T 值越小,响应曲线上升速度越快,响应过程越短,表明快速性越好。

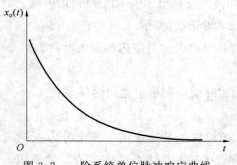

图 3-2 一阶系统单位脉冲响应曲线

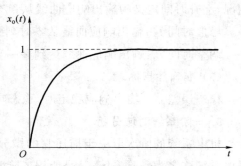

图 3-3 一阶系统单位阶跃响应曲线

一阶系统单位速度响应的拉普拉斯变换为

$$X_o(s) = G(s) \cdot X_i(s) = \frac{1}{Ts+1} \cdot \frac{1}{s^2} = \frac{1}{s^2} - \frac{T}{s} + \frac{T}{s + \frac{1}{T}} \tag{3-6}$$

对式(3-6)进行拉普拉斯反变换可得一阶系统单位速度响应的时域表达式:

$$x_o(t) = t - T + Te^{-\frac{t}{T}} \quad (t \geqslant 0) \tag{3-7}$$

根据式(3-7)绘制的一阶系统单位速度响应曲线如图 3-4 所示。可以看出,响应曲线由两部分组成,起始部分为指数曲线,稳定部分为单调上升直线,并且 $t \to \infty$ 时 $x_o(t) \to t - T$,与输入信号存在 T 的稳态误差。

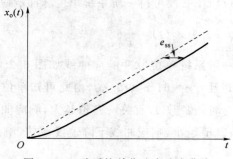

图 3-4 一阶系统单位速度响应曲线

通过上述内容可以看出,一阶系统典型输入响应特性与系统时间常数 T 存在紧密关系。该常数决定着系统的快速性和准确性。

3.1.2 系统稳定性与误差分析

1. 稳定性的定义

稳定性是系统工作的首要条件。一个稳定的系统才能具有工程应用价值。任何机电系统在工作过程中都会受到外界扰动的影响。对于不稳定的或者稳定性较差的机电系统,在较小扰动作用下,也会偏离原始平衡状态,甚至会出现发散现象。同时,扰动消失后,机电系统也不能恢复到原始平衡状态。因此,分析机电系统的稳定性并提出改善系统稳定性的措施至关重要。动态系统稳定性的一般定义是俄国学者李雅普诺夫在统一考虑了线性系统稳定性问题之后于1882年提出,并且沿用至今。在分析线性系统稳定性时,我们关心的是系统的运动稳定性。根据李雅普诺夫稳定性理论,线性机电系统的稳定性可以表述为:机电系统的输出在初始偏差作用下,终态能够恢复到原始平衡状态,则称为渐进稳定,简称稳定;反之,机电系统的输出在初始偏差作用下,输出随着时间的推移而发散,则称为不稳定。

针对线性定常机电系统,稳定性表现为输出响应随时间的收敛性。受到外界扰动的作用,系统的输出偏离平衡状态。当扰动去除后,系统在足够长的时间内能够恢复到原始平衡状态,则说明该机电系统是稳定的。反之,当扰动去除后,系统的输出响应随时间推移而发散,则说明该机电系统是不稳定的。由此可以推断出,机电系统的稳定性取决于系统本身固有的特性,与外界扰动无关。

2. 稳定的充分必要条件

根据系统稳定性的有关说明,判断机电系统稳定性的关键在于确定扰动加载并去除后系统的输出响应如何。如果输出响应恢复到原始平衡状态,则系统稳定;如果输出响应随时间的推移而发散,则系统不稳定。由此,可以将系统稳定性的分析纳入到系统时域分析的框架内。利用单位脉冲信号来表示扰动信号,并将其加载到机电系统的输入端,以简化表示扰动的加载和去除。如果单位脉冲信号所对应的稳定输出是零,则代表该系统恢复到原始平衡状态,表示系统稳定;如果单位脉冲信号所对应的输出随时间而发散,则代表该系统未恢复到原始平衡状态,表示系统不稳定。在如上分析的基础上,推导机电系统稳定性的充分必要条件。

机电系统一般形式的传递函数见式(2-26),进一步表示为

$$G(s) = \frac{k \prod_{i=1}^{m}(s+z_i)}{\prod_{j=1}^{q}(s-p_j) \prod_{k=1}^{r}(s^2 + 2\xi_k \omega_k s + \omega_k^2)} \quad (m \leqslant n, q+2r=n) \quad (3-8)$$

式中,z_i 为系统零点。单位脉冲信号的拉普拉斯变换为1,可得机电系统的输出为

$$C(s) = G(s) \cdot 1 = \frac{k \prod_{i=1}^{m}(s+z_i)}{\prod_{j=1}^{q}(s-p_j)\prod_{k=1}^{r}(s^2+2\xi_k\omega_k s+\omega_k^2)}$$

$$= \sum_{j=1}^{q} \frac{A_j}{s-p_j} + \sum_{k=1}^{r} \frac{B_k s + C_k}{s^2+2\xi_k\omega_k s+\omega_k^2} \tag{3-9}$$

式中,A_j 为 $C(s)$ 在实数极点 p_j 处的留数,B_k 和 C_k 为复数极点留数有关的常系数。

在初始条件为零的条件下,通过拉普拉斯反变换得到机电系统的单位脉冲响应为

$$c(t) = \sum_{j=1}^{q} A_j e^{p_j t} + \sum_{k=1}^{r} B_k e^{-\xi_k\omega_k t}\cos[\omega_k\sqrt{1-\xi_k^2}]t +$$

$$\sum_{k=1}^{r} \frac{C_k - B_k\xi_k\omega_k}{\omega_k\sqrt{1-\xi_k^2}} e^{-\xi_k\omega_k t}\cos[\omega_k\sqrt{1-\xi_k^2}]t \quad t \geqslant 0 \tag{3-10}$$

若要满足 $\lim_{t\to\infty} c(t) = 0$,当且仅当系统的特征根全部具有负实部,此时系统稳定;若系统特征根有一个或多个正实部,则 $\lim_{t\to\infty} c(t) = \infty$,表明系统不稳定;若系统特征根有一个或多个零实部,其他特征根具有负实部,则 $c(t)$ 为等幅正弦振荡,表明系统处于临界稳定。根据上述分析可以看出,机电系统稳定的充分必要条件为:系统的全部特征根均具有负实部。

3. 劳斯判据

如前所述,机电系统的稳定性取决于特征根的情况。只要能够求解出系统特征方程的根,就可以确定系统的稳定性。但是,对于阶次较高的特征方程,求解特征根的难度是较大的,必要时需要借助数字计算机。劳斯于 1877 年提出一种代数判据,用于间接判断机电系统的稳定性。该判据简称为劳斯判据。劳斯判据以系统传递函数的特征方程系数为依据,间接判断系统特征根是否全部具有负实部。

线性机电系统传递函数的特征多项式为 $A(s) = a_n s^n + a_{n-1} s^{n-1} + \cdots + a_1 s + a_0$,$a_n > 0$,根据特征根与多项式系数的关系可知,系统稳定的必要条件为:特征多项式各项系数为正数。

系统的特征方程为 $A(s) = a_n s^n + a_{n-1} s^{n-1} + \cdots + a_1 s + a_0 = 0$,根据劳斯判据列写如下劳斯阵列:

s^n	a_n	a_{n-2}	a_{n-4}	a_{n-6}	...
s^{n-1}	a_{n-1}	a_{n-3}	a_{n-5}	a_{n-7}	...
s^{n-2}	b_1	b_2	b_3	b_4	...
s^{n-3}	c_1	c_2	c_3	c_4	...
...	...	...	...	...	
s^2	e_1	e_2			
s^1	f_1				
s^0	g_1				

式中,$b_1 = \dfrac{a_{n-1}a_{n-2} - a_n a_{n-3}}{a_{n-1}}$,$b_2 = \dfrac{a_{n-1}a_{n-4} - a_n a_{n-5}}{a_{n-1}}$,依此类推;$c_1 = \dfrac{b_1 a_{n-3} - b_2 a_{n-1}}{b_1}$,
$c_2 = \dfrac{b_1 a_{n-5} - b_3 a_{n-1}}{b_1}$,依此类推;其余参数计算依此类推。

另外一点要指出,每一行元素计算到零为止。根据劳斯阵列计算结果,劳斯判据给出系统稳定的充分条件:劳斯阵列的第一列元素均为正数。根据上述内容可以确定机电系统稳定的充分必要条件:系统特征多项式系数均为正数且劳斯阵列第一列元素均为正数。

【例 3-1】已知机电系统传递函数 $G(s) = \dfrac{(s+10)}{s^3 + 21s^2 + 10s + 10}$,利用劳斯判据判定系统的稳定性。

根据机电系统传递函数可知特征多项式为

$$A(s) = s^3 + 21s^2 + 10s + 10 \tag{3-11}$$

可以看出,特征多项式的系数均为正数,满足系统稳定性的必要性条件。进一步根据特征多项式系数列写劳斯阵列:

$$\begin{array}{ll} s^3 & 1 \quad 10 \\ s^2 & 21 \quad 10 \\ s^1 & 9.5 \\ s^0 & 10 \end{array}$$

可以看出,劳斯阵列的第一列系数均为正数。该系统特征多项式系数均为正数且劳斯阵列第一列系数均为正数,满足系统稳定性的充分必要条件,故该系统是稳定的。

4. 稳态误差的定义

误差是衡量机电系统准确性的重要指标。按照工作过程可分为动态误差和稳态误差。动态误差指的是系统动态过程中误差随时间发生变化;稳态误差指的是系统进入稳定状态后实际输出值与期望输出值之间的差别。稳态误差越小,代表着系统的实际输出结果与期望输出结果越接近,进而表明系统的准确性越好。稳态误差表征的是机电系统准确跟踪控制信号的能力,是评价机电系统优劣的一个核心指标。

如图 3-5 所示,系统偏差在系统的输入端定义,表示为 $E(s) = X_i(s) - B(s)$,进一步表示为

$$E(s) = X_i(s) - H(s)X_o(s) \tag{3-12}$$

系统误差在系统的输出端定义。$X_{or}(s)$ 表示为理想输出量,假设其与输入信号的关系为

$$X_{or}(s) = M(s)X_i(s) \tag{3-13}$$

进而可得系统误差为

$$E_r(s) = X_{or}(s) - X_o(s) \tag{3-14}$$

系统理想输出量 $X_{or}(s)$ 并不是函数框图的一部分,且在实际使用时未知,故在系统函数框图上利用虚线表示有关函数关系。

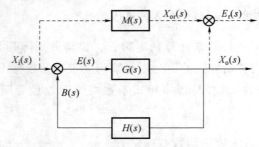

图 3-5 机电系统函数框图

机电系统实质上是通过调控偏差 $E(s)$ 来控制输出量 $X_o(s)$ 围绕理想输出量 $X_{or}(s)$ 变化。当实际输出量 $X_o(s)$ 等于理想输出量 $X_{or}(s)$ 时,调控偏差 $E(s)$ 等于零。此时,可得 $E(s)=X_i(s)-H(s)X_{or}(s)=0$,进一步可得:

$$M(s)=\frac{X_{or}(s)}{X_i(s)}=\frac{1}{H(s)} \tag{3-15}$$

即

$$E_r(s)=\frac{X_i(s)}{H(s)}-X_o(s) \tag{3-16}$$

联合式(3-12)和式(3-16)可得:

$$E_r(s)=\frac{E(s)}{H(s)} \tag{3-17}$$

由式(3-17)可以看出,系统误差 $E_r(s)$ 与系统偏差 $E(s)$ 存在固定函数关系。鉴于此,可以利用系统偏差 $E(s)$ 来计算系统误差 $E_r(s)$,进而利用拉普拉斯变换的终值定理求解其稳态误差结果 e_{ss}。

5. 稳态偏差计算

系统稳态偏差 e_{ss} 是系统进入稳定状态时的偏差,根据拉普拉斯变换终值定理可得:

$$e_{ss}=\lim_{t\to\infty}e(t)=\lim_{s\to 0}sE(s) \tag{3-18}$$

根据图 3-5 机电系统函数框图可知:

$$E(s)=X_i(s)-G(s)H(s)E(s) \tag{3-19}$$

进而可得:

$$E(s)=\frac{1}{1+G(s)H(s)}X_i(s) \tag{3-20}$$

最终可得:

$$e_{ss}=\lim_{s\to 0}s\frac{1}{1+G(s)H(s)}X_i(s) \tag{3-21}$$

在自动控制理论中,将 $G(s)H(s)$ 定义为闭环控制系统的开环传递函数。针对单位负反馈系统,$H(s)=1$,式(3-21)可进一步简化为

$$e_{ss}=\lim_{s\to 0}\frac{1}{1+G(s)}X_i(s) \tag{3-22}$$

通过式(3-22)可以看出,系统的稳态偏差不仅与输入信号有关,还与机电系统本身结构有关。这里所提到的机电系统结构是指系统的开环传递函数。闭环控制系统的开环传递函数$G(s)H(s)$就是反馈量$B(s)$与偏差$E(s)$之比,一般可表示为如下形式:

$$G(s)H(s)=\frac{b_m s^m+b_{m-1}s^{m-1}+\cdots+b_0}{a_n s^n+a_{n-1}s^{n-1}+\cdots+a_N s^{n-N}} \quad n\geqslant m,N=0,1,2,\cdots,n \tag{3-23}$$

进而可得:

$$G(s)H(s)=\frac{b_0\left(\dfrac{b_m}{b_0}s^m+\dfrac{b_{m-1}}{b_0}s^{m-1}+\cdots+1\right)}{a_N s^{n-N}\left(\dfrac{a_n}{a_N}s^N+\dfrac{a_{n-1}}{a_N}s^{N-1}+\cdots+1\right)}=\frac{kB(s)}{s^v A(s)} \tag{3-24}$$

式中,$B(s)=\dfrac{b_m}{b_0}s^m+\dfrac{b_{m-1}}{b_0}s^{m-1}+\cdots+1$,$A(s)=\dfrac{a_n}{a_N}s^N+\dfrac{a_{n-1}}{a_N}s^{N-1}+\cdots+1$,$k=\dfrac{b_0}{a_N}$,$v=n-N$。

当$v=0$时,$G(s)H(s)=\dfrac{kB(s)}{A(s)}$,此时系统称之为 0 型系统;当$v=1$时,$G(s)H(s)=\dfrac{kB(s)}{sA(s)}$,此时系统称之为 Ⅰ 型系统;当$v=2$时,$G(s)H(s)=\dfrac{kB(s)}{s^2 A(s)}$,此时系统称之为 Ⅱ 型系统,依此类推。

(1) 单位阶跃输入稳态偏差

当系统的输入信号为单位阶跃输入信号时,$X_i(s)=\dfrac{1}{s}$,代入式(3-21)可得:

$$e_{ss}=\lim_{s\to 0}\frac{1}{1+G(s)H(s)}\frac{1}{s}=\frac{1}{1+\lim\limits_{s\to 0}G(s)H(s)} \tag{3-25}$$

定义$K_p=\lim\limits_{s\to 0}G(s)H(s)$为稳态位置偏差系数,式(3-25)可简化为

$$e_{ss}=\frac{1}{1+K_p} \tag{3-26}$$

当系统为 0 型系统时,$K_p=k$,则$e_{ss}=\dfrac{1}{1+k}$;当系统为 Ⅰ 型系统时,$K_p=\infty$,则$e_{ss}=0$;当系统为 Ⅱ 型系统时,$K_p=\infty$,则$e_{ss}=0$。

(2) 单位速度输入稳态偏差

当系统的输入信号为单位速度输入信号时,$X_i(s)=\dfrac{1}{s^2}$,代入式(3-21)可得:

$$e_{ss}=\lim_{s\to 0}\frac{1}{1+G(s)H(s)}\frac{1}{s^2}=\frac{1}{\lim\limits_{s\to 0}sG(s)H(s)} \tag{3-27}$$

定义$K_v=\lim\limits_{s\to 0}sG(s)H(s)$为稳态速度偏差系数,式(3-27)可简化为

$$e_{ss}=\frac{1}{K_v} \tag{3-28}$$

当系统为 0 型系统时，$K_v=0$，则 $e_{ss}=\infty$；当系统为 Ⅰ 型系统时，$K_v=k$，则 $e_{ss}=\frac{1}{k}$；当系统为 Ⅱ 型系统时，$K_v=\infty$，则 $e_{ss}=0$。

（3）单位加速度输入稳态偏差

当系统的输入信号为单位加速度输入信号时，$X_i(s)=\frac{1}{s^3}$，代入式（3-21）可得：

$$e_{ss}=\lim_{s\to 0}s\frac{1}{1+G(s)H(s)}\frac{1}{s^3}=\frac{1}{\lim_{s\to 0}s^2 G(s)H(s)} \tag{3-29}$$

定义 $K_a=\lim_{s\to 0}s^2 G(s)H(s)$ 为稳态加速度偏差系数，式（3-29）可简化为

$$e_{ss}=\frac{1}{K_a} \tag{3-30}$$

当系统为 0 型系统时，$K_a=0$，则 $e_{ss}=\infty$；当系统为 Ⅰ 型系统时，$K_a=0$，则 $e_{ss}=\infty$；当系统为 Ⅱ 型系统时，$K_v=k$，则 $e_{ss}=\frac{1}{k}$。

综合以上 3 种情况得到稳态误差与系统型别和输入信号之间的关系，如表 3-1 所示。

表 3-1　稳态偏差

系统类型	单位阶跃信号	单位速度信号	单位加速度信号
0 型系统	$1/(1+k)$	∞	∞
Ⅰ 型系统	0	$1/k$	∞
Ⅱ 型系统	0	0	$1/k$

3.2　机电系统频域分析方法

频域分析法是另一种分析线性定常系统性能的应用方法。频域性能指标与时域性能指标之间存在对应关系，可以较好地反应系统结构和参数变化对系统性能的影响，进而可以提供改进系统性能的途径。频域分析法有方便的图形工具可用，鉴于频域分析图解表示的特点，其在高阶系统性能分析中应用较为方便。另外，系统的频率特性可以根据实验方法确定，这对于复杂系统数学模型建立至关重要。本节主要讨论在频域范围内进行机电一体化系统特性分析的主要理论基础。

3.2.1　系统频域特性

系统频域分析研究系统对正弦信号输入的稳态响应。另外，系统对正弦输入信号的

稳态响应称为频率响应。对于线性定常系统而言,输入信号为某一特定频率正弦信号,系统的稳态输出结果仍是同频率正弦信号,只是幅值和相位与输入信号存在差别。不断改变正弦输入信号的频率,稳态输出响应与正弦输入信号的幅值之比和相位之差随频率的变化关系即为系统的频率特性。

如图 3-6 所示的 RC 电路图,电阻为 R,电容为 C,输入信号为 $u_i(t)$,输出响应为 $u_o(t)$。

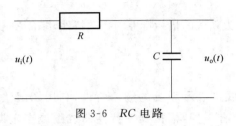

图 3-6 RC 电路

假设输入信号 $u_i(t)$ 为正弦信号,即 $u_i(t)=A\sin(\omega t)$,RC 电路的输入信号与输出响应的关系由微分方程表示:

$$RC\frac{du_o(t)}{dt}+u_o(t)=u_i(t) \tag{3-31}$$

进一步可得系统的传递函数为

$$G(s)=\frac{1}{RCs+1} \tag{3-32}$$

假设电路初始条件为零,利用拉普拉斯变换和反变换可得输出响应的表达式:

$$u_o(t)=\frac{ARC\omega}{1+R^2C^2\omega^2}e^{-\frac{t}{RC}}+\frac{A}{\sqrt{1+R^2C^2\omega^2}}\sin[\omega t-\arctan(RC\omega)] \tag{3-33}$$

可以看出,RC 电路输出包含两部分,第一部分 $\frac{ARC\omega}{1+R^2C^2\omega^2}e^{-\frac{t}{RC}}$ 为瞬态分量,当 $t\to\infty$ 时,结果等于零;第二部分 $\frac{A}{\sqrt{1+R^2C^2\omega^2}}\sin[\omega t-\arctan(RC\omega)]$ 为稳态分量,当 $t\to\infty$ 时,结果为正弦函数。由此可得:

$$u_{os}(t)=\frac{A}{\sqrt{1+R^2C^2\omega^2}}\sin[\omega t-\arctan(RC\omega)] \tag{3-34}$$

进而可得输出与输入的幅值之比为

$$A(\omega)=\frac{1}{\sqrt{1+R^2C^2\omega^2}} \tag{3-35}$$

输出与输入的相位之差为

$$\phi(\omega)=-\arctan(RC\omega) \tag{3-36}$$

幅值之比和相位之差随频率的变化关系即为该 RC 电路的频率特性。进一步针对 RC 电路的传递函数[式(3-32)],令 $s=j\omega$ 可得:

$$G(j\omega)=\frac{1}{jRC\omega+1}=\frac{1}{\sqrt{1+R^2C^2\omega^2}}e^{-\arctan(RC\omega)} \quad (3-37)$$

比较式(3-34)~式(3-37)可以看出，$A(\omega)$ 和 $\phi(\omega)$ 分别为 $G(j\omega)$ 的幅值和相位。这个结论虽然根据 RC 电路推导而来，但是具有普遍性，反映了系统频率特性与传递函数之间的本质关系。同时，该结论也提供了一个获得系统频率特性的简便途径，即

$$\begin{cases} A(\omega)=|G(j\omega)| \\ \phi(\omega)=\angle G(j\omega) \end{cases} \quad (3-38)$$

$A(\omega)$ 和 $\phi(\omega)$ 分别称为系统的幅频特性和相频特性，综合在一起称为系统的频率特性。

3.2.2 系统频域特性图

在工程上，通常用曲线来表示系统的频率特性，利用图解法对其进行研究分析。常用的频率特性曲线图主要有 3 种：幅相频率特性曲线图或奈奎斯特图、对数频率特性曲线图或伯德图、对数幅相曲线图或尼克尔斯图，其中对数频率特性曲线图或伯德图在工程上得到了广泛的使用。本部分内容主要介绍利用伯德图来表示系统的频率特性。

伯德图由对数幅频曲线图和对数相频曲线图组成。伯德图的横坐标按照 $\lg\omega$ 分度，单位为弧度/秒(rad/s)，分度值仍按照频率自然数值 ω 标注，如图 3-7 所示。频率变化一倍，称为一倍频程。频率变化十倍，称为十倍频程，记作 dec。可以看出，对数分度实现了横坐标的非线性压缩，有助于在较大频率范围内反映频率特性的变化。

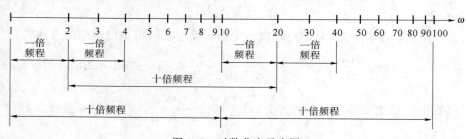

图 3-7 对数分度示意图

对数幅频曲线图的纵坐标按照如下表达式进行线性分度：

$$L(\omega)=20\lg|G(j\omega)|=20\lg A(\omega) \quad (3-39)$$

上述表达式的单位为分贝(dB)。另外，对数相频曲线图的纵坐标按照 $\phi(\omega)$ 线性分度，单位为度(°)。以图 3-6 所示的 RC 电路为例，当 $RC=1$ 时，系统的伯德图如图 3-8 所示。

3.2.3 典型环节频域特性

系统是由若干典型环节组成的，其频域特性也由若干典型环节的频域特性组合而来，因此了解典型环节的频域特性对于了解和分析系统的频域特性显得尤为重要。本部分基于 $0\leqslant\omega<\infty$ 假设，主要介绍典型环节的伯德图。

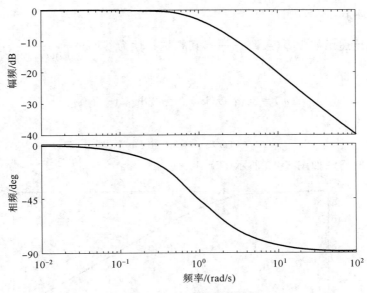

图 3-8 RC 电路系统伯德图

(1) 比例环节

该环节的传递函数为 $G(s)=K$，其频域特性为 $G(j\omega)=K$，进一步可得幅频特性为

$$L(\omega)=20\lg|G(j\omega)|=20\lg K \tag{3-40}$$

相频特性为

$$\phi(\omega)=0 \tag{3-41}$$

比例环节伯德图如图 3-9 所示，取 $K=10$。可以看出，比例环节的对数幅频特性曲线为 $20\lg K=20\lg 10=20\text{ dB}$ 的水平直线，对数相频特性曲线为 0°直线，均与频域无关。

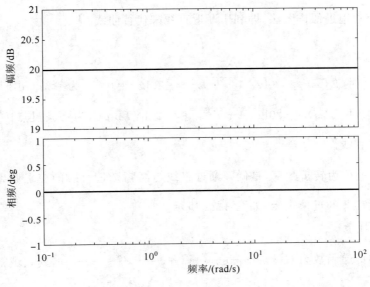

图 3-9 比例环节伯德图

(2) 惯性环节

该环节的传递函数为 $G(s)=\dfrac{1}{Ts+1}$，其频域特性为 $G(j\omega)=\dfrac{1}{j\omega T+1}$，进一步可得幅频特性为

$$L(\omega)=20\lg|G(j\omega)|=-20\lg\sqrt{1+T^2\omega^2} \tag{3-42}$$

相频特性为

$$\phi(\omega)=-\arctan T\omega \tag{3-43}$$

惯性环节伯德图如图 3-10 所示，$T=1$。

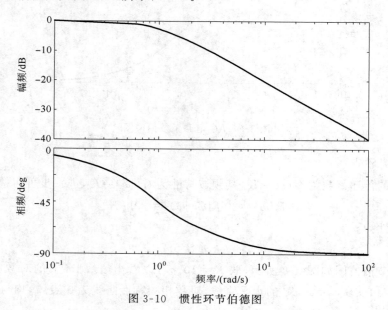

图 3-10 惯性环节伯德图

在工程上常用近似作图法，即利用渐近直线来代替曲线。

令 $\omega_T=\dfrac{1}{T}$：

当 $\omega\ll\omega_T$ 时，$L(\omega)=-20\lg\sqrt{1+T^2\omega^2}\approx-20\lg 1=0$ dB，为一条 0 dB 直线；

当 $\omega\gg\omega_T$ 时，$L(\omega)=-20\lg\sqrt{1+T^2\omega^2}\approx-20\lg T\omega$ dB，为一条过点 $\left(\dfrac{1}{T},0\right)$，斜率为 -20 dB/dec 的直线。

$\omega=\omega_T=\dfrac{1}{T}$ 称为转折频率，是低频渐近直线与高频渐近直线的交点频率。根据如上分析可得惯性环节的近似表示，如图 3-11 所示。

(3) 振荡环节

该环节的传递函数为 $G(s)=\dfrac{\omega_n^2}{s^2+2\xi\omega_n s+\omega_n^2}=\dfrac{1}{\dfrac{s^2}{\omega_n^2}+2\xi\dfrac{s}{\omega_n}+1}$，其频域特性为

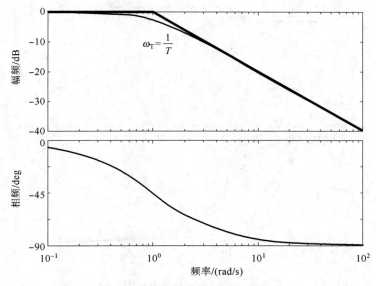

图 3-11 惯性环节伯德图近似表示

$$G(j\omega) = \frac{1}{\frac{(j\omega)^2}{\omega_n^2} + 2\xi\frac{j\omega}{\omega_n} + 1} = \frac{1}{\left(1 - \frac{\omega^2}{\omega_n^2}\right) + j2\xi\left(\frac{\omega}{\omega_n}\right)} \quad (3\text{-}44)$$

进一步可得幅频特性为

$$L(\omega) = 20\lg|G(j\omega)| = -20\lg\sqrt{\left(1 - \frac{\omega^2}{\omega_n^2}\right)^2 + \left(2\xi\frac{\omega}{\omega_n}\right)^2} \quad (3\text{-}45)$$

相频特性为

$$\phi(\omega) = -\arctan\frac{2\xi\dfrac{\omega}{\omega_n}}{1 - \dfrac{\omega^2}{\omega_n^2}} \quad (3\text{-}46)$$

不同阻尼比的振荡环节伯德图如图 3-12 所示,在 ω_n 处,小阻尼比的振荡环节存在明显的共振峰,$\xi = 0.1, 0.3, 0.5, 0.7, 0.9$ 的 5 个振荡环节,其共振峰值依次降低。

3.2.4 开环频域特性

系统开环传递函数一般表达式为

$$G(j\omega) = \frac{k\prod_{i=1}^{\mu}(\tau_i s + 1)\prod_{l=1}^{\eta}(\tau_l^2 s^2 + 2\xi_l\tau_l s + 1)}{s^\lambda\prod_{m=1}^{\rho}(T_m s + 1)\prod_{n=1}^{\sigma}(T_n^2 s^2 + 2\xi_n T_n s + 1)} \quad (3\text{-}47)$$

对应的频率特性为

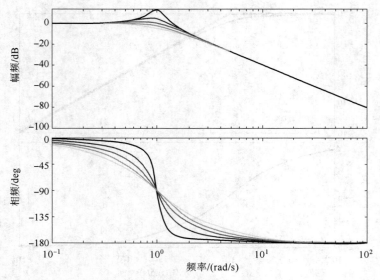

图 3-12 振荡环节伯德图

$$G(j\omega) = \frac{k \prod_{i=1}^{\mu}(\tau_i j\omega + 1) \prod_{l=1}^{\eta}(\tau_l^2 (j\omega)^2 + 2\xi_l \tau_l j\omega + 1)}{(j\omega)^\lambda \prod_{m=1}^{\rho}(T_m j\omega + 1) \prod_{n=1}^{\sigma}(T_n^2 (j\omega)^2 + 2\xi_n T_n j\omega + 1)} \quad (3-48)$$

进而可得幅频特性为

$$L(\omega) = 20\lg k + \sum_{i=1}^{\mu} 20\lg \sqrt{(\tau_i \omega)^2 + 1} + \sum_{l=1}^{\eta} 20\lg \sqrt{[1-(\tau_l \omega)^2]^2 + (2\xi_l \tau_l \omega)^2}$$
$$- 20\lambda \lg \omega - \sum_{m=1}^{\rho} 20\lg \sqrt{(T_m \omega)^2 + 1} - \sum_{n=1}^{\sigma} 20\lg \sqrt{[1-(T_n \omega)^2]^2 + (2\xi_n T_n \omega)^2}$$
$$(3-49)$$

相频特性为

$$\phi(\omega) = -\lambda \cdot 90° + \sum_{i=1}^{\mu} \arctan \tau_i \omega + \sum_{l=1}^{\eta} \arctan \frac{2\xi_l \tau_l \omega}{1-(\tau_l \omega)^2}$$
$$- \sum_{m=1}^{\rho} \arctan T_m \omega - \sum_{n=1}^{\sigma} \arctan \frac{2\xi_n T_n \omega}{1-(T_n \omega)^2} \quad (3-50)$$

根据式(3-49)和式(3-50)可以看出,系统开环频率特性是各环节频率特性的线性组合。掌握了典型环节的伯德图后,就可以比较容易地绘制系统伯德图的渐近表示,基本步骤如下:

(1) 系统开环传递函数转化成典型环节乘积的形式;
(2) 令 $s=j\omega$ 得频率特性表达式;
(3) 根据各典型环节确定转角频率和斜率变化值;
(4) 作近似幅频折线和相频曲线,并进行相应修正。

【例 3-2】 已知机电系统开环传递函数为 $G(s)=\dfrac{24(0.25s+0.5)}{(5s+2)(0.05s+2)}$,试绘制伯德图。

系统开环传递函数转化为典型环节相乘的形式:$G(s)=\dfrac{3(0.5s+1)}{(2.5s+1)(0.025s+1)}$。

可以看出,该开环传递函数由 4 个环节组成:一个比例环节、一个一阶微分环节和两个惯性环节。令 $s=\mathrm{j}\omega$ 的频率特性:$G(\mathrm{j}\omega)=\dfrac{3(\mathrm{j}0.5\omega+1)}{(\mathrm{j}2.5\omega+1)(\mathrm{j}0.025\omega+1)}$。

各典型环节频率特性如下:

(1) 比例环节:$k=3$,$20\lg k=20\lg 3=9.5$,水平直线;

(2) 惯性环节:$T=2.5$,$\omega_T=\dfrac{1}{T}\omega=0.4$,斜率变换 -20 dB/dec;

(3) 一阶微分环节:$T=0.5$,$\omega_T=\dfrac{1}{T}\omega=2$,斜率变换 20 dB/dec;

(4) 惯性环节:$T=0.025$,$\omega_T=\dfrac{1}{T}\omega=40$,斜率变换 -20 dB/dec。

截止频率将频率横坐标划分为 4 段,$-\infty\sim0.4$,$0.4\sim2$,$2\sim40$ 和 $40\sim+\infty$,并且在截止频率处发生渐近直线斜率变化。$-\infty\sim0.4$ 段,只有比例环节有值存在,其他环节结果均为零,因此,该阶段与比例环节相同。$0.4\sim2$ 段,比例环节和 $T=2.5$ 惯性环节共同作用,并且在 $\omega_T=0.4$ 处直线斜率减小 20 dB/dec,为 -20 dB/dec,如图 3-13 所示。$2\sim40$ 段,比例环节、$T=2.5$ 惯性环节和 $T=0.5$ 一阶微分环节共同作用,并且在 $\omega_T=2$ 处直线斜率增加 20 dB/dec,为 0 dB/dec,如图 3-14 所示。$40\sim+\infty$ 段,比例环节、$T=2.5$ 惯性环节、$T=0.5$ 一阶微分环节和 $T=0.025$ 惯性环节共同作用,并且在 $\omega_T=40$ 处直线斜率减小 20 dB/dec,为 -20 dB/dec,如图 3-15 所示。这样就得到了机电系统开环传递函数所对应的伯德图。

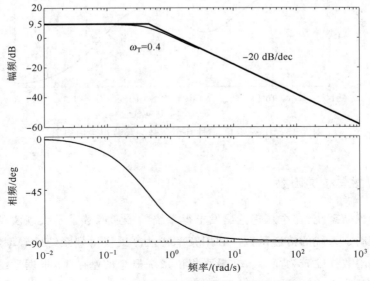

图 3-13 比例环节和惯性环节组合伯德图

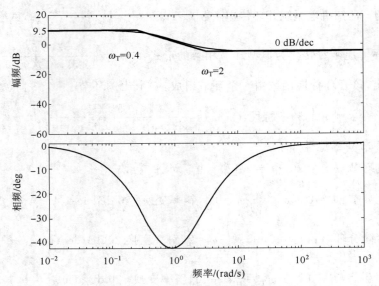

图 3-14 比例环节、惯性环节和一阶微分环节组合伯德图

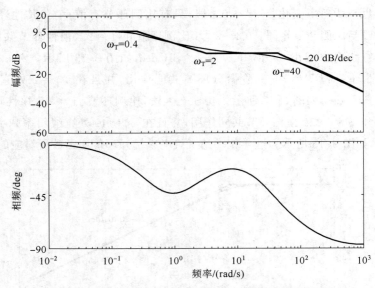

图 3-15 比例环节、惯性环节和微分环节组合伯德图

3.2.5 频域特性与传递函数

对于实际复杂系统,完全从理论出发求得系统的传递函数是不太现实的。这就需要利用试验法来确定系统的传递函数。利用频率特性测试仪得到系统的频率特性,进而获得系统的传递函数往往较为简单。在最小相位系统概念的基础上,根据系统伯德图确定系统传递函数可分为 4 步:

(1) 根据伯德图对数幅频特性低频段渐近直线的斜率判断积分环节的个数。当系统含有 v 个积分环节时,低频段渐近直线的斜率为 $-20v$ dB/dec。

(2) 根据伯德图对数幅频特性低频段渐近直线和积分环节个数确定比例环节增益值 K。$v=0$ 时,伯德图对数幅频特性低频段渐近直线是一条水平直线,$20\lg K = 20\lg|G(j\omega)|$;$v=1$ 时,伯德图对数幅频特性低频段渐近直线是一条斜率为 -20 dB/dec 直线,K 等于该直线(延长线)与 0 dB 线交点所对应频率值;$v=2$ 时,伯德图对数幅频特性低频段渐近直线是一条斜率为 -40 dB/dec 直线,K 等于该直线(延长线)与 0 dB 线交点所对应频率值的平方。

(3) 根据伯德图对数幅频特性渐近直线转折频率和斜率变化确定系统包含的其他环节。

(4) 进一步根据伯德图对数幅频特性形状确定振荡环节的阻尼比。

【例 3-3】 已知频率特性试验得到的机电系统伯德图如图 3-16 所示,确定系统的传递函数。

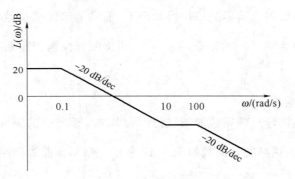

图 3-16 试验测得伯德图

(1) 根据伯德图对数幅频特性低频段渐近直线的斜率判断积分环节的个数。低频段渐近直线的斜率为 0 dB/dec,故系统含有 0 个积分环节。

(2) 系统含有 0 个积分环节,计算比例环节增益值 K,$20\lg K = 20$,可得 $K=10$。

(3) 根据伯德图对数幅频特性渐近直线可知,转折频率有 3 个,0.1、10 和 100,斜率变化 3 次,-20 dB/dec、20 dB/dec 和 -20 dB/dec。由斜率变化可知系统包含两个惯性环节 $\left(\dfrac{1}{T_1 s+1} 和 \dfrac{1}{T_2 s+1}\right)$ 和一个一阶微分环节 $(T_3 s+1)$。由转折频率可知环节常数分别为 $T_1=10, T_2=0.01, T_3=0.1$。由此可得系统的传递函数为

$$G(s) = \dfrac{10(0.1s+1)}{(10s+1)(0.01s+1)} \tag{3-51}$$

3.2.6 相位裕度和幅值裕度

频域范围内利用相位裕度和幅值裕度来衡量系统的相对稳定性。已知系统的开环频域特性伯德图,相位裕度 γ 等于 $180°$ 加上相角 $\phi(\omega_c)$,即

$$\gamma(\omega_c) = 180° + \phi(\omega_c) \tag{3-52}$$

ω_c 为伯德图对数幅频特性曲线与 0 dB 线交点所对应频率值。幅值裕度 K_g 表示为

$$K_g = -20\lg|G(j\omega_g)| \tag{3-53}$$

ω_c 为伯德图相频特性曲线与 $-180°$ 线交点所对应频率值。

$\gamma > 0$ 时，系统稳定；$\gamma < 0$ 时，系统不稳定。$K_g > 0$ 时，系统稳定；$K_g < 0$ 时，系统不稳定。在工程实践中，一般希望 $\gamma(\omega_c) = 30° \sim 60°$，$K_g > 6$ dB。

3.2.7 闭环频率性能指标

闭环反馈控制系统的闭环传递函数为

$$\Phi(s) = \frac{G(s)}{1 + G(s)H(s)} = \frac{1}{H(s)} \cdot \frac{G(s)H(s)}{1 + G(s)H(s)} \tag{3-54}$$

式中，$G(s)$ 为前向通道传递函数，$H(s)$ 为反馈通道传递函数，一般为常数。通过如上变换，一般闭环反馈系统可以看做是单位反馈环节（前向通道传递函数为 $G(s)H(s)$）和另一个环节$\left(\text{传递函数为} \dfrac{1}{H(s)}\right)$的串联。进一步，可得闭环反馈控制系统的频率特性为

$$\Phi(j\omega) = \frac{1}{H(j\omega)} \cdot \frac{G(j\omega)H(j\omega)}{1 + G(j\omega)H(j\omega)} \tag{3-55}$$

可以看出，一般闭环反馈系统的频域特性为单位反馈环节的频域特性乘以 $\dfrac{1}{H(j\omega)}$。

闭环反馈系统的幅频特性曲线如图 3-17 所示。根据该曲线介绍频域性能指标。

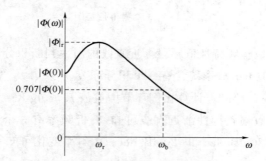

图 3-17 闭环反馈系统的幅频特性曲线

(1) 零频幅值 $|\Phi(0)|$

零频幅值 $|\Phi(0)|$ 表示频率 ω 接近于 0 时，闭环反馈系统稳态输出幅值与输入幅值之比。一般情况下，利用零频幅值 $|\Phi(0)|$ 与 1 的差值表示系统的稳态精度。

(2) 谐振频率 ω_r 和相对谐振峰值 $\dfrac{|\Phi|_r}{|\Phi(0)|}$

闭环反馈系统幅频特性曲线出现最大值 $|\Phi|_r$ 时所对应的频率称为谐振频率 ω_r，最大值 $|\Phi|_r$ 与零频幅值 $|\Phi(0)|$ 之间的比值称为相对谐振峰值 $\dfrac{|\Phi|_r}{|\Phi(0)|}$。一般情况下，利用

相对谐振峰值 $\frac{|\Phi|_r}{|\Phi(0)|}$ 衡量系统的相对稳定性。$\frac{|\Phi|_r}{|\Phi(0)|}$ 越大,系统的相对稳定性越小;$\frac{|\Phi|_r}{|\Phi(0)|}$ 越小,系统的相对稳定性越大。

(3) 截止频率 ω_b

闭环反馈系统幅频特性曲线下降到零频幅值 $|\Phi(0)|$ 的 0.707 倍时所对应的频率称为截止频率 ω_b,同时频率范围 $0 \sim \omega_b$ 称为带宽。理论分析表明,截止频率 ω_b 与调整时间 t_s 存在负相关关系,截止频率 ω_b 越大,调整时间 t_s 越小,这意味着系统的快速性越好。

3.3 机电系统工程分析方法的 MATLAB 实现

3.3.1 时域分析

在系统传递函数已知情况下,利用 MATLAB 可以方便地求出系统的单位脉冲响应、单位阶跃响应结果。利用 impulse() 函数可以得到单位脉冲响应结果,其用法包括:

impulse(sys),绘制系统 sys 的单位脉冲响应曲线;
impulse(sys,T),绘制系统 sys 从 $t=0$ 到 $t=T$ 的单位脉冲响应曲线;
impulse(sys,t),使用时间矢量 t 来绘制系统 sys 的单位脉冲响应曲线;
impulse(sys1,…,sysN),在一张图内绘制多个系统的单位脉冲响应曲线;
[y,t] = impulse(sys),获得系统 sys 的单位脉冲响应数据结果。

利用 step() 函数可以得到单位阶跃响应结果,该函数支持的调用方法如下:
step(sys),绘制系统 sys 的单位阶跃响应结果;
step(sys,T),绘制系统 sys 从 $t=0$ 到 $t=T$ 的单位阶跃响应结果;
step(sys,t),使用时间矢量 t 来绘制系统 sys 的单位阶跃响应结果;
step(sys1,…,sysN),在一张图内绘制多个系统的单位阶跃响应结果;
[y,t] = step(sys),获得系统 sys 的单位阶跃响应数据结果;
y= step(sys,t),使用时间矢量 t 获得系统 sys 的单位阶跃响应数据结果。

【例 3-4】 已知系统传递函数分别为

$G(s)=\dfrac{2s+1}{s^4+4s^3+6s^2+7s+3}$ 和 $G(s)=\dfrac{4s+2}{8s^3+14s^2+11s+4}$,求系统的单位脉冲响应和单位阶跃响应(绘制响应曲线)。

程序命令:

```
>> num1 = [2 1]
>> den1 = [1 4 6 7 3]
```

```
>> sys1 = tf(num1,den1)
>> num2 = [4 2]
>> den2 = [8 14 11 4]
>> sys2 = tf(num2,den2)
>> impulse(sys1,sys2)
>> step(sys1,sys2)
```

MALAB生成的单位脉冲响应曲线如图3-18所示,阶跃响应曲线如图3-19所示。

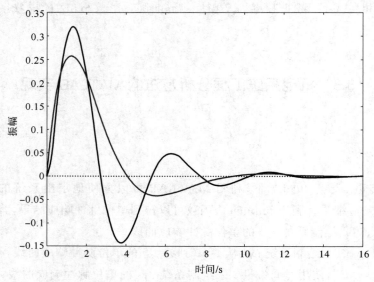

图3-18 系统单位脉冲响应曲线

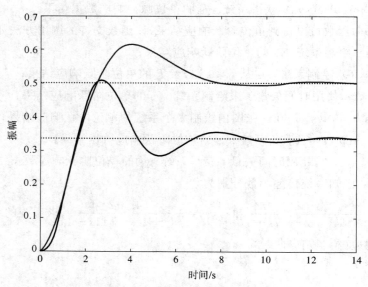

图3-19 系统单位阶跃响应曲线

【例3-5】 已知二阶系统传递函数 $G(s)=\dfrac{50}{0.05s^2+2.25s+50}$，确定该系统的时域性能指标。

程序命令：

```
>> t = 0:0.001:1;yss = 1;dta = 0.02;
>> num = [50];den = [0.05 2.25 50];G = tf(num,den)
>> y = step(G,t);
>> r = 1;while y(r)<yss;r = r + 1;end
>> tr = (r - 1) * 0.001                    % 上升时间 tr
>> [ymax,tp] = max(y)
>> tp = (tp - 1) * 0.001;mp = (ymax - yss)/yss    % 峰值时间 tp
>> s = 1001;while y(s)>1 - dta&y(s)<1 + dta;s = s - 1;end
>> ts = (s - 1) * 0.001                    % 调整时间 ts
```

3.3.2 稳定性分析

线性系统稳定的充分必要条件是系统传递函数的极点全部具有负实部。MATLAB利用求根函数 roots() 可以获得系统的所有极点，进而可以判定系统的稳定性。roots() 函数的基本使用格式为

roots(den)

den 为特征多项式系数向量。

【例3-6】 已知系统传递函数 $G(s)=\dfrac{10(s+1)}{s^3+21s^2+10s+10}$，确定系统的稳定性。

程序命令：

```
>> den = [1 21 10 10]
>> roots(den)
```

MATLAB 指令窗口反馈：

```
ans =  -20.5368 + 0.0000i
        -0.2316 + 0.6582i
        -0.2316 - 0.6582i
```

根据如上结果可以判定，极点全部具有负实部，系统稳定。

同时，MATLAB 还提供了零极点图绘制函数 pzmap()，可以更直观地观察系统极点情况。pzmap() 函数的使用格式为

pzmap(num,den)

pzmap(sys)

【例 3-7】 已知系统传递函数 $G(s) = \dfrac{10(s+1)}{s^3 + 21s^2 + 10s + 10}$，确定系统的稳定性。

程序命令：

```
>>num = [10 10]
>>den = [1 21 10 10]
>> G = tf(num, den)
>>pzmap(num,den)
>>pzmap(G)
```

MATLAB 生成的零极点图如图 3-20 所示。可以看出，系统有 3 个极点和 1 个零点，并且 3 个极点均处于坐标图的左半平面，因此系统是稳定的。

另外，根据极点值的情况，还可以进一步讨论系统的相对稳定性。

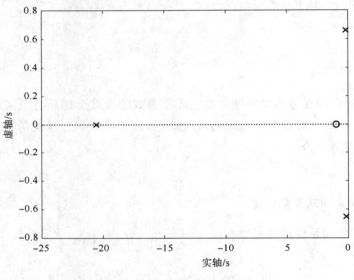

图 3-20 系统零极点图

3.3.3 频域分析

MATLAB 利用 bode() 函数获取系统的频域特性结果，以此来分析系统频域性能。bode() 函数的使用格式为

bode(sys)，绘制系统 sys 的伯德图；

bode(sys,w)，按照频率矢量 w 绘制系统 sys 的伯德图；

bode(sys1,sys2,…,sysN)，在一张图内绘制多个系统的伯德图；

[mag,phase,wout] = bode(sys)，获得系统 sys 的对数幅频特性结果和相频特性结果；

[mag,phaset] = bode(sys,w)，按照频率矢量 w 获得系统 sys 的对数幅频特性结果和相频特性结果。

第 3 章 机电系统特性分析

【例 3-8】 已知系统传递函数 $G(s)=\dfrac{10(s+1)}{21s^2+10s+10}$，绘制系统的伯德图。

程序命令：

```
>> w = logspace( -2,3);
>> num = [10 10];
>> den = [21 10 10];
>> G = tf(num, den);
>> bode(G,w)
```

MATLAB 生成的伯德图如图 3-21 所示。

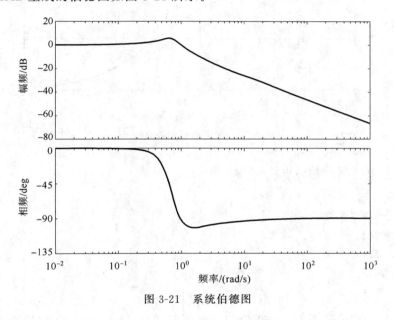

图 3-21　系统伯德图

MATLAB 提供了利用伯德图分析系统相对稳定性的 margin() 函数。该函数可以获得幅值裕度、相位裕度及穿越频率，进而分析系统的相对稳定性。margin() 函数的使用格式为

margin(sys)，绘制系统 sys 的伯德图并获取幅值裕度、相位裕度；

$[G_m, P_m, W_{gm}, W_{pm}]$ = margin(sys)，获取系统 sys 的幅值裕度、相位裕度及穿越频率。

【例 3-9】 已知系统传递函数 $G(s)=\dfrac{2.7}{s^3+5s^2+4s}$，获取系统的幅值裕度、相位裕度。

程序命令：

```
>> num = 2.7
>> den = [1 5 4 0]
>> G = tf(num, den)
>> margin(G)
```

MATLAB生成的伯德图中附加了稳定裕度信息,如图3-22所示。

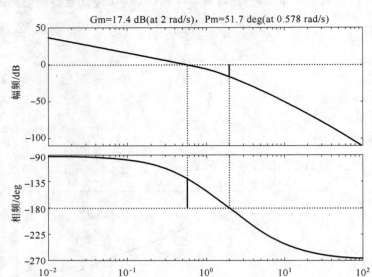

图 3-22 系统伯德图及裕度值

进一步计算并反馈裕度值:

>> [Gm Pm Wcg Wcp] = margin(G)
MATLAB 指令窗口反馈:
Gm = 7.4074
Pm = 51.7321
Wcg = 2.0000
Wcp = 0.5783

即该系统的相位裕度 $Pm=51.7321°$,幅值裕度 $Gm=7.4074$,如果换算为 dB 值,则为 $20\lg Gm=20\lg 7.4074=17.4\ dB$。

3.4 机电一体化系统计算机仿真分析

第 2 章在动力学建模的基础上实现了 ADAMS 模型的构建。为了更好地结合 ADAMS 动力学仿真优势,本节将以轮式无人平台为例,进行 MATLAB/Simulink 环境下控制系统的搭建,并进行 ADAMS 和 Simulink 联合仿真。

仿真建模是在样机研制过程中重要的一环,应用了分析软件的仿真可以较好地将复杂环境约束条件和系统特性整合计算,灵活的设计变化的模型参数,以获得不同应用背景下的工作特性,便于修改和调试。一般的仿真建模只通过 MATLAB/Simulink 搭建,如单一电机模型就可以通过 MATLAB 进行仿真,在参数已知的情况下,可以获得较为精确的转矩转速特性。但是对于结构和控制系统复杂的无人平台来说，单凭 Simulink 进行动力学建模并实现仿真的成本较大而且运算复杂。为此本章使用 SolidWorks 实现无人平台的结构建模，而后将模型导入 ADAMS 赋予材料特性并进行动力学模型搭建，再使用 ADAMS/Control 模块建立多个控制接口与输出变量，最后使用 Simulink 针对动力学模型控制接口建立控制系统，实现动力学与控制系统的联合仿真。

3.4.1 轮式无人平台 ADAMS/Simulink 联合仿真

ADAMS 建模是 ADAMS/Simulink 联合仿真的第一项内容。建模完成的 ADAMS 模型经过约束副设置已经具备了一定的动力学性能，为了实现与 Simulink 的联合仿真，需要用到 ADAMS/Control 模块。ADAMS/Control 模块既可以通过自身预设的控制模块进行简单的控制系统搭建，也可以使用其他控制系统实现联合控制。

1. ADAMS/Simulink 联合仿真原理

MATLAB/Simulink 软件建立的控制系统可以在获得 ADAMS 运动状况的基础上实现动力学控制，这种联合仿真的实现依赖于 ADAMS 动力学仿真过程中，可以实时提供输出与输入接口。使用 MATLAB 模拟连续或离散，线性与非线性或多状态混合的控制系统，作用于 ADAMS/Control 生成的被控模块，即实现了两者的联合仿真。联合仿真在虚拟样机与控制系统之间的输入、输出信息传递流程如图 3-23 所示。

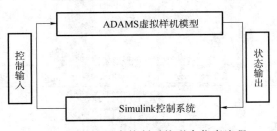

图 3-23　无人平台控制系统联合仿真流程

2. ADAMS/Simulink 联合仿真模型搭建

完成了 ADAMS 中基础模型的搭建后，需要针对无人平台的运动约束副建立力矩作用，仿真建模的便捷使得仅通过设置轮胎轮轴旋转约束副上的 SFORCE 模块即可模拟无人平台独立转矩控制的效果。

同时，为了能够实现无人平台的仿真控制，在 ADAMS 中使用 Design Variables 模块建立无人平台，采集转速、转矩、横摆角速度等行驶过程信息，实现了无人平台上多传感器的效果。

由前述可知，无人平台的控制系统从动力执行机构上看，有 6 个输入变量，指向了无人平台的 6 个独立驱动的轮毂电动机，为此在 ADAMS 模型中为电动机转轴添加绕轴转矩，共 6 组。如图 3-24(a) 所示。

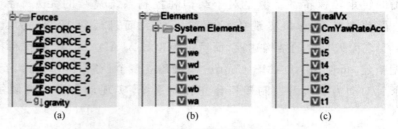

图 3-24 ADAMS 仿真转矩参数与变量设置

同理,无人平台的稳定性控制系统主要包含了驱动防滑模糊控制模块、速度估计模块,横摆角速度门限模块,底层驱动分配模块。为了实现以上模块的良好控制,需要监督无人平台的行驶特性,在联合仿真中体现为采集无人平台的横摆加速度、六轮滚动速度。如图 3-24(b)、(c)所示。为了评判速度估计的准确性和横摆角速度控制的稳定性,还需要在模型上建立传感器,参与估计值的比对,为速度估计方法的优化建立基础。最终通过质心侧偏角的动态情况衡量无人平台在驱动控制系统作用下实现的行驶稳定性。产生的设计变量需要通过 Plant Export 功能实现变量接口的导出,从而与 MATLAB 软件实现交互控制。如图 3-25 为 ADAMS 仿真控制模块生成的操作界面。

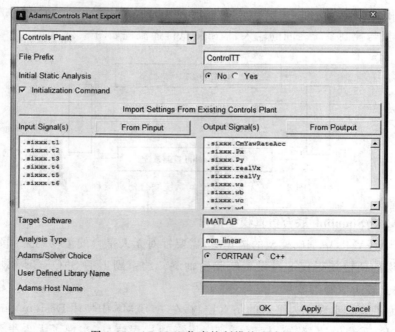

图 3-25 ADAMS 仿真控制模块生成界面

联合仿真接口建立完成后,将生成的无人平台模型导入 MATLAB/Simulink 当中,其中 ADAMS Plant 即为无人平台动力学模型,如图 3-26 所示。该模型的建立本质上是应用了 Simulink 的一种特殊调用格式的函数文件-S Function。ADAMS 将原有动力学模型重构为 S 函数,故包含了动力学结构的 S 函数得以直接编译并嵌入到 Simulink 当中,并被反复使用。

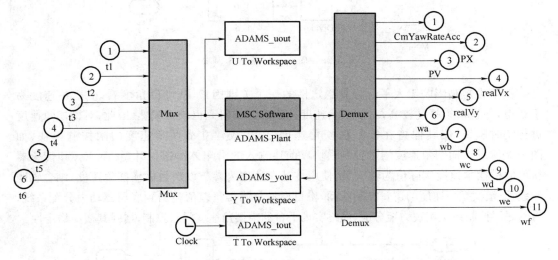

图 3-26 ADAMS 导出的无人平台动力学模型与接口

如图 3-26 可见,左侧 Mux 连接无人平台的 6 个输入变量 t1~t6 并将其向量化,列元素分别表示 6 个独立驱动轮毂电动机的转轴转矩,右侧 Demux 连接无人平台的 11 个输出变量,包含了轮胎转速、横摆角速度传感器采集量、质心速度监控量等状态信息。至此,建立的联合仿真模型将代表无人平台实现动力学控制。

无人平台稳定性控制的前提是获得其准确行驶速度。因全驱行驶模式使得平台不具备从动轮,故需建立无人平台的速度估计模块。在此应用了前述的动态斜率更新方法,输入到采集系统的六轮转速以向量形式进入速度估计模块,按照左右两侧速度分别进行处理,估计得到两侧车轮表征的单侧速度,通过解耦运算最终获得沿车体方向速度估计值 Vx-Est 与垂直车体方向速度 Vy-Est。如图 3-27 所示。估计获得的沿车体与垂直车体速度输入到质心侧偏角估计模块,用于质心侧偏角的估计,判断平台沿轨迹行驶与纠偏能力,如图 3-28 所示。

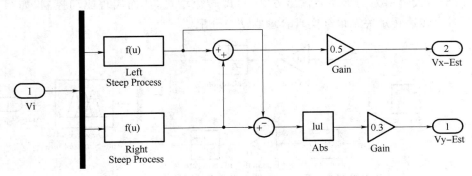

图 3-27 应用了动态斜率更新方法的车速估计模块

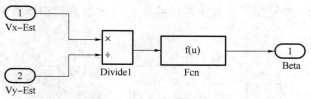

图 3-28 质心侧偏角估算模块

横摆力矩是影响无人平台行驶稳定性的一个关键因素,从硬件角度看,横摆角速度易于获得,并且采集精度较高,对横摆角速度控制方法的研究也较为成熟,因此,对横摆角速度进行实时监督,使其保持在极限横摆角速度之下,故建立横摆角速度门限控制模块,如图 3-29 所示。横摆角速度门限控制模块以前述输入的沿车体车速估计量 Vx-Est 和传感器获得的横摆角速度实际值为输入量,使用估计车速作为参与设定目标横摆角速度,结合轴距参数,设定横摆角速度的逻辑控制区间,将目标量与测得量差值输出到底层驱动力分配系统,再由底层控制系统实现力矩分配,最终实现平台的横摆角速度门限控制,增强其横向稳定性。

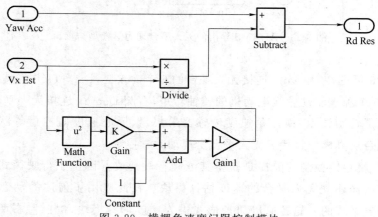

图 3-29 横摆角速度门限控制模块

驱动防滑控制模块是纵向稳定性控制的基础,也是平台仿真建立的关键。由前述设计的滑移率模糊控制方法可以针对当前的估计车速与车轮转速获得无人平台滑移率情况,以滑移率与最优滑移率 0.2 的差值作为模糊控制器的输入,根据对滑移程度的模糊化描述,给出增大牵引力的驱动力输出方案,也即转矩增量,从而实现驱动控制,如图 3-30 所示。对照转速转矩关系最终实现合理驱动力分配。

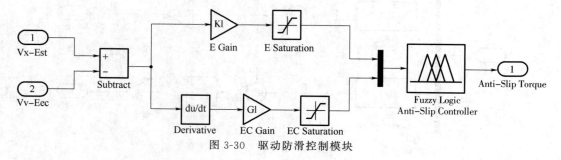

图 3-30 驱动防滑控制模块

如图 3-31 所示为底层驱动力分配方法，主要目的是结合目标速度和实际速度给出速度调控量，在满足横摆角速度稳定的情况下，依照电动机特性进行转矩控制；如遇横摆角速度失稳则强行制动保持平台不再出现更大危险。

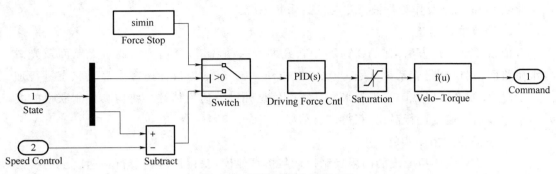

图 3-31　底层驱动力分配方法

最终建立的无人平台控制系统如图 3-32 所示。至此，完整建立起无人平台控制系统，在菜单栏单击 Start 之后将自动打开 ADAMS 软件，并在现有的路面环境基础上进行动力学仿真。

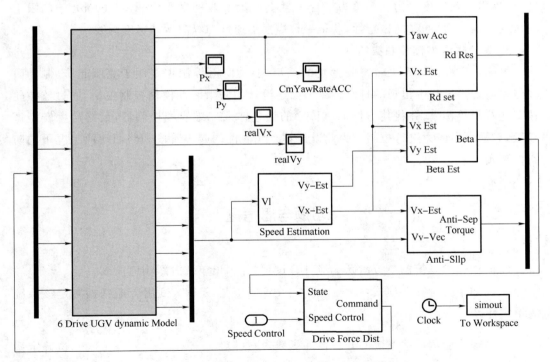

图 3-32　ADAMS/Simulink 联合仿真控制系统

3.4.2　轮式无人平台 ADAMS/Simulink 联合仿真实验

为了验证控制系统仿真效果并指导控制参数改进，设定多种工况针对无人平台速度估计模块、驱动防滑模块、横摆角速度门限控制模块进行分别验证。前述建立的 ADAMS/Simulink 联合仿真模型从动力学角度上看,具有模型特性易于调节和路面特性自主设定的优势;从控制角度上看,由于 Simulink 的便捷,使得门限值、PID 参数都可控,为此使用 Simulink 作为参数设定与信息采集系统。

1. 速度估计实验

依第 2 章所述方法,在 ADAMS 中自建两种路面环境,分别为粗糙水泥路面及光滑水泥路面,其地面附着系数分别为 0.8 和 0.2,并以 7 m/s 为目标速度由静止状态进行加速运动,控制系统以 0.05 s 步长采集其状态信息并进行速度估计。将仿真控制获得的实际车速和估计速度进行对比,获得试验结果。

2. 横摆稳定控制实验

由前述对横摆角速度的门限控制设计与仿真建模,获得针对当前行驶速度下的横摆角速度门限,从而限制当前无人平台的横摆力矩,保持平台稳定。为了验证无人平台横摆角速度门限控制模块发挥的作用,在 ADAMS 仿真软件下设计实验:在平台稳速运动下的第三秒,在平台前侧施加外部作用力(S-Force),作用力方向与平台行驶本体 x 轴垂直,大小区分为两组,分别产生门限值上下的两种横摆力矩,促使平台的绕 z 轴发生旋转,产生横摆角速度。仿真实验为平台 z 轴上产生了两种横摆角速度,分别处于门限上下,以此考查平台的横向稳定性,获得平台横摆加速度与纵向运动速度图线。

3. 驱动防滑模糊控制实验

纵向稳定性是无人平台行驶稳定的关键,驱动防滑控制主要用于克服起步、制动阶段与路面切换过程中出现的打滑现象。前述设计的防滑驱动模糊控制模块,通过监控轮速车速获得滑移率,并将其与目标滑移率的误差输入二维模糊控制器,最终产生转矩调节量,对平台纵向力进行控制。为此设计具有代表性的起步阶段和路面切换工况下的防滑控制实验。

习题与思考题

1. 简述一阶系统的单位阶跃响应计算过程,并画出单位阶跃响应曲线。

2. 已知系统特征多项式:$A(s)=3s^4+10s^3+5s^2+s+2$,试用劳斯判据判定该系统的稳定性。

3. 已知单位负反馈系统的开环传递函数为 $G(s)=\dfrac{K(0.5s+1)}{s(s+1)(0.5s^2+s+1)}$,试确定系统稳定时 K 值取值范围。

4. 已知单位负反馈系统的开环传递函数为

(1) $G(s)=\dfrac{50}{(0.1s+1)(2s+1)}$

(2) $G(s) = \dfrac{100}{s(s^2+4s+200)}$

(3) $G(s) = \dfrac{10(2s+1)(4s+1)}{s^2(s^2+2s+10)}$

求稳态位置偏差系数 K_p、稳态速度偏差系数 K_v 和稳态加速度偏差系数 K_a。

5. 已知单位负反馈系统的开环传递函数为 $G(s) = \dfrac{1}{Ts}$，试计算输入信号为 $r(t) = \dfrac{t^2}{2}$ 时，系统输出的稳态误差。

第 4 章 机电一体化控制技术

微控制器是机电一体化系统的中枢,相当于人的大脑,主要作用是按照编制好的程序完成信息采集、加工处理、分析和判断,作出相应的调节和控制决策,发出数字或模拟形式的控制信号,控制执行器的动作,实现机电一体化系统的目的功能。装备机电一体化系统中多集成很多嵌入式控制器为核心的智能化单元,如地面无人平台的驱动电动机控制器、智能配电控制器以及综合控制器等,这些智能控制单元工作在不同任务层级,协调一致地实现地面无人系统的复杂行为控制。

装备机电一体化控制技术涉及以嵌入式控制器硬件和软件两个方面的内容。本章聚焦嵌入式控制系统硬件,主要探讨在装备机电一体化测控系统中,①嵌入式控制及嵌入式控制系统的发展脉络;②如何基于 MCU 构建最小控制系统;③如何处理传感器、控制器、执行器之间的数字、模拟信号接口,解决军工装备复杂电气控制系统面临的电磁干扰问题。机电一体化软件技术将在第 5 章讨论。

4.1 概　述

4.1.1 计算机控制系统控制器的分类及其特点

在机电一体化技术背景下发展的高度集成军事装备中,控制器与信息处理单元实现对给定控制信息和检测的反馈信息的综合处理,并向执行机构发出命令,涉及信息的输入、识别、变换、运算、存储及输出。目前在军事装备及制造装备的机电一体化自动控制系统主控制器的选择上,存在可编程控制器(PLC),工业控制计算机(IPC)以及采用嵌入式控制器(MCU)等 3 种方案。

1. 可编程控制器

可编程逻辑控制器(Programmable Logic Controller,PLC),是在早期机电系统中继电器控制基础上,逐步引入微处理器,将自动控制技术、计算机技术和通信技术融为一体而发展起来的一种新型工业自动控制装置。目前,PLC 已基本取代了传统的继电器控制系统,成为自动控制领域中最重要,应用最多的控制装置。

PLC 实质上是一种用于工业及装备自动控制的专用计算机,由硬件和软件两大部分组成。硬件主要包括中央处理器(CPU)、存储器、输入/输出接口(包括输入接口、输出接口、外部设备接口、扩展接口等)、外部设备编程器及电源模块等,能够执行逻辑控制、顺序控制、定时、计数和算术运算等操作功能,并通过开关量、模拟量的输入和输出完成各种机械运行或生产过程的控制。常用的 PLC 品牌包括美国的 AB、GE,德国(欧洲)的西门子、施耐德以及日本的三菱、OMRON 等。台达 AH500 型 PLC 外观及配置如图 4-1 所示。

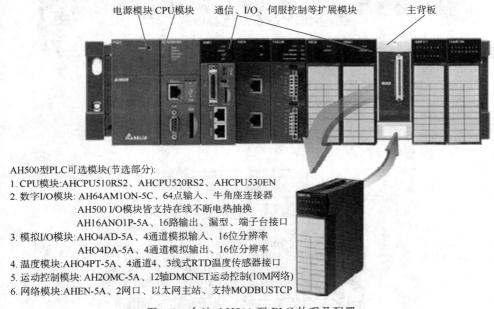

AH500型PLC可选模块(节选部分):
1. CPU模块:AHCPU510RS2、AHCPU520RS2、AHCPU530EN
2. 数字I/O模块:AH64AM10N-5C、64点输入、牛角座连接器
   AH500 I/O模块皆支持在线不断电热抽换
   AH16ANO1P-5A、16路输出、漏型、端子台接口
3. 模拟I/O模块:AHO4AD-5A、4通道模拟输入、16位分辨率
   AHO4DA-5A、4通道模拟输出、16位分辨率
4. 温度模块:AHO4PT-5A、4通道、3线式RTD温度传感器接口
5. 运动控制模块:AH2OMC-5A、12轴DMCNET运动控制(10M网络)
6. 网络模块:AHEN-5A、2网口、以太网主站、支持MODBUSTCP

图 4-1 台达 AH500 型 PLC 外观及配置

PLC 具有可靠性高、抗干扰强、适应性好、功能完善、维护方便、功耗低等优点,已进入过程控制、位置控制应用场景,成为工控领域一种最重要、最普及、应用场合最多的工业控制设备。但 PLC 设备整体偏通用工控场合,受限于体积、重量大,抗污染能力不足,抗振性能差等因素影响,在地面机动平台中应用并不广泛。

2. 工控计算机

工业控制计算机(Industrial Personal Computer,IPC)是一种在 PC 总线型计算机的基础上发展起来的,面向工控需求的通用控制计算机,简称"工控机"。工控机主要由工业机箱、无源底板及可插入其上的各种板卡组成,一般采用全钢机壳、机卡压条过滤网、双正压风扇等设计及 EMC(Electro Magnetic Compatibility)技术以解决工业现场的电磁干扰、振动、灰尘、高/低温等问题。

图 4-2 为研华全长工控机 CPU 卡,安装在图 4-3 所示的研华 IPC-610L 型工控机内。该工控机在工控领域应用非常广泛。它具有重要的计算机属性和特征,如具有计算机 CPU、硬盘、内存、外设及接口,并有实时操作系统、控制网络和协议以及友好的人机界面等。区别于传统的 PC,工控机一般需具备以下特点。

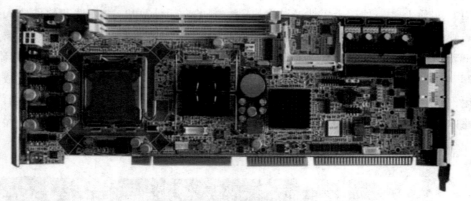

图 4-2 研华全长工控机 CPU 卡

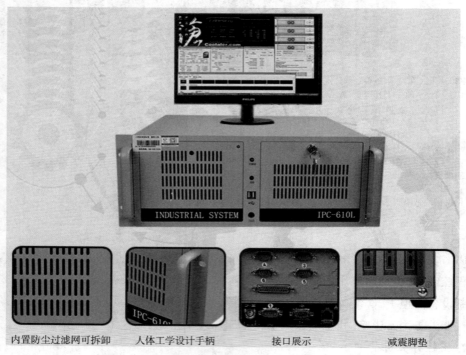

内置防尘过滤网可拆卸　　人体工学设计手柄　　接口展示　　减震脚垫

图 4-3 研华 IPC-610L 型工控机

(1) 高可靠性

工控机需具有在粉尘、烟雾、高/低温、潮湿、振动、腐蚀环境中可靠工作的能力,其 MTTR(Mean Time to Repair)一般为 5 min,MTTF(Mean Time to Fail)达 10 万小时以上,而普通 PC 的 MTTF 仅为 10 000～15 000 小时。

(2) 实时性好

工控机对工业生产过程或装备运动过程进行实时在线检测与控制,强调检测控制过程的实时性。这需要相应硬件保障,如多级中断及优先级设置,硬件看门狗等,同时也需要专用实时多任务操作系统,或者在桌面型操作系统基础上进行实时性改造。

第4章 机电一体化控制技术

（3）具备可扩充性

工控机面向的系统一般都要求具有动态调整配置的能力，所以工控机多采用底板＋CPU卡结构，因而具有很强的输入输出通道扩展能力，能与工业现场的各种外设、板卡，如与数据采集器、视频监控系统、电动机驱动器等相连，以完成各种复杂控制任务，很多情况下还要求板卡具有热插拔功能，这样就可以在不停机的情况下维护系统。

总体上，基于工控机构建的自动控制系统在工业自动化领域应用极其广泛，在地面机动平台的底层控制中还难以满足车规级高低温要求，且不适应强振动的恶劣环境。但在自动驾驶汽车的高端控制任务中，还离不开工控机。

目前发展迅速的自动驾驶汽车，一般采用激光雷达作为主要感知传感器，同时结合摄像头、GPS/IMU、毫米波雷达、超声波雷达等，以 NVIDIA Drive PX2 或 Xavier 作为主要计算平台，在工控机上运行各种算法模块，进行环境感知以及控制决策，通过线控技术控制车辆行驶。百度开源自动驾驶系统 Apollo 公布的架构，采用了图 4-4 所示 Neousys 的 NUVO-6108GC 型工控机。这是一款 X86 架构工业控制计算机，支持至强 E3 和 I7 处理器，支持 GTX1080 显卡，具有强大的数据处理能力。

图 4-4　NUVO-6108GC 型工控机

3. 嵌入式控制器

嵌入式控制器（EMCU）、单片机（Sing Chip Microcomputer，SCM）是微型计算机发展的一个分支，一片单片机芯片就相当于微型计算机的一个裸机。它是一种集成电路芯片，是采用超大规模集成电路技术把具有数据处理能力的中央处理单元（CPU）、随机存储器（RAM）、只读存储器（ROM）、多种 I/O 接口、中断控制系统、定时器/计数器等（还可能包括显示驱动电路、A/D 转换器等）集成到一块芯片上构成的一个小而完善的微型计算机系统。

从美国仙童（Fairchild）公司 1974 年生产出第一块单片机 F8 开始，世界各大计算机公司都纷纷推出自己的单片机系列。目前EMCU在自动控制领域得到越来越广泛应用,常见的品牌型号有Intel公司MCS系列、Atmel公司的AT系列、STC公司的STC系列、Microchip公司PIC系列以及ST公司STM32系列等。单片机的成功应用,打破了传统的设计思想,使得原来很多用模拟电路、数字电路、逻辑部件来实现的功能,现在无须增加硬件设备,就可通过单片机的软件程序设计来完成,节约了成本,缩短了产品更新迭代周期。

在工业控制或其他信息类机电一体化产品中,传统意义上基于微处理器的控制系统被逐渐被新的概念"嵌入式控制器"所代替。嵌入式系统一般指非PC系统,有计算机功能但又不称之为计算机的设备或器材。它是以应用为中心,软硬件可裁减的,适应应用系统对功能、可靠性、成本、体积、功耗等综合性严格要求的专用计算机系统。嵌入式系统通常包括构成软件基本运行环境的硬件和操作系统两部分。与通用计算机系统不同,嵌入式系统通常执行的是带有特定要求的预先定义的任务,是面向用户、面向产品、面向应用的,必须与具体应用相结合。嵌入式系统的核心是由一个或几个预先编好程序、用来执行少数几项任务的嵌入式微处理器、嵌入式微控制器或者嵌入式DSP(Digital Signal Processor)组成,与通用计算机能够运行用户选择的软件不同,嵌入式系统上的软件通常特定的数据处理或者控制算法。

4.1.2 嵌入式系统的发展历程和特点

嵌入式控制器在机电一体化系统中无处不在,其软硬件综合性能直接反映了机电一体化系统的综合性能,也直接影响着机电一体化系统的功能实现。

嵌入式系统的硬件部分,包括处理器/微处理器、存储器及外设器件和I/O接口、图形控制器等。嵌入式系统有别于一般的计算机处理系统,它不具备像硬盘那样大容量的存储介质,而大多使用EPROM、EEPROM或闪存(Flash Memory)作为存储介质。软件部分包括操作系统软件(要求实时响应和多任务调度操作)和应用程序。应用程序控制着系统的运作和行为;而操作系统控制着应用程序编程与硬件的交互作用。

如果按照时间历程,嵌入式系统的发展过程大概经历了嵌入式微处理器、嵌入式微控制器、嵌入式DSP处理器到嵌入式片上系统这4个发展时代。

1. 嵌入式微处理器(Embedded Microprocessor Unit,EMPU)

嵌入式微处理器采用"增强型"通用微处理器。在工业制造装备或移动装备上的嵌入式系统通常应用于比较恶劣的环境中,因而嵌入式微处理器在工作温度、电磁兼容性以及可靠性方面的要求较通用微处理器高。根据实际嵌入式应用要求,将嵌入式微处理器装配在专门设计的主板上,只保留和嵌入式应用有关的主板功能,这样可以大幅度减小系统的体积和功耗。和工业控制计算机相比,嵌入式微处理器组成的系统具有体积小、重量轻、成本低、可靠性高的优点,但在其电路板上必须包括ROM、RAM、总线接口、各种外设等器件,从而降低了系统的可靠性,技术保密性也较差。由嵌入式微处理器及其存储器、总线、外设等安装在一块电路主板上构成一个通常所说的单板机系统,如

图 4-5 所示。嵌入式处理器目前主要有 Am186/88、386EX、SC-400、Power PC、68000、MIPS、ARM 系列等。

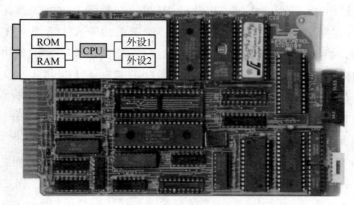

图 4-5 单板机系统

2. 嵌入式微控制器（Microcontroller Unit，MCU）

随着 CPU 设计技术和大规模集成电路制造技术的进步，单板机硬件向芯片内集成，形成了嵌入式微控制器的概念。嵌入式微控制器又称单片机，它将整个计算机系统集成到一块芯片中。嵌入式微控制器一般以某种微处理器内核为核心，根据某些典型的应用，在芯片内部集成了 ROM/EPROM、RAM、总线、总线逻辑、定时/计数器、看门狗、I/O 端口、串行口、脉宽调制输出、A/D、D/A、Flash RAM、EEPROM 等各种必要功能部件，这些功能部件又称为外设。为适应不同的应用需求，对功能的设置和外设的配置进行必要的修改和裁减定制，使得一个系列的单片机具有多种衍生产品，每种衍生产品的处理器内核都相同，不同的是存储器和外设的配置及功能的设置。这样可以使单片机最大限度地和应用需求相匹配，从而减少整个系统的功耗和成本。和嵌入式微处理器相比，微控制器的单片化使应用系统的体积大大减小，使功耗和成本大幅度下降，可靠性提高。嵌入式微处理器比较有代表性的通用系列包括 8051、P51XA、MCS-251、MCS-96/196/296、C166/167、68300 等；比较有代表性的半通用系列，如支持 USB 接口的 MCU 8XC930/931、C540、C541 等。单片机外观及典型外设如图 4-6 所示。

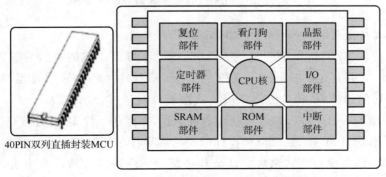

图 4-6 单片机外观及典型外设

3. 嵌入式 DSP 处理器（Embedded Digital Signal Processor，EDSP）

在图像、语音、雷达等实时数字信号处理应用中，各种数字信号处理算法相当复杂，这些算法的复杂度可能是 $O(nm)$ 的，甚至是 NP 的，一般结构的处理器无法实时的完成这些运算。在这些需求的推动下，形成了一个特殊谱系的嵌入式系统——嵌入式 DSP 处理器。DSP 处理器对系统结构和指令进行了特殊设计，使其适合于实时地进行数字信号处理。在 FIR、IIR 数字滤波、FFT、谱分析等方面，DSP 算法正大量进入嵌入式领域。嵌入式 DSP 处理器有两类：①DSP 处理器经过单片化、EMC 改造、增加片上外设成为嵌入式 DSP 处理器，TI 的 TMS320C2000/C5000 等属于此范畴；②在通用单片机或 SOC 中增加 DSP 协处理器，例如 Intel 的 MCS-296 和 Infineon（Siemens）的 TriCore。嵌入式 DSP 处理器比较有代表性的产品是 TI 的 TMS320 系列。TMS320 系列处理器包括用于控制的 C2000 系列、移动通信的 C5000 系列，以及性能更高的 C6000 和 C8000 系列。

嵌入式 DSP 处理器的发展动向是多核异构。如图 4-7 是一款主流的嵌入式 DSP 处理器 TMS320DM8168 的核心板。TMS320DM8168 属 TI 达·芬奇系列浮点 DSP，芯片内集成了 C674X 内核和 Cortex-A8 内核，是一款高性能视频处理器。这样的架构可以充分发挥 DSP 的实时数字信号处理能力和嵌入式 MCU 的丰富硬件接口和成熟的操作系统，使专业图像处理系统的开发效率大大提高。

图 4-7　TMS320DM8168 多核异构 DSP 核心板

4. 嵌入式片上系统（System On Chip，SOC）

随着 EDI 的推广和 VLSI 设计的普及化，以及半导体工艺的迅速发展，可以在一块硅片上实现一个更为复杂的系统，这就产生了 SOC 技术。各种通用处理器内核将作为 SOC 设计公司的标准库，和其他许多嵌入式系统外设一样，成为 VLSI 设计中一种标准的器件，用标准的 VHDL、Verlog 等硬件语言描述，存储在器件库中。用户只需定义出其整个应用系统，仿真通过后就可以将设计图交给半导体工厂制作样品。这样除某些无法集成的器件以外，整个嵌入式系统大部分均可集成到一块或几块芯片中去，应用系统电路板将变得很简单，对于减小整个应用系统体积和功耗、提高可靠性非常有利。SOC 可分为通用和专用两类,通用 SOC 如 Infineon(Siemens) 的 TriCore、Motorola 的 M-Core,以及某些 ARM 系列器件,如 Echelon 和 Motorola 联合研制的 Neuron 芯片等;专用 SOC 一般专用于某个或某类系统中,如 Philips 的 Smart XA,它将 XA 单片机内核和支持超过 2048 位复杂 RSA 算法的 CCU 单元制作在一块硅片上,形成一个可加载 Java 或 C 语言的专用 SOC,可用于互联网安全方面。

图 4-8 是一款在车辆控制系统中广泛应用的通用混合信号 SOC-C8051F040。该芯片包含 8051 架构的 CPU,集成了 SRAM 和 FLASH 存储器、JTAG 接口、多通道 A/D 和 D/A 变换器、多通道定时计数器,具有多达 64 个 I/O 引脚,还集成了丰富的通信接口,如 UART、SMBus、SPI 以及 CAN 总线等。

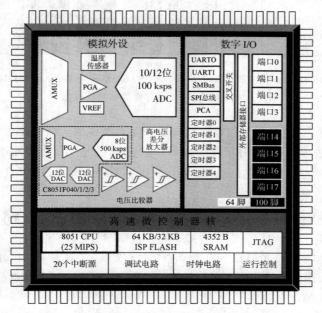

图 4-8　SOC-C8051F040 内部构成

在装备机电一体化领域,Cortex-M 系列 MCU 异军突起。近些年来,ARM Cortex-M 阵营各厂商(ST、NXP、ATMEL、Freescale 等)发布新产品的节奏越来越快。

ARM Cortex-M 系列微控制器发展沿革是从老的 ARM5、ARM7、ARM9、ARM11 时代的处理器开始的。ARM 公司从 ARMv6-ARMv7 时代开始,使用 A、R、M 系列来命名其新的处理器,即 ARM Cortex-A、ARM Cortex-R、ARM Cortex-M。

A 系列为应用处理器,其中 A 可以理解为 Application。现在主流的智能手机几乎都是 ARM 的 A 系列内核,从早期的 A8、A9,到后来的 A15、A57,现在的 A72、A73、A75 内核。主要用于运行 iOS、Android、Linux 等操作系统。

R 系列为实时处理器,其中 R 为 RealTime,包含 R7、R8 等,主要用于硬盘、4G 通信模块、相机等领域。这个系列处理器性能也非常强大。

M 系列处理器,其中 M 指的是 MicroControler,目前主要有 M0、M0+、M3、M4、M7

以及新发布不久的基于 ARMv8-M 构架的 M23、M33，其中 M23 为 M0 & M0＋的升级，M33 为 M3、M4 的升级。Cortex-M 系列微控制器性能天梯如图 4-9 所示。

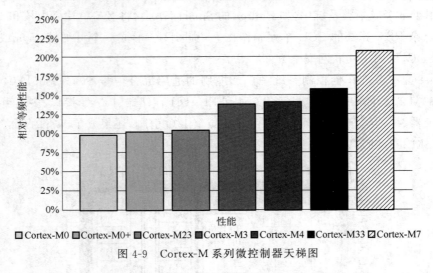

图 4-9　Cortex-M 系列微控制器天梯图

图 4-9 为同等主频下，各个内核可以提供的运算性能的大概对比关系，评判一个处理器处理性能一直是一个难题，有很多的评判标准，图 4-9 是 ARM 官网提供的。Cortex-M 系列在 ARM 官网上一直是以 Coremark 分数为主要评测标准，这个只能作为参考，真实的性能对比还要看具体应用。

现在新的 M4 微控制器呈现了以下发展趋势，也代表未来几年的微控制器发展方向。

(1) 高能效比

早期的 M3/M4 功耗大都在 300＋μA/MHz 左右，现在新的 90 nmLP 工艺下新的 M4 微控制器的功耗已经下降到 100～200 μA/MHz 的水平，未来会更低，能效比会更高。

(2) 向着更高的工艺挺进

目前 NXP 已经开始着手设计 40 nm 工艺的 M4 处理器，国内的 GD 也开始尝试用 55 nm 甚至更高的工艺设计 M3/M4 微控制器，一旦这些更先进工艺处理器落地，M4 微控制器的价格、功耗会被大幅度拉低，能效比会比现在 90 nm 工艺的 M0＋更高，这会是一个相当重要的改变。

(3) 安全

最近 1～2 年各个大的半导体厂商设计的新的微控制器很多都加入了安全单元，各种对称/非对称加密的协处理引擎被加入新的 M4 控制器中，如 AES、SHA、3DES 等，为了适应新的物联网应用，安全都是未来微控制器的设计重点，这点在新的 ARMv8-M 中体现尤为明显，安全特性功能是 M33 与 M4 最大的区别。

(4) SOC/SIP 化

这点体现的最早，基本上从 M3 时代，M0/M3 就被大量 SOC 化，市面上大量的无线 SOC 都是 M0/M3/M4 内核，国内近 1～2 年大量厂商开始试水 SIP，大量 SIP 芯片内部集成了 M0/M3/M4 裸片。

4.1.3 嵌入式操作系统

嵌入式操作系统是一种支持嵌入式系统应用的操作系统软件,它是嵌入式系统(包括硬、软件系统)极为重要的组成部分,通常包括与硬件相关的底层驱动软件、系统内核、设备驱动接口、通信协议、图形界面、标准化浏览器等。嵌入式操作系统具有通用操作系统的基本特点,如能够有效管理越来越复杂的系统资源;能够把硬件虚拟化,使得开发人员从繁忙的驱动程序移植和维护中解脱出来;能够提供库函数、驱动程序、工具集以及应用程序。与通用操作系统相比较,嵌入式操作系统在系统实时高效性、硬件的相关依赖性、软件固态化以及应用的专用性等方面具有较为突出的特点。

一般情况下,嵌入式操作系统可以分为两类,一类是面向控制、通信等领域的实时操作系统,如 WindRiver 公司的 VxWorks、ISI 的 pSOS、QNX 系统软件公司的 QNX、ATI 的 Nucleus 等;另一类是面向消费电子产品的非实时操作系统,产品包括个人数字助理(PDA)、移动电话、机顶盒、电子书、WebPhone 等。

1. 非实时操作系统

早期的嵌入式系统中没有操作系统的概念,程序员编写嵌入式程序通常直接面对裸机及裸设备。在这种情况下,通常把嵌入式程序分成两部分,即前台程序和后台程序。前台程序通过中断来处理事件,其结构一般为无限循环;后台程序则掌管整个嵌入式系统软、硬件资源的分配、管理以及任务的调度,是一个系统管理调度程序。这就是通常所说的前后台系统。一般情况下,后台程序也称为任务级程序,前台程序也称为事件处理级程序。在程序运行时,后台程序检查每个任务是否具备运行条件,通过一定的调度算法来完成相应的操作。对于实时性要求特别严格的操作通常由中断来完成,仅在中断服务程序中标记事件的发生,不再做任何工作就退出中断,经过后台程序的调度,转由前台程序完成事件的处理,这样就不会造成在中断服务程序中处理费时的事件而影响后续和其他中断。

实际上,前后台系统的实时性比预计的要差。这是因为前后台系统认为所有的任务具有相同的优先级别,即是平等的,而且任务的执行又是通过 FIFO 队列排队,因而实时性要求高的任务不可能立刻得到处理。另外,由于前台程序是一个无限循环的结构,一旦在这个循环体中正在处理的任务崩溃,使得整个任务队列中的其他任务得不到机会被处理,从而造成整个系统的崩溃。由于这类系统结构简单,几乎不需要 RAM/ROM 的额外开销,因而在简单的嵌入式应用被广泛使用。

2. 实时操作系统

实时系统是指能在确定的时间内执行其功能并对外部的异步事件做出响应的计算机系统。其操作的正确性不仅依赖于逻辑设计的正确程度,而且与这些操作进行的时间有关。"在确定的时间内"是该定义的核心。也就是说,实时系统是对响应时间有严格要求的。

实时系统对逻辑和时序的要求非常严格。如果逻辑和时序出现偏差将会引起严重后果。实时系统有两种类型:软实时系统和硬实时系统。软实时系统仅要求事件响应是实时的,并不要求限定某一任务必须在多长时间内完成;而在硬实时系统中,不仅要求任务响应要实时,而且要求在规定的时间内完成事件的处理。通常,大多数实时系统是两者的结合。实时应用软件的设计一般比非实时应用软件的设计困难。实时系统的技术关键是如何保证系统的实时性。

实时多任务操作系统是指具有实时性、能支持实时控制系统工作的操作系统。其首要任务是调度一切可利用的资源完成实时控制任务,其次才着眼于提高计算机系统的使用效率。实时操作系统具有如下功能:任务管理(多任务和基于优先级的任务调度)、任务间同步和通信(信号量和邮箱等)、存储器优化管理(含 ROM 的管理)、实时时钟服务、中断管理服务。实时操作系统具有如下特点:规模小,中断被屏蔽的时间很短,中断处理时间短,任务切换很快。

实时操作系统可分为可抢占型和不可抢占型两类。对于基于优先级的系统而言,可抢占型实时操作系统是指内核可以抢占正在运行任务的 CPU 使用权并将使用权交给进入就绪态的优先级更高的任务。不可抢占型实时操作系统使用某种算法并决定让某个任务运行后,就把 CPU 的控制权完全交给了该任务,直到它主动将 CPU 控制权还回来。中断由中断服务程序来处理,可以激活一个休眠态的任务,使之进入就绪态。而这个进入就绪态的任务还不能运行,一直要等到当前运行的任务主动交出 CPU 的控制权。使用这种实时操作系统的实时性比不使用实时操作系统的性能好,其实时性取决于最长任务的执行时间。不可抢占型实时操作系统的缺点也恰恰是这一点,如果最长任务的执行时间不能确定,系统的实时性就不能确定。

可抢占型实时操作系统的实时性好,优先级高的任务只要具备了运行的条件,或者说进入了就绪态,就可以立即运行。也就是说,除了优先级最高的任务,其他任务在运行过程中都可能随时被比它优先级高的任务中断,让后者运行。通过这种方式的任务调度保证了系统的实时性,但是,如果任务之间抢占 CPU 控制权处理不好,会产生系统崩溃、死机等严重后果。

4.2 典型嵌入式控制器及最小系统

嵌入式控制器在装备机电一体化领域应用广泛,在军事装备的每个自动化单元,如电气控制盒、发动机 ECU、传动电控盒、灭火抑爆控制盒、驾驶员任务终端、车长任务终端等,都能找到一个或多个 MCU。根据每个单元测控任务计算量、实时性以及外部接口需求的不同,在这些自动化单元中,MCU 的选择也千差万别。本节在简要介绍在装备系统中常用的两种嵌入式 MCU 技术特点的基础上,讨论嵌入式控制器原理、最小系统以及基本程序架构。

4.2.1 典型 8 位 MCU-C8051F 系列

C8051F04x 系列 MCU 算得上 8 位单片机的发展巅峰。优化后的 8051 内核集成了丰富的外设,尤其是内嵌了 CAN 总线控制器,使其在车辆底层测控系统中大有用武之地。

C8051F04x 系列器件采用 Silicon Lab 的专利 CIP-51 微控制器内核。CIP-51 与 MCS-51 指令集完全兼容,可以使用标准 803x/805x 的汇编器和编译器进行软件开发。C8051F04x 系列器件在是完全集成的混合信号片上系统型 MCU,其中 C8051F040/2/4/6 型具有 64 个数字 I/O 引脚,C8051F041/3/5/7 型具有 32 个数字 I/O 引脚,片内集成了一个 CAN2.0B 控制器。

下面以 C8051F040 型 MCU 为例列举该系列芯片的主要特性:

(1) 高速、流水线结构的 8051 兼容的 CIP-51 内核(可达 25MIPS);
(2) 控制器局域网(CAN2.0B)控制器,具有 32 个消息对象,每个消息对象有其自己的标识;
(3) 全速、非侵入式的在系统调试接口;
(4) 集成 12 位 C8051F040、100 ksps 的 ADC,带 PGA 和 8 通道模拟多路开关,允许高电压差分放大器输入到 12 位 ADC(60 V 峰-峰值),增益可编程;
(5) 集成 8 位 500 ksps 的 ADC,带 PGA 和 8 通道模拟多路开关;
(6) 两个 12 位 DAC,具有可编程数据更新方式;
(7) 64 KB 可在系统编程的 FLASH 存储器;
(8) 4352(4 KB+256 KB)字节的片内 RAM;
(9) 可寻址 64 KB 地址空间的外部数据存储器接口;
(10) 硬件实现的 SPI、SMBus/I^{2}C 和两个 UART 串行接口;
(11) 5 个通用的 16 位定时器;
(12) 具有 6 个捕捉/比较模块的可编程计数器/定时器阵列;
(13) 片内看门狗定时器、VDD 监视器和温度传感器。

C8051F04x 系列器件是真正能独立工作的片上系统。所有模拟和数字外设均可由用户固件使能/禁止和配置。FLASH 存储器还具有在系统重新编程能力,可用于非易失性数据存储,并允许现场更新固件。

片内 JTAG 调试电路允许使用安装在最终应用系统上的产品 MCU 进行非侵入式(不占用片内资源)、全速在系统调试。该调试系统支持观察和修改存储器和寄存器,支持断点、观察点、单步及运行和停机命令。在使用 JTAG 调试时,所有的模拟和数字外设都可全功能运行。

C8051F04x 器件的工作温度范围为 −45~+85 ℃,工作电压为 2.7~3.6 V,I/O 接口、/RST 和 JTAG 引脚都允许 5 V 的输入信号电压。C8051F040 为 100 脚 TQFP 封装,外形及引脚定义如图 4-10 所示。

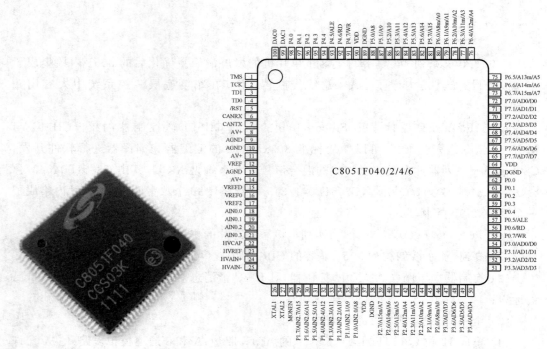

图 4-10 C8051F040 MCU 外形及引脚图

C8051F04x 系列器件包含 8 个型号,芯片内集成的资源有细微差别,具体情况如图 4-11 所示。

	MIPS(峰值)	FLASH存储器	RAM	外部存储器接口	SMBus/I²C和SPI	CAN	UART	定时器(16位)	可编程计数器阵列	数字端口IO	12位100 ksps ADC输入	10位100 ksps ADC输入	8位500 ksps ADC输入	高电压差分放大器	电压基准	温度传感器	DAC分辨率(位)	DAC输出	电压比较器	封装
C8051F040	25	64 KB	4352	√	√	√	2	5	√	64	√	–	8	√	√	√	12	2	3	100TQFP
C8051F041	25	64 KB	4352		√	√	2	5	√	32	√	–	8	√	√	√	12	2	3	64TQFP
C8051F042	25	64 KB	4352	√	√		2	5	√	64	–	√	8	√	√	√	12	2	3	100TQFP
C8051F043	25	64 KB	4352		√		2	5	√	32	–	√	8	√	√	√	12	2	3	64TQFP
C8051F044	25	64 KB	4352	√	√	√	2	5	√	64	√	–			√	√			3	100TQFP
C8051F045	25	64 KB	4352		√	√	2	5	√	32	√	–			√	√			3	64TQFP
C8051F046	25	32 KB	4352	√	√		2	5	√	64	–	√			√	√			3	100TQFP
C8051F047	25	32 KB	4352		√		2	5	√	32	–	√			√	√			3	64TQFP

图 4-11 C8051F04x 系列 MCU 片内资源表

C8051F04x 系列 MCU 对 CIP-51 内核和外设有几项关键性的改进,提高了整体性能,更易于在最终应用中使用。

扩展的中断系统向 CIP-51 提供 20 个中断源(标准 8051 只有 7 个中断源),允许大量的模拟和数字外设中断微控制器。一个中断驱动的系统需要较少的 MCU 干预,因而有更高的执行效率。在设计一个多任务实时系统时,这些增加的中断源是非常有用的。

MCU 有 7 个复位源:一个片内 VDD 监视器、一个看门狗定时器、一个时钟丢失检测器、一个由比较器 0 提供的电压检测器、一个软件强制复位、CNVSTR0 输入引脚及/RST 引脚。/RST 引脚是双向的,可接受外部复位或将内部产生的上电复位信号输出到/RST 引脚。除了 VDD 监视器和复位输入引脚以外,每个复位源都可以由用户软件禁止,使用 MONEN 引脚使能/禁止 VDD 监视器。在一次上电复位之后的 MCU 初始化期间,可以用软件将 WDT 永久性使能。

MCU 内部有一个独立运行的时钟发生器,在复位后被默认为系统时钟。如果需要,时钟源可以在运行时切换到外部振荡器。外部振荡器可以使用晶体、陶瓷谐振器、电容、RC 或外部时钟源产生系统时钟。时钟切换功能在低功耗系统中是非常有用的,它允许 MCU 从一个低频率(节电)外部晶体源运行,当需要时再周期性地切换到高速内部振荡器(可达 25 MHz)。C8051F040 片内时钟和复位电路如图 4-12 所示。

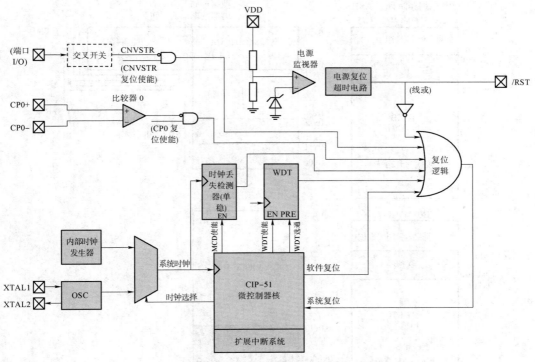

图 4-12 C8051F040 片内时钟和复位电路

CIP-51 有标准的 8051 程序和数据地址配置。它包括 256 字节的数据 RAM,其中高 128 字节为双映射。用间接寻址访问通用 RAM 的高 128 字节,用直接寻址访问 128 字节的 SFR 地址空间。CIP-51 的 SFR 地址空间可包含多达 256 个 SFR 页。通过 SFR 分页，CIP-51 MCU 可以控制大量用于控制和配置片内外设所需要的 SFR。数据 RAM 的低 128 字节可用直接或间接寻址方式访问，前 32 个字节为 4 个通用寄存器区，接下来的 16 字节既可以按字节寻址也可以按位寻址。

C8051F04x 中的 CIP-51 还有位于外部数据存储器地址空间的 4 KB RAM 块和一个可用于访问外部数据存储器的外部存储器接口（EMIF）。这个片内的 4 KB RAM 块可以在整个 64 KB 外部数据存储器地址空间中被寻址（以 4 KB 为边界重叠）。外部数据存储器地址空间可以只映射到片内存储器、只映射到片外存储器或两者的组合（4 KB 以下的地址指向片内，4 KB 以上的地址指向 EMIF）。

MCU 的程序存储器包含 64 KB（C8051F040/1/2/3/4/5）或 32 KB（C8051F046/7）的分块 FLASH。

该存储器以 512 字节为一个扇区，可以在系统编程，且不需特别的外部编程电压。从 0xFE00 到 0xFFFF 的 512 字节被保留。还有一个位于地址 0x10000~0x1007F 的 128 字节扇区，该扇区可用于存储小规模的软件常数表。该 MCU 系统的存储器结构如图 4-13 所示。

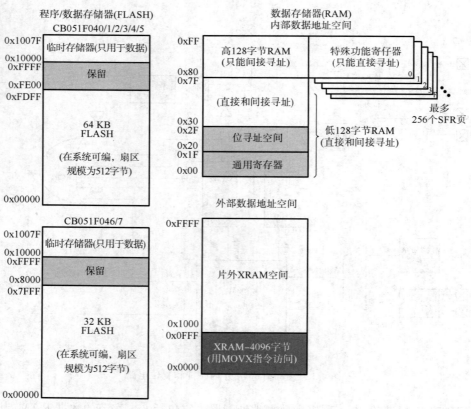

图 4-13　C8051F04X 片内存储器组织

C8051F04x 系列器件具有片内 JTAG 边界扫描和调试电路,通过 4 脚 JTAG 接口并使用安装在最终应用系统中的产品器件就可以进行非侵入式、全速的在系统调试。该 JTAG 接口完全符合 IEEE 1149.1 规范,为生产和测试提供完全的边界扫描功能。

Silicon Lab 的调试系统支持观察和修改存储器和寄存器,支持断点、观察点、堆栈指示器和单步执行,不需要额外的目标 RAM、程序存储器、定时器或通信通道。调试时所有的模拟和数字外设都正常工作。当 MCU 单步执行或遇到断点而停止运行时,所有的外设(ADC 和 SMBus 除外)都停止运行,以保持同步。

标准的 MCU 在系统调试(代码下载)设备包括上位计算机、调试适配器、目标板和必要的连接电缆。MCU 调试环境如图 4-14 所示。

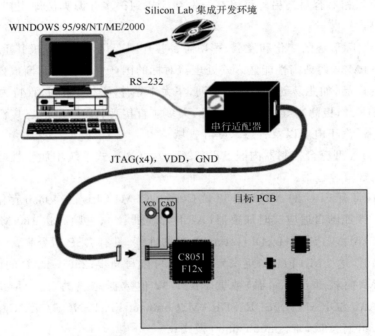

图 4-14　MCU 调试(下载)环境示意图

上位计算机上安装 Silicon Labs 集成开发环境或者 Keil uVision 集成开发环境(需配套 Silicon Labs C8051Fxxx 驱动),调试适配器通过 RS232 接口或 USB 接口连接上位计算机,另一端通过扁平电缆连接目标 PCB。关于系统调试过程,参见本课程配套实验指导书。

4.2.2　典型 32 位 MCU-STM32F 系列

本教材配套的轮式无人侦察平台,采用了自主开发,具备自主知识产权的综合控制器 ZYUVC01A,内嵌的是 STM32 嵌入式控制器,实现了遥控指令流、线控指令流接收,外部设备信息交互及控制,无人平台智能配电,实时行驶、转向、制动控制等目标任务,形成了一套完善、可靠的地面无人系统控制架构。

选择 STM32 系列嵌入式控制器作为 ZYUVC01A 型综合控制器主控芯片，主要基于以下考虑：

（1）该器件具有更先进的内核，主芯片 STM32F407 采用 Cortex M4 内核，带 FPU 和 DSP 指令集，拥有多达 256 KB 的片内 SRAM。该器件性能强大，CPU 算力满足地面无人平台综合控制中对于平台速度、转向以及必要的实时动力学计算需求，丰富的控制接口也能满足平台综合控制及设备接口需求，是未来无人平台底层智能控制算法优秀的承载平台。

（2）该系列器件的辅助软件以及开源软件资源丰富，尤其是采用 cubeMX 软件以及 HAL 库的编程模式，使初学者由初步接触机电控制系统软件编制到形成复杂算法调试能力的过程变得相对容易。另外可以在开发社区找到很多开源算法库支持，使后续工作效率大大提高。

（3）随着国际形势的变化和发展，军用装备芯片国产化要求变成极其重要。目前，我国市场上与 STM32 系列高性能嵌入式处理器对标的国产化处理器日渐成熟。典型的国内厂家生产的产品，如兆易创新 GD32 系列，华大半导体 HC32 系列，雅特力科技 AT32，航顺芯片的 HK32，极海半导体 APM32 等，大多能直接替代 STM32，已广泛应用于工业控制、医疗设备、汽车电子以及智慧家庭等领域。

ZYUVC01A 型综合控制器内嵌 STM32F407，在嵌入式系统中属于性能强大的一款 MCU，芯片包含资源包括：

（1）内核：带有 FPU 的 ARM© 32 位 Cortex©-M4 CPU、在 Flash 存储器中实现零等待状态运行性能的自适应实时加速器（ART 加速器™）、主频高达 180 MHz，MPU 能够实现高达 1.25DMIPS/MHz(Dhrystone 2.1)的性能，具有 DSP 指令集；

（2）存储器，达 2 MB Flash，组织为两个区，可读写同步；256＋4 KB 的 SRAM，包括 64 KB 的 CCM（内核耦合存储器）数据 RAM，32 位数据总线的灵活外部存储控制器 SRAM、PSRAM、SDRAM/LPSDR、SDRAM、Compact Flash/NOR/NAND 存储器；

（3）LCD 并行接口，兼容 8080/6800 模式；

（4）LCD-TFT 控制器有高达 XGA 的分辨率，具有专用的 Chrom-ART Accelerator™，用于增强的图形内容创建（DMA2D）；

（5）时钟、复位和电源管理，1.7 V 到 3.6 V 供电和 I/O，POR、PDR、PVD 和 BOR，4～26 MHz 晶振，内置经工厂调校的 16 MHz RC 振荡器（1％精度），带校准功能的 32 kHz RTC 振荡器，内置带校准功能的 32 kHz RC 振荡器；

（6）低功耗，睡眠、停机和待机模式，VBAT 可为 RTC、20×32 位备份寄存器＋可选的 4 KB 备份 SRAM 供电；

（7）3 个 12 位、2.4 MSPS ADC，多达 24 通道，三重交叉模式下的性能高达 7.2 MSPS；

（8）2 个 12 位 D/A 转换器；

（9）通用 DMA：具有 FIFO 和突发支持的 16 路 DMA 控制器；

（10）多达 17 个定时器：12 个 16 位定时器，和 2 个频率高达 180 MHz 的 32 位定时

器,每个定时器都带有 4 个输入捕获/输出比较/PWM,或脉冲计数器与正交(增量)编码器输入;

(11) 调试模式,SWD & JTAG 接口,Cortex-M4 跟踪宏单元;

(12) 82 个具有中断功能的 I/O 端口,最高 90 MHz,可耐 5 V 逻辑电平;

(13) 多达 21 个通信接口,包括 3 个 I^{2}C 接口(SMBus/PMBus),4 个 USART/4 个 UART(11.25 Mbit/s、ISO7816 接口、LIN、IrDA、调制解调器控制),6 个 SPI(45 Mbits/s),2 个具有复用功能的全双工 I2S,通过内部音频 PLL 或外部时钟达到音频级精度,1 个 SAI(串行音频接口),2 个 CAN(2.0B 主动)以及 SDIO 接口;

(14) 高级连接功能,具有片上 PHY 的 USB 2.0 全速器件/主机/OTG 控制器,具有专用 DMA,片上全速 PHY 和 ULPI 的 USB 2.0 高速/全速器件/主机/OTG 控制器,具有专用 DMA 的 10/100 以太网 MAC,支持 IEEE 1588v2 硬件,支持 MII/RMII;

(15) 8~14 位并行照相机接口,速度高达 54 MB/s;

(16) 真随机数发生器;

(17) CRC 计算单元;

(18) RTC,亚秒级精度,硬件日历;

(19) 96 位唯一 ID。

所选 STM32F407VET 为 LQFP100 封装(如图 4-15 所示),这是 1 个 100 脚表贴封装芯片。

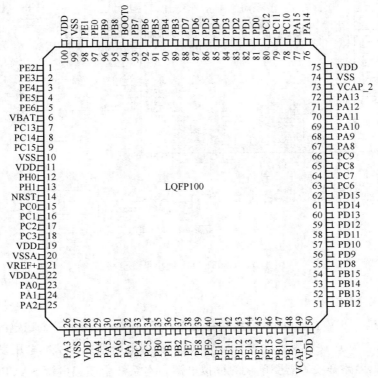

图 4-15　STM32F407 封装图

4.2.3　8 位 MCU C8051F040 的最小系统

所谓最小系统，是指以 MCU 为核心的应用系统，支持上电自复位、自举并开始运行用户程序的最简硬件单元。所选型 MCU 无论规模多大，从硬件上看，都分为由核心电路构成的最小系统以及各种各样外部设备所需的外围接口电路。最小硬件系统指由处理器以及内部集成 SDRAM、FLASH 或扩展的 SDRAM 等构成的存储电路，再加上一些必要的辅助电路构成的核心系统。对于目前常用的混合型 SOC 芯片的 MCU，最小系统的辅助电路一般包含供电电路、复位电路、时钟系统、调试接口等。图 4-16 所示的电路是 8 位 MCU C8051F040 的最小系统。

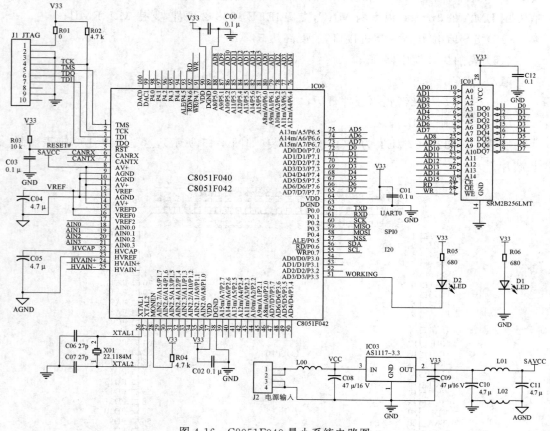

图 4-16　C8051F040 最小系统电路图

1）电源及 MCU 供电

端子 J2 接入 5 V 直流电源，经线性稳压 IC AS1117-3.3 产生一个稳定的 3.3 V 直流电压，为 C8051F040 及外围器件供电。MCU 内模拟电路系统含基准电压发生器、A/D、D/A 以及模拟多路开关等需要单独的模拟电源。本系统中模拟电源 SAVCC 由 V33 直流电源产生。

2) 复位电路

电阻 R03 和电容 C03 构成一个一阶电路,在系统上电时,产生一个单调上升的电压信号,实现 MCU 的自动延时复位,即电源稳定后,MCU 由复位状态转到工作状态。

3) 时钟电路

无源晶振 X01 及电容 C06、C07 构成外部时钟,启用 MCU 外部时钟振荡电路后,该电路可使系统时钟稳定在 22.1184 MHz。选用这个时钟频率是为了产生串口通信时高精度的 9600 bit/s、115 200 bit/s 等标准波特率。C06、C07 是负载电容,其数值要依据无源晶振的技术参数确定。

4) JTAG 调试接口

标准的 JTAG 调试接口需要 5 个信号线,包括 TCK、TMS、TDO、TDI 和 GND,最小系统预留 J1 10 脚插座,连接 MCU 的 JTAG 信号接口。通过该接口,可下载代码,并可利用工具软件进行系统调试。

5) 扩展 SDRAM

本系统中还扩展了一个 32 KBytes 静态随机存储器 SRM2B256LMT。该 SRAM 通过并行总线连接 MCU。C8051F040 内部集成了 4352 字节的片内 RAM,扩展 SRM2B256LMT 是为了确保高速数据采集等应用程序中数据存储器够用。

6) 状态指示灯

最小系统中设置了两个 LED 指示灯。D1 接 3.3 V 系统电源,用来指示电源是否正常。D2 负极接 P3.3 端口。在用户程序中,可以控制 D2 的闪烁,来指示用户程序是否正常运行。

随着电子技术的发展,MCU 工作主频越来越高,以前无法对设备形成干扰的噪声、尖脉冲等,现在都可能对设备构成威胁。电源线是电磁干扰出入电路的主要途径。通过电源线,外界的干扰可以耦合进入电路,干扰本地器件正常工作,同样,电路中的干扰也可能通过电源线传递到外部电路,对其他设备造成干扰。

本系统中采用表贴的 EMI 吸收磁珠抑制电源线上的噪声和尖峰干扰,磁珠滤波器的阻抗-频率特性曲线如图 4-17 所示,在 10 MHz 以上时,其等效电阻值迅速增大,对较高频率的干扰信号则有很大的衰减作用,该器件同时具有吸收静电脉冲能力。

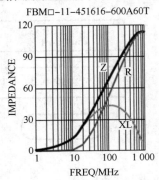 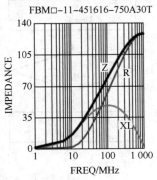

图 4-17 两种 EMI 磁珠的阻抗特性曲线

MCU 系统必须有软件系统支持才能发挥作用。对于不使用操作系统的嵌入式 MCU,基础支撑软件包含自举代码、初始化代码和主循环控制代码以及中断服务函数代码等。

系统自举初始化部分的操作由 startup.A51 文件中的汇编代码完成。该启动文件由 keil uVision 软件包提供,一般不需用户修改。startup.A51 完成的操作包括:

(1) 初始化 8051 硬件堆栈的大小和堆栈指针;
(2) 初始化中断向量表,分配每个中断的入口地址和中断服务函数;
(3) 初始化内部 RAM 空间,即 DATA/IDATA,将内容清零;
(4) 初始化外部 RAM 空间,即 XDATA/PDATA,将内容清零;
(5) 初始化 SMALL/COMPACT/LARGE 模式下 reentrant 函数使用的堆栈指针;
(6) 调用 main() 函数。

用户编写的代码从 main() 函数开始。以下例程代码实现了在 C8051F040 最小系统硬件中进行 LED 灯闪烁的测试。例程利用定时器 1 ms 中断一次,主函数查询中断函数设置的标志(msFlag=1)进行毫秒计数,到达设定的周期后切换 LED 灯驱动端口状态,实现了 LED 闪烁的功能。例程包括主函数 while(1) 无限循环和 T0 中断服务函数两部分,程序流程图如图 4-18 所示。

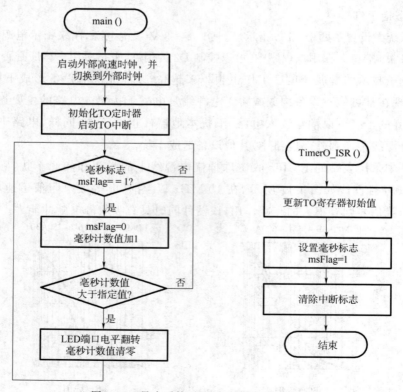

图 4-18 最小系统 LED 灯闪烁程序流程图

```c
//-----------------------------------------------------------
//C8051F040 最小系统,LED 闪烁测试代码
//-----------------------------------------------------------
#include "c8051f040.h"              //SFR declarations
#define FLASH_MS 199                //定义 LED 闪烁周期毫秒数
#define SYSCLK 22118400             //系统时钟取自外部晶体
sbit WORKING = P3^3;                //定义位寻址变量(LED 控制端口)
unsigned char msFlag = 0;           //毫秒标志变量,T0 中断函数中置1,主函数中清零
unsigned int msCount = 0;           //毫秒计数值变量
void T0_ini()                       //T0 初始化
{
    SFRPAGE   = TIMER01_PAGE;       //指向时钟配置寄存器页
    TCON      = 0x10;               //启动定时器 T0
    TMOD      = 0x01;               //T0 初始化为 16 位定时器
    CKCON     = 0x10;               //定时器时钟设置为系统时钟的 12 分频
    TL0       = 0xCC;               //定时器 T0 计数初值
    TL0       = 0xF8;
}
void external_osc (void)            //系统时钟初始化
{
    int n;                          //本地临时变量
    SFRPAGE = CONFIG_PAGE;          //指向配置寄存器页
    OSCXCN = 0x67;                  //配置外部晶振高速时钟
    for (n = 0; n < 255; n++);      //等待时钟启动
    while ((OSCXCN & 0x80) == 0);   //判断时钟是否稳定
    CLKSEL |= 0x01;                 //切换时钟
}
//主函数入口
void main (void)
{
    WDTCN = 0xDE;                   //关闭看门狗
    WDTCN = 0xAD;
    external_osc();                 //系统时钟切换到外部高速时钟
    T0_ini();                       //定时器 T0 初始化
    IE = 0x82;                      //T0 中断使能、总中断使能
    while (1)
    {
        if (msFlag)
        {
```

```
            msCount ++;                      //毫秒值加 1
            if (msCount>FLASH_MS)            //判断是否到达闪烁周期
            {
                WORKING = ~WORKING;          //LED 亮灭切换
                msCount = 0;                 //清除计数值,重新计数
            }
            msFlag = 0;                      //毫秒标志清零
        }
    }
}
```

T0 定时器初始化为 16 位定时器,最小系统中时钟为 22.1184 MHz,以该时钟的 12 分频为定时器时钟,则进入定时器的时钟频率为 f_{T0}=22.1184/12=1.8432 MHz。T0 定时器是一个 16 位的寄存器,在被访问时以两个字节的形式出现,低字节 TL0 和高字节 TH0。定时器的工作原理是,T0 寄存器中的值是对 f_{T0} 的计数值,当计数值到 0xFFFF(16 进制)即 65 535 时,下一个计数周期会导致计数值溢出,之后会触发 T0 溢出中断,TF0 标志置 1,MCU 中断当前程序,进入中断服务程序。

适当设置 T0 寄存器初始值,就可以以确定的周期进入中断服务程序,达到定时执行控制任务的目的。因采用了高精度的时钟,这个任务周期可以达到很高的时间精度。

设定时周期为 1 ms,则计数值 C_{VAL}=1.843 2×10⁶×0.001≈1 843,计数初值 C_{START}=65 535−1 843=63 692=0xF8CC,即每次 T0 寄存器的初值应为 TH0=0xF8,TL0=0xCC。

以下函数为 T0 定时器中断服务程序。

```
void Timer0_ISR (void) interrupt 1      //定时器 T0 溢出中断服务程序
{
    SFRPAGE = 0x00;
    TL0 = 0xCC;
    TH0 = 0xF8;                          //更新计数值 FFFF - 733, 1843, 1 ms
    msFlag = 1;                          //设置毫秒中断标志
    TF0 = 0;                             //清除中断标志
}
```

以上函数中 interrupt 1 关键字指定了该函数是 1 号中断(T0)的函数。

在嵌入式系统编程时,有一些特殊的关键字与普通 C 语言不同,读者应注意参考 keil C 编程开发文档。

上述例程是一个比较完整的测控系统架构,包含了主程序循环和定时事件循环,机电一体化系统测控程序可以在该程序架构基础上展开进一步展开。

4.2.4 32 位 MCU STM32F407 的最小系统

STM32 系列 MCU 比 C8051F 系列 MCU 复杂得多,为了能让该 MCU 上电运行,需要我们了解更多的知识。

1. 电源及 MCU 供电

STM32F407 芯片的电源管理单元如图 4-19 所示。芯片的工作电压(VDD)要求介于 1.8 V 到 3.6 V 之间。嵌入式线性调压器用于提供内部 1.2 V 数字电源。线性调压器引出的两个引脚 VCAP_1 和 VCAP_2 需要接滤波电容。当主电源 VDD 断电时,可通过 VBAT 电压为实时时钟(RTC)、RTC 备份寄存器和备份 SRAM(BKP SRAM)供电。如果 STM32 最小系统不使用备份电池,则 VBAT 引脚必须和 VDD 引脚相连接。为了提高转换精度,ADC 配有独立电源,可以单独滤波并屏蔽 PCB 上的噪声。ADC 电源电压从单独的 VDDA 引脚输入,VSSA 是模拟电路独立的电源接地引脚。为了确保测量低电压时具有更高的精度,用户可以在 VREF 上连接单独的 ADC 外部参考电压输入。VREF 电压需介于 1.8 V 到 VDDA 之间。

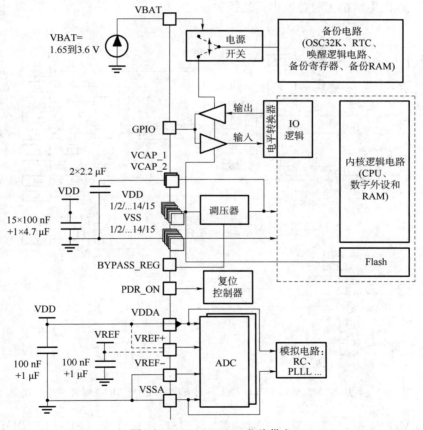

图 4-19　STM32F407 芯片供电

2. 复位电路

STM32 微控制器含内部复位电路,当 VDD 引脚电压小于 2.0 V 时器件会保持在复位状态,但是会有 40 mV 的延迟(即复位状态在 1.8 V+40 mV 内一直保持)。严格来说,STM32 的外部复位电路不是必需的,但是在产品开发阶段,可以在 nRST 引脚上连接一个按钮的复位电路以便进行手动复位。nRST 还与 JTAG 调试端口相连,所以开发调试工具同样可以强行复位 STM32 控制器。

3. 时钟电路

时钟系统相当于 MCU 的脉搏,其重要性就不言而喻了。STM32F407 的时钟系统比较复杂,不像传统的单片机一个系统时钟就可以解决一切。为什么 STM32 要有多个时钟源呢?STM32 芯片内外设非常的多,并不是所有外设都需要系统时钟这么高的频率,比如看门狗以及 RTC 只需要几十 kHz 的时钟即可。同一个电路,时钟越快功耗越大,同时抗电磁干扰能力也会越弱。较为复杂的 MCU 一般采取多时钟源来解决这些问题。

利用 STM32CubeMX 软件工具对 STM32F407 的时钟树进行设置的图形界面如图 4-20 所示,图中给出了时钟树内部连接关系。

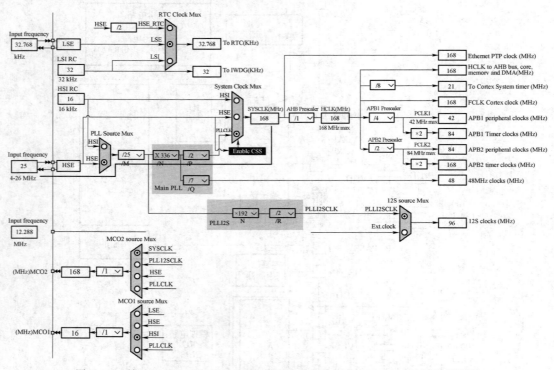

图 4-20 利用 STM32CubeMX 软件工具对 STM32F407 MCU 时钟树进行设置

在 STM32F4 中,有 5 个重要的时钟源,为 HSI、HSE、LSI、LSE、PLL,其中 PLL 又分为主 PLL 和专用 PLL。从时钟频率来看,分为高速时钟源和低速时钟源。HSI、HSE以及 PLL 是高速时钟,LSI 和 LSE 是低速时钟。从来源可分为外部时钟源和内部时钟源,外部时钟源就是从通过外部接晶振的方式获取时钟源,其中 HSE 和 LSE 是外部时钟源,其他的是内部时钟源。LSI 是低速内部时钟,RC 振荡器,频率为 32 kHz 左右,供独立看门狗和自动唤醒单元使用。LSE 是低速外部时钟,需外接频率为 32.768 kHz 的石英晶体为 RTC 提供时钟基准。HSE 是高速外部时钟,可接石英/陶瓷谐振器,或者接外部时钟源,频率范围为 4 MHz~26 MHz,该时钟也可以直接作为系统时钟或者 PLL 输入。HSI 是高速内部时钟,采用 RC 振荡器,频率为 16 MHz,也可以直接作为系统时钟或者用作 PLL 输入。PLL 为锁相环倍频输出。

STM32F4 有两个 PLL:

(1) 主 PLL(main PLL)由 HSE 或者 HSI 提供时钟信号,并具有两个不同的输出时钟,第一个输出 PLLP 用于生成高速的系统时钟(最高 168 MHz),第二个输出 PLLQ 用于生成 USB OTG FS 的时钟(应该设置为 48 MHz),随机数发生器的时钟和 SDIO 时钟。

(2) 专用 PLL(PLLI2S)用于生成精确时钟,从而在 I2S 接口实现高品质音频性能。

图 4-20 所示为通过外接 25M 高精度无源晶振,利用 HSE 和 main PLL 产生 168 MHz 系统时钟的设置过程。

4. JTAG 调试接口

STM32F4xx 内核集成了串行 JTAG 调试端口(SWJ-DP),是 ARM 标准 CoreSight 调试端口,具有 JTAG-DP(5 引脚)接口和 SW-DP(2 引脚)接口两种。

JTAG 调试端口(JTAG-DP)是 5 引脚标准 JTAG 接口,串行线调试端口(SW-DP)是 2 引脚(时钟+数据)接口。

在 SWJ-DP 中,SW-DP 的 2 个 JTAG 引脚与 JTAG—DP 的 5 个 JTAG 引脚中的部分引脚复用。默认调试接口是 JTAG 接口。

如果调试工具想要切换到 SW-DP,必须在 TMS/TCK(分别映射到 SWDIO 和 SWCLK)上提供专用的 JTAG 序列,用于禁止 JTAG-DP 并使能 SW-DP。这样便可仅使用 SWCLK 和 SWDIO 引脚来激活 SW-DP。该序列为:①输出超过 50 个 TCK 周期的 TMS(SWDIO)=1 信号;②输出 16 个 TMS(SWDIO)信号 0111100111100111(MSB);③输出超过 50 个 TCK 周期的 TMS(SWDIO)=1 信号。这个序列由调试工具产生,用户按照调试工具(如 ST-Link 或 J-Link 等)的硬件说明接线即可。

5. 选择自举方式

STM32 有 3 种自举(启动)方式。用户可以通过 STM32 的两个外部引脚 BOOT0 和 BOOT1 来选择这 3 种启动方式。通过改变启动方式,STM32 存储空间的起始地址会对齐到不同的内存空间上,这样就可以选择在用户 Flash、内部 SRAM 或者系统存储区上运行代码。STM32F407 自举方式选择方法如表 4-1 所示。

表 4-1 STM32F407 自举模式设置

自举模式选择引脚		自举模式	自举空间
BOOT1	BOOT0		
x	0	主 Flash	选择主 Flash 作为自举空间
0	1	系统存储器	选择系统存储器作为自举空间
1	1	嵌入式 SRAM	选择嵌入式 SRAM 作为自举空间

充分考虑上述设计要求,可得到一个接通电源即可令 STM32F407 MCU 自举运行的最小系统电路,如图 4-21 和图 4-22 所示。

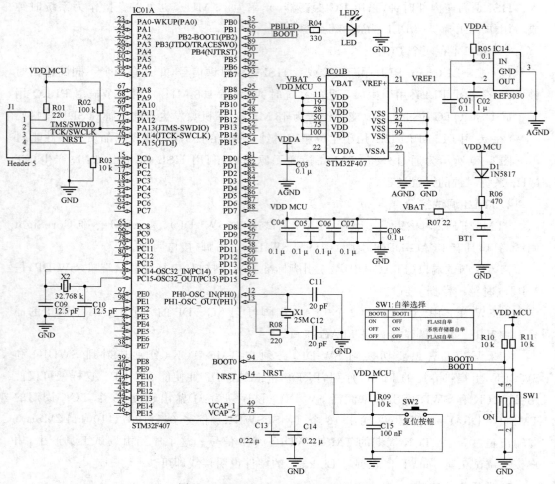

图 4-21　STM32F407 最小系统电路图

STM32F407 最小系统电路可参照 C8051F040 最小系统电路。复位电路中增加了一个按钮,可以人工复位 MCU。时钟电路增加无源晶振 X1(25 M),为 HSE 提供时钟基准,通过参数设置,产生 168 M 系统时钟(SYSCLK)、滴答定时器时钟 21 M(SysTick)以及 APB1 外设时钟 42 M、APB1 定时器时钟 84 M、APB2 外设时钟 84M、APB2 定时器时钟 168 ML。增加无源晶振 X2(32.768 K),为低速外部时钟 LSE 提供基准,作为实时时钟(RTC)的输入。JTAG 调试接口,采用 SWJ-DP 接法,通过 J1 引出了 SWDIO、SWCLK 和 NRST 信号。

同样设置两个 LED 指示灯,LED1 用来指示电源状态,LED2 用来测试程序运行状态。LED2 正极接 PB1 端口。增加了一个贴片跳线开关,在系统上电前,拨动开关位置,可以选择 MCU 自举方式。

图 4-22 是 STM32F407 最小系统电源电路,与 C8051F040 最小系统相似,不同是在电源输入端增加了 D2,实现了电源反接保护,增加了 D3 用于过压和尖峰脉冲输入保护;增加共模扼流圈 W_1,用来抑制共模干扰。

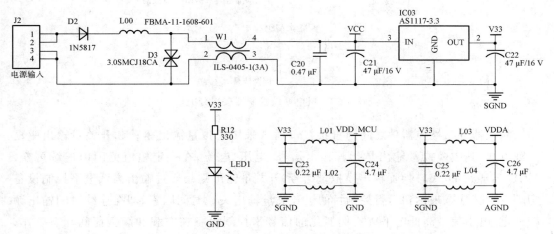

图 4-22 STM32F407 最小系统电源电路

STM32 系列 MCU 在装备机电一体化测控系统中应用广泛,这不仅因为芯片本身功能强大,还得益于系统开发软件支撑体系的完善。目前 STM32 系列 MCU 软件开发可依托 STM32Cube 软件进行。STM32Cube 是 ST 提供的一套性能强大的免费开发工具和嵌入式软件模块,能够让开发人员在 STM32 平台上快速、轻松地开发应用。

它包含两个关键部分:

(1) 图形配置工具 STM32CubeMX,允许用户通过图形化向导来生成 C 语言工程框架。

(2) 嵌入式软件包(STM32Cube 库),包含完整的 HAL 库(STM32 硬件抽象层 API)、配套的中间件(包括 RTOS、USB、TCP/IP 和图形)以及一系列完整的例程。

利用 STM32CubeMX 配置工具和 HAL 库,可以高效率地编制 MCU 操作相关代码,用户可更关注于装备机电一体化测控算法的编写,能大大提高编程开发的效率。

相关操作方法以及 STM32F407 最小系统支持代码框架的产生过程参见本教材配套实验指导书。

4.3 嵌入式系统接口技术

在机电一体化系统,嵌入式控制器作为信息集散中心和信息处理中心,需要通过各种接口连接传感器、执行器、存储器等外部设备。控制器接口是信息的传递渠道,主要分为 IO 接口和通信接口,具体分类如图 4-23 所示。

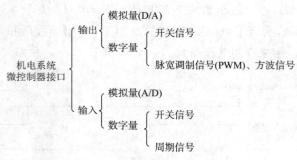

图 4-23 机电系统控制器接口分类

测控器件与被控器件之间的直接接口通常采用模拟量输出驱动和开关量输出驱动两种方式,其中模拟量输出是指其输出信号(电压、电流)在一定幅值范围内连续可变,MCU 需通过 D/A 转换器输出模拟量信号;开关量输出则是通过输出高低电平控制设备"开"或"关"状态来达到运行控制目的。开关量输出关联时间因素,即在连续时间输出频率一定,电平信号高低电平成比例变化的信号来控制设备在空载和满负荷间动态工作,这种开关量信号称为 PWM(Pulse Width Modulation)信号。测控设备连接传感器的直接接口通常也分为模拟量输入接口和数字量输入接口。对于模拟量输出型传感器,MCU 需通过 A/D 转换器连接传感器,对于开关量输出型传感器,MCU 通过数字输入端口连接传感器,而对于数字接口传感器,如编码器输出的周期信号,MCU 需综合利用定时器和中断机制来进行位置、速度测量。测控设备、被控设备以及传感器内都集成了 MCU 的情况下,这些设备之间可直接通过数字通道交换信息,这就涉及通信接口。本节讨论 MCU 的数字量、模拟量输入输出接口、PWM 信号输出接口、周期信号输入接口以及通信接口。

4.3.1 微控制器 I/O 端口技术

MCU 芯片上一般都由大量的通用 I/O 端口,如 C8051F040 型 SOC 芯片有 64 个数字 I/O 引脚,其中很多 I/O 引脚被赋予复用功能,用来连接 SOC 上集成的外设,如作为 UART 的通信引脚等。若想通过 MCU 的 IO 端口输入或输出信号,必须设计相应的接口电路,通过软件配置交叉开关,初始化端口,编写代码读写 I/O 端口寄存器,实现端口电平的读取或设置,从而实现信号的输入或输出。这需要我们首先了解 MCU I/O 端口的结构和工作原理。

1. MCU GPIO 端口结构原理

图 4-24 是 C8051F040 单片机的构成框图。C8051F 系列 MCU 具有标准 8051 的端口(P0、P1、P2 和 P3),C8051F040 这个型号中有 4 个附加的 8 位端口(P4、P5、P6 和 P7),因此 C8051F040 共有 64 个通用 I/O 端口。这些 I/O 端口的工作情况与标准 8051 相似,但有一些改进。每个端口引脚都可以被配置为推挽或漏极开路输出。在标准 8051 中固定的"弱上拉"可以被总体禁止,这为低功耗应用提供了进一步节电的能力。

第4章 机电一体化控制技术

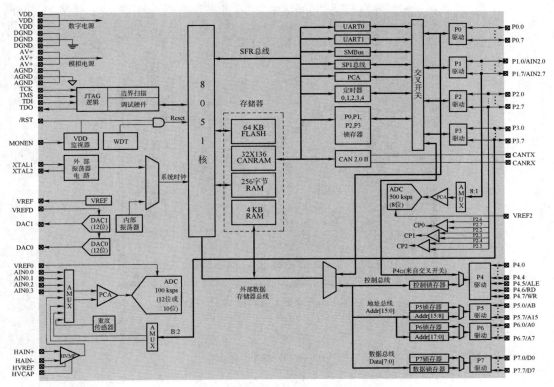

图 4-24 C8051F040 单片机的构成框图

MCU 内引入了数字交叉开关。这是一个巨大的数字开关网络,可通过设置交叉开关控制寄存器将片内的计数器/定时器、串行总线、硬件中断、ADC 转换启动输入、比较器输出等数字系统资源映射到 P0、P1、P2 和 P3 的端口 I/O 引脚,即 P0~P3 端口的 32 个 I/O 引脚支持端口复用。这一特性允许用户根据自己的特定应用选择通用端口 I/O 和所需数字资源的组合。

端口复用设计和实施一般在硬件设计阶段就开始了。硬件开发人员需要编写交叉开关控制寄存器的控制字来确定交叉开关的状态,这项工作最终要产生系统上电初始化代码,将控制字赋值给寄存器。作为 MCU 生态体系的一部分,这些初始化代码的生成一般都有图形化的软件支持,如 Config2 是 Silicon Laboratories 出品的配置助手,用来产生该公司出品 MCU 的初始化代码。图 4-25 是该软件配置 I/O 复用的图形界面。

上述配置中,将 UART0 的 TX0(发送端)连接到 P0.0 口,并配置为推挽输出;将 UART0 的 RX0(接收端)连接到 P0.1 口,保持默认的开漏状态,还配置了 SMBus_SDA 连接 P0.2,SMBus_SCL 连接 P0.3,UART1_TX1 连接 P0.4,UART1_RX1 连接 P0.5,使能交叉开关,关闭全局弱上拉等。配置完成后,单击"OK"按钮即可生成如下的端口初始化代码。该代码需要在 MCU 上电后调用一次。

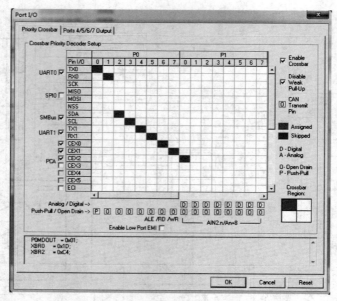

图 4-25 Config2 配置 C8051F040 的 I/O 复用

```
#include"C8051F040.h"
// Peripheral specific initialization functions,
// Called from the Init_Device() function
void Port_IO_Init()
{
    // P0.0  -  TX0 (UART0), Push-Pull,  Digital
    // P0.1  -  RX0 (UART0), Open-Drain, Digital
    // P0.2  -  SDA (SMBus), Open-Drain, Digital
    // P0.3  -  SCL (SMBus), Open-Drain, Digital
    // P0.4  -  TX1 (UART1), Open-Drain, Digital
    // P0.5  -  RX1 (UART1), Open-Drain, Digital
    // P0.6  -  CEX0 (PCA),  Open-Drain, Digital
    // P0.7  -  CEX1 (PCA),  Open-Drain, Digital
    // P1.0  -  CEX2 (PCA),  Open-Drain, Digital
    // P1.1  -  Unassigned,  Open-Drain, Digital
    // P1.2  -  Unassigned,  Open-Drain, Digital
    // P1.3  -  Unassigned,  Open-Drain, Digital
    // P1.4  -  Unassigned,  Open-Drain, Digital
    // P1.5  -  Unassigned,  Open-Drain, Digital
    // P1.6  -  Unassigned,  Open-Drain, Digital
    // P1.7  -  Unassigned,  Open-Drain, Digital
    SFRPAGE = CONFIG_PAGE;
```

```
    P0MDOUT = 0x01;
    XBR0    = 0x1D;
    XBR2    = 0xC4;
}
```

这里的"推挽""开漏"是什么意思呢？这得从端口电路的结构说起了。图 4-26 是该 MCU 的一个端口 I/O 的内部结构框图。C8051F040 所有端口都可以通过对应的端口数据寄存器按位寻址和按字节寻址。所有端口引脚都耐 5 V 电压，都可以被配置为漏极开路或推挽输出方式，还可以关闭或启动弱上拉。另由图中可见，该端口还可以配置成数字输入或模拟输入端口。

推挽和开漏是指端口输出电路的结构。图 4-26 中端口输出部分有两个场效应管 Q_1 和 Q_2。若端口设置为推挽输出方式，Q_1 和 Q_2 分别受两互补信号的控制，总是在一个导通的时候另一个截止，端口的输出高电平电压值由 MCU 电源（VDD）决定。当端口输出高电平（如 SETB P1.0 指令）时，Q_2 的源极输入低电平截止，Q_1 的源极输入低电平导通，端口输出高电平，端口向外界负载灌电流；当端口输出低电平（如 CLR P1.0 指令）时，Q_1 的源极输入高电平截止，Q_2 的源极输入高电平导通，端口经 Q_2 拉到电源地，端口从外部负载抽取电流。这就是端口输出的推挽方式。

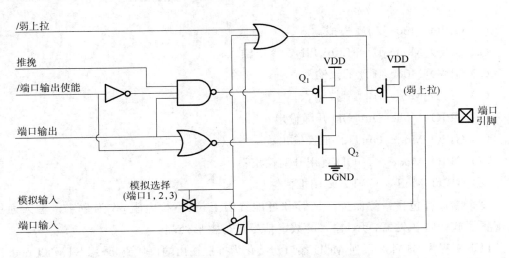

图 4-26　C8051F040 端口 I/O 单元功能框图

若端口设置为开漏输出方式，则图 4-26 中"推挽"信号等于 0，与非门输出恒定为 1，Q_1 被关闭。这种情况下，如执行 CLR P1.0 指令时，Q_2 的源极输入高电平导通，端口被拉到低电平；当执行 SETB P1.0 指令时，Q_2 的源极输入低电平截止，端口处于浮空状态，此时若想端口输出高电平，则需在外部接上拉电阻到外部电源，这种工作方式的好处是可以获得高于 MCU 电源电压 VDD 的高电平电压值。

不同类型 MCU 的输入输出端口大致结构相似，但又有着细微的差别，如图 4-27 所示的电路为 STM32 系列 MCU GPIO 口的典型结构。对比图 4-26 和图 4-27 可以看出，STM32 系列 MCU 的 GPIO 端口相对复杂，端口的输入输出方式达到 8 种之多。

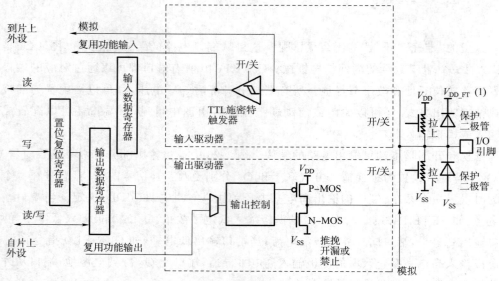

图 4-27 STM32 系列 MCU I/O 端口的电路结构

(1) GPIO_Mode_AIN 模拟输入；

(2) GPIO_Mode_IN_FLOATING 浮空输入；

(3) GPIO_Mode_IPD 下拉输入；

(4) GPIO_Mode_IPU 上拉输入；

(5) GPIO_Mode_Out_OD 开漏输出；

(6) GPIO_Mode_Out_PP 推挽输出；

(7) GPIO_Mode_AF_OD 复用开漏输出；

(8) GPIO_Mode_AF_PP 复用推挽输出。

每个端口都包含钳位保护二极管和可配置的上拉、下拉电阻，作为数字量输入通道还配置了施密特触发器，可对输入的数字信号进行整形处理。

以下例程为 STM32 系列 MCU 端口初始化为推挽输出端口代码，采用 STM32CubeMX 配置工具在图形界面操作后自动生成。

```
#include "stm32f1xx_hal.h"                //HAL 库的头文件
#define LED1_Pin GPIO_PIN_2
#define LED1_GPIO_Port GPIOB              //定义 LED1_Pin 连接 GPIOB 的 2 号引脚
static void MX_GPIO_Init(void)
{
    GPIO_InitTypeDef GPIO_InitStruct = {0};   //声明一个初始化结构体变量
    _HAL_RCC_GPIOD_CLK_ENABLE();              //使能端口时钟
```

```
__HAL_RCC_GPIOC_CLK_ENABLE();
__HAL_RCC_GPIOA_CLK_ENABLE();
__HAL_RCC_GPIOB_CLK_ENABLE();
    //设置 LED1_Pin 端口为高电平
HAL_GPIO_WritePin(LED1_GPIO_Port, LED1_Pin, GPIO_PIN_SET);
GPIO_InitStruct.Pin = LED1_Pin;
GPIO_InitStruct.Mode = GPIO_MODE_OUTPUT_PP;        //端口推挽输出
GPIO_InitStruct.Pull = GPIO_NOPULL;                //关闭上拉
GPIO_InitStruct.Speed = GPIO_SPEED_FREQ_HIGH;      //设置为高速输出
HAL_GPIO_Init(LED1_GPIO_Port, &GPIO_InitStruct);   //执行设置
}
```

2. MCU GPIO 端口开关量输出

在了解了 MCU 端口结构原理的基础上,为了能可靠地使用 I/O 端口实现输入输出功能,我们应重点关注每个 I/O 端口的高低电平的电压范围,端口的驱动能力以及端口输入输出的响应速度。电子器件的结构原理以及功能参数都可以在生产商提供的数据手册(datasheet)上查到。如 C8051F040 的端口直流电气特性参见图 4-28 中的表格,该表格来自"C8051F040/1/2/3/4/5/6/7 混合信号 ISP FLASH 微控制器数据手册(潘琢金译)"。

VDD=2.7~3.6 V,−40 ℃到+85 ℃(除非另有说明)

参数	条件	最小值	典型值	最大值	单位
输出高电压 (V_{OH})	$I_{OH}=-10\ \mu A$,端口 I/O 为推挽方式 $I_{OH}=-3\ mA$,端口 I/O 为推挽方式 $I_{OH}=-10\ mA$,端口 I/O 为推挽方式		VDD-0.1 VDD-0.7 VDD-0.8		V
输出低电压 (V_{OL})	$I_{OL}=10\ \mu A$ $I_{OL}=8.5\ mA$ $I_{OL}=25\ mA$		1.0	0.1 0.6	V
输入高电压 (V_{IH})		$0.7\times VDD$			V
输入低电压 (V_{IL})				$0.3\times VDD$	V
输入漏电流	DGND<端口引脚<VDD,高阻态 弱上拉禁止 弱上拉使能		10	±1	μA
输入电容			5		pF

图 4-28 C8051F040 MCU 端口 I/O 直流电气特性

由图 4-28 可以得到如下信息:

(1) MCU 的工作电源电压 VDD=2.6~3.6 V;

(2) 端口作为输出时,推挽输出高电平灌电流可达 10 mA,低电平抽取电流最大可达 25 mA;

(3) 端口作为输入时,输入电压 $V_{IN}>0.7×VDD$ 时,识别为高电平,$V_{IN}<0.3×VDD$ 时,识别为低电平。

那么,如果将 MCU 的端口作为输出,来控制一个 LED 发光管的亮与灭,该如何接线呢?图 4-29 给出了两种接线方法。LED01 正极经限流电阻 R01 接电源 VCC,负极接 MCU P3.0 引脚;LED02 负极接地,正极经限流电阻极接 P3.1 引脚。在 LED02 的控制回路中,P3.1 引脚输出高电平点亮 LED02,P3.1 引脚输出低电平,关闭 LED02,此时 P3.1 端口应工作在推挽输出方式。在 LED01 控制回路中,P3.0 应工作在开漏方式,这样 P3.0 引脚输出低电平时,LED01 点亮,P3.0 输出高电平时,该引脚悬空,关闭 LED01。

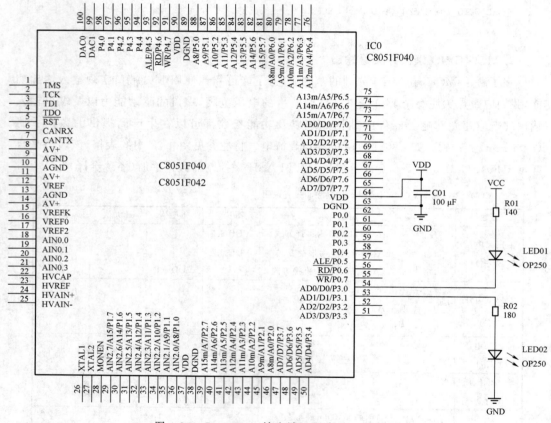

图 4-29 C8051F040 输出端口驱动 LED 接线图

两种电路接法都可以控制 LED 的亮和灭(开关),哪种更好呢?本电路中使用的小型表贴发光二极管外形及伏安特性曲线如图 4-30 所示。从曲线上可以看出,该发光管最大工作电流 $I_F=50$ mA。在常温下,$I_F>2$ mA 时 LED 即可点亮,电流不同,亮度不同。当 $I_F=10$ mA 时,正向压降约为 1.24 V,当 $I_F=20$ mA 时,正向压降约为 1.28 V。

对比图 4-28 可见,如果令发光二极管工作电流 $I_F<25$ mA,C8051F040 的输出端口可以直接驱动该 LED,如选择 $I_F=20$ mA,则应选用开漏输出驱动的接法,如选择 $I_F=10$ mA,可以选择推挽输出的接法。接口电路设计时应该考虑到推挽输出的方式,MCU

第 4 章 机电一体化控制技术

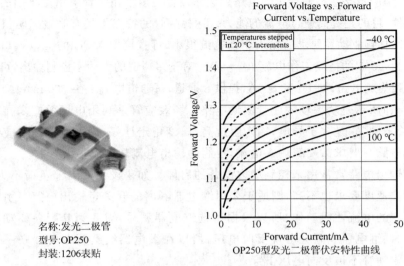

名称:发光二极管
型号:OP250
封装:1206表贴

OP250型发光二极管伏安特性曲线

图 4-30 发光二极管外形及伏安特性曲线

作为一个供电端,向外部设备"灌"电流,在驱动很多通道且同时高电平输出时,会带来 MCU 发热问题,这一点在电路设计时应注意避免。上述电路中,要正确选择端口输出方式,根据电路中器件的伏安特性,计算并选择限流电阻阻值,使系统工作稳定可靠。

3. MCU GPIO 端口驱动直流负载

小电流受控器件可以直接连接 MCU 的 I/O 端口,但与 MCU 连接的受控器件所需电流 $I_F > 25$ mA 时,或者 MCU 输出的高低电平与受控器件所需的电平不匹配时,就需设计接口电路了。图 4-31 所示为利用 MCU GPIO 端口驱动直流负载的典型电路。

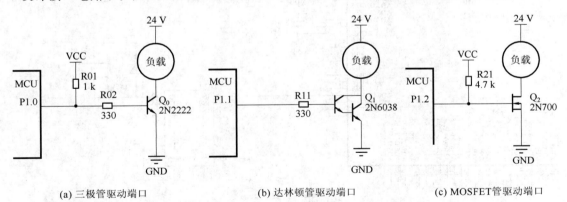

(a) 三极管驱动端口　　　　　(b) 达林顿管驱动端口　　　　　(c) MOSFET管驱动端口

图 4-31 GPIO 端口驱动直流负载典型电路

图 4-31(a)是三极管驱动电路,适合于负载所需电流不太大(NPN 型三极管 2N2222 的可持续工作电流 $I_C = 600$ mA)的场合。图中三极管工作在开关状态,所选三极管驱动电流必须足够大,否则三极管会增加其管压降来限制负载电流,从而有可能使晶体管超过允许功耗而损坏。

图 4-31(b) 所示是达林顿管驱动电路。达林顿管是多个晶体管采用复合接法制造的一体化驱动器件,目的是提高通过电流的能力。达林顿管的特点是具有高输入阻抗和极高的增益。由于达林顿驱动器要求的输入驱动电流很小,可直接用 MCU 的 I/O 端口驱动。图中达林顿管 2N6038 的持续工作电流 $I_C = 4$ A。对于多通道的大功率控制输出,可以选用达林顿输出阵列集成电路,如 ULN2803A,提供 8 通道,每通道电流 $I_C = 500$ mA。

图 4-31(c) 所示是功率场效应管驱动电路。场效应管是利用电场效应来控制电流大小,与晶体管不同,它是多子导电,输入阻抗高,温度稳定性好、噪声低。场效应管构成功率开关驱动电路只要求微安级输入电流,控制的输出电流却可以很大。

开关量输出电路常常用来控制动力设备的启停。如果设备的启停负荷不太大,且启停操作的响应速度要求也不高,则适于采用继电器隔离的开关量输出电路。由于继电器线圈需要一定的电流才能动作,所以根据所选继电器型号,需要为其配备驱动管。当输出电路断开时,继电器线圈会出现反向电压,所以在继电器线圈两端要并联一个续流二极管以保护驱动管不被反向电压击穿。

图 4-32 是一个典型的继电器驱动电路,C8051F040 的 P3.0 口接 ULN2803 输入 IN1,ULN2803 的输出 OUT1 驱动继电器线圈。

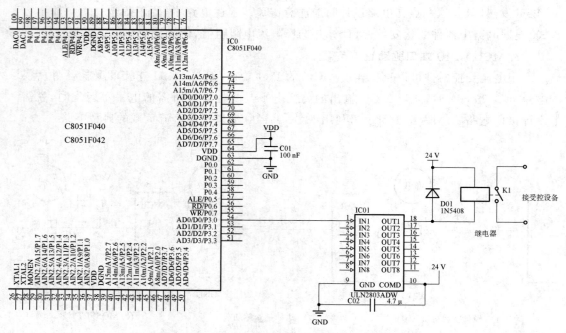

图 4-32　C8051F040 通过 ULN2803 驱动继电器

利用继电器驱动负载的好处是可以实现 MCU 电路和被控设备的电气隔离。采取隔离抗干扰技术手段,确保装备机电一体化测控系统运行稳定是非常重要的。

4. MCU GPIO 输出信号隔离耦合

在装备机电一体化系统中,如存在大功率受控设备,可能存在强电磁干扰,如不采取技术措施,这些干扰通过线路耦合进入 MCU 电路,会导致 MCU 死机而导致装备无法运行。隔离是破坏干扰途径、切断噪声耦合通道,从而达到抑制干扰的一种技术措施。上述利用继电器即可实现开关量输出信号的隔离,但继电器只适合低速开关量隔离,对于高速开关量的输入输出隔离传输,常利用光电耦合器。光电耦合器是内部封装了半导体发光二极管、光敏半导体(光敏电阻、光敏二极管、光敏三极管或光敏晶闸管等)和逻辑电路的集成电路芯片,采用电-光-电转换的形式传递电信号。采用光耦隔离传输电信号,具有如下优势:

(1) 光耦能有效地抑制尖脉冲和各种杂波干扰;

(2) 信号单向传输,输入端与输出端可实现电气隔离,输出信号对输入端无影响;

(3) 光耦的输入回路与输出回路之间没有电气联接,也没有共地,因而可有效避免共阻抗耦合干扰信号的产生;

(4) 光耦输入回路和输出回路之间的隔离电压可达上千伏,如光耦 PS2801-1 的隔离电压 BV＝2500 Vr.m.s,能起到很好的安全保护作用,使得一侧设备电路出现故障时不会连带损伤另一侧的设备;

(5) 光耦的响应速度极快,响应延迟时间在 μs 级,高速光耦响应速度可达 ns 级,如在通信信号隔离电路中常用的高速光耦 6N137,支持通信速率可达 10 Mbit/s。

利用光电耦合器隔离 MCU 与受控器件的电路如图 4-33 所示。图中电路接入一个光耦合器,用光作为信号传输的媒介,则两个电路之间既没有电耦合,也没有磁耦合,切断了电和磁的干扰耦合通道,从而抑制了干扰。图中限流电阻阻值的选择要参考光耦的数据手册,根据光耦输入发光管的工作电流与压降来确定。应该注意,采用光耦隔离后,光耦两侧的电源和电源地都应该完全隔离,这样才能确保隔离抗干扰的效果。

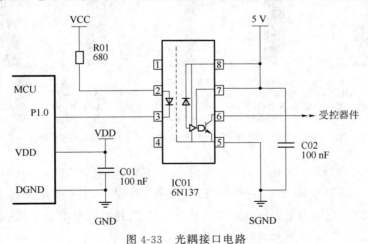

图 4-33 光耦接口电路

5. MCU GPIO 端口开关量输入

MCU 可通过 I/O 端口读取外部装置,如开关、继电器或开关量传感器等输出的高低电平状态信号。在设计 MCU 的输入通道接口电路时,需重点考虑两个问题:①MCU 输入端口高低电平的电压体制是否与外部装置的高低电平兼容;②外部装置的输出设备是否存在高压、过压风险,是否存在信号抖动、电磁干扰脉冲。对于问题 1,需使用专用电路进行接口电平变换;对于问题 2,需综合考虑现场状况,综合采用滤波、光电隔离等技术措施。

当 MCU 数字电路供电电压 VDD=3.3 V 时,需要注意,引入 MCU 输入端口的电平应满足 3.3 V TTL 电平标准,这样才能确保信号传输的可靠。在测控系统数字信号传输的通道,经常涉及标准数字器件,如各种与门、与非门、触发器等与 MCU 端口接口的情况,这时,需匹配接口电压和电流。

在数字信号领域,存在两种基本接口标准:TTL 电平和 CMOS 电平。TTL 电平是双极型晶体管电路输出的,CMOS 电平一般是 CMOS 电路输出的,两种电路输出的高低电平差异很大,具体值如图 4-34 所示,其中 V_{IH} 是输入器件能可靠感知高电平的最小值,V_{IL} 是输入器件能可靠感知低电平的最大值,V_t 是近似的开关电平,V_{OH} 是输出器件在 VCC 电压下拖动负载时输出高电平的最低保证值,V_{OL} 是输出低电平最高保证值。

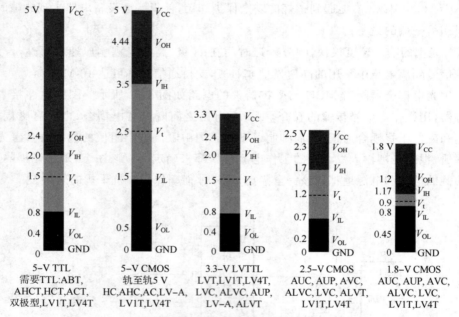

图 4-34 TTL 电路和 CMOS 电路在不同电压体制下电平对比

逻辑器件前后级联,无论是 TTL 电路驱动 CMOS 电路(对应 MCU 端口输出接 CMOS 门电路),还是 CMOS 电路驱动 TTL 电路(对应 CMOS 门电路接 MCU 端口输入),输出(驱动)端应该为输入(负载)端提供合乎标准的高低电平电压和驱动电流,也就是必须同时满足以下 4 个不等式:

$$\text{驱动端}\begin{cases} V_{OH} \geqslant V_{IH} \\ V_{OL} \leqslant V_{IL} \\ I_{OH} \geqslant nI_{IH} \\ I_{OL} \geqslant mI_{IL} \end{cases}\text{负载端} \tag{4-1}$$

对于电压条件,对比图 4-34,当输出器件和输入器件不同类型,且电源电压也不相同时,可以直接互联接口的情况如表 4-2 所示。表中"√"标识代表可以直接连接,"×"代表不能直接连接。

表 4-2　逻辑器件互联表

输入	输出				
	5 V TTL	5 V CMOS	3.3 V TTL	2.5 V CMOS	1.8 V CMOS
5 V TTL	√	×	√*	√*	√*
5 V CMOS	√	√	√*	√*	√*
3.3 V TTL	√	×	√	√*	√*
2.5 V CMOS	√	×	√	√	√*
1.8 V CMOS	×	×	×	×	√

注:此时需注意输入高电平超出了器件的电源电压,需要此器件能承受这个高电压!C8051F 系列的输入端口可以承受 5 V 输入电压,而 STM32 系列 MCU 的端口,有的能承受 5 V 电源,这些端口在数据手册上用"FT"标注,具体技术细节需参考每种芯片的数据手册。

如表 4-2 所示,CMOS 电路的 V_{IH} 值较高,导致除 5 V CMOS 电平外其余电路都无法与它直接接口。这里提出两种解决方案。

方案一是在互联电路上增加上拉电阻,强行提高输出高电平时线路上的电压,使其大于 V_{IH} 值,参考电路如图 4-35 所示。

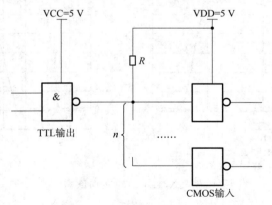

图 4-35　增加上拉电阻

另一种可靠的解决方案是选用逻辑电平变换芯片。典型的芯片如车规级的单电源逻辑电平变换器 SN74LV1T34(如图 4-36 所示)。该芯片采用单一电源供电,电源 VCC 支持 1.8~5.5 V,输出高电平由 VCC 电压决定,支持 1.8 V、2.5 V、3.3 V 以及 5 V CMOS 电平标准,输入可承受 5 V 电压,支持逻辑电平变高(如 1.8 V 到 3.3 V)或变低(如 5.5 V 到 3.3 V)。

在高速通信线路接口中,这样的电平变换还需考虑时序特性,在电子器件中,一般用

传输延时指标 T_{PD} 来评价信号延迟的时间。SN74LV1T34 芯片在进行 1.8 V 到 3.3 V、3.3 V 到 3.3 V 电平变换时的传输特性如图 4-37 所示，可见总传输延时 $T_{PD} \leqslant 12$ ns。

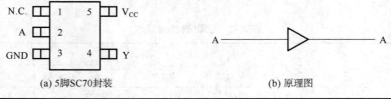

(a) 5脚SC70封装　　　　　　　　　　(b) 原理图

PIN		TYPE[1]	DESCRIPTION
NAME	NO.		
N.C.	1	—	No Connect
A	2	I	Channel 1, Input A
GND	3	G	Ground
Y	4	O	Channel 1, Output Y
V_{CC}	5	P	Positive Supply

(1) I=Input, O=Output, I/O=Input or Output, G=Ground, P=Power.

(c) SN741T34 引脚定义

图 4-36　逻辑电平变换器 SN74LV1T34

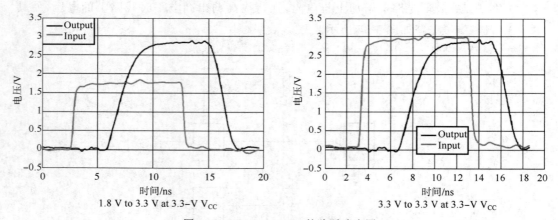

图 4-37　SN74LV1T34 的阶跃响应图

方案 1 适于低速数字线路逻辑电平变换，方案 2 适于高速数字线路逻辑电平变换。对于式(4-1)中线路可靠级联的电流条件，要依据电路实际情况（如 1 个输出需带 n 个输入的情形）具体分析并结合选定芯片是数据手册进行耦合电路设计。

在装备机电一体化系统中，电信号在长线传输时会因线路耦合或空间电磁场耦合引入信号干扰，信号回路中可能存在开关、按钮、继电器等机械触点，触点接触抖动也会引入信号干扰。MCU 输入通道必须采取抗干扰措施。

图 4-38 电路是 STM32F407 MCU 的 GPIO 端口设置为输入状态的电路图。可见输入端口线路中包含 TTL 施密特触发器，可有效消除输入端的干扰。

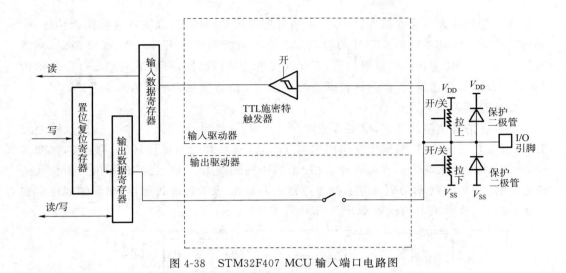

图 4-38　STM32F407 MCU 输入端口电路图

如果输入端口中无信号调理电路的 MCU,接入的信号需采取必要的手段进行消除抖动和抗干扰,常用的方法包括采用积分电路、增加光电隔离等。

图 4-39(a)所示电路为一种采用积分电路消除按钮抖动的方法,图 4-39(b)所示电路是采用光电耦合器隔离 24 V 供电体制的开关信号抗干扰电路。

装备机电一体化测控系统的可靠性设计是系统工程,只采用上述的硬件手段往往是不够的,同时需要在软件设计时考虑抗干扰方法的选用。

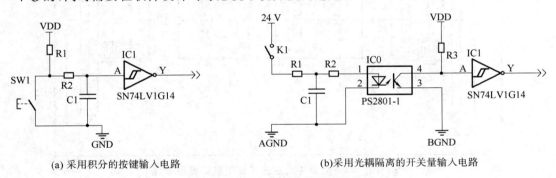

(a) 采用积分的按键输入电路　　　　　　　(b)采用光耦隔离的开关量输入电路

图 4-39　输入信号的抗干扰措施

4.3.2　基于轮速计的无人平台车速测量

装在坦克上的各种检测仪表,能够使乘员不间断地掌握坦克主要部件和系统的状况。而坦克仪表上的信号来自安装在坦克不同部位的传感器。通常传感器将被检测的非电量转换为电量,然后经仪表来指示数值,从而实现坦克子系统状态监测。

随着机电一体化技术发展,越来越多的自动控制单元被引入坦克动力传动系统、武器系统中,传统的机械参数检测由状态监测需求向实时控制需求转化,这对测量传感器提出了新的要求,即传感器的响应速度、接口形式等能否满足实时控制的需求。

在某型坦克无人化改造项目中,为了实时控制发动机转速,且实现自动换挡功能,需精确测量动力传动系统主要部件的转速。坦克动力舱内环境极其恶劣,存在高温、剧烈振动以及油污、粉尘污染严重等问题,在此处安装测速传感器,环境适应性是首选技术指标,另外发动机高速旋转时,测速传感器的响应速度能否满足需求也需重点考虑。

1. 传感器及测点选择

综合评估转速测量需求,确定设置如图 4-40 所示的 4 个测点。测点 1,传动箱上方开孔,安装转速传感器,测量传动箱输出齿轮转速,再换算为发动机转速;测点 2,在变速箱壳体外中间轴轴端安装测速齿轮,设计新的中间轴端盖,在端盖侧面开孔安装转速传感器;测点 3 和测点 4,分别在左右侧减速器上方开孔,安装转速传感器,测量侧减速器被动齿轮转速,换算为主动轮转速,进一步计算车速。

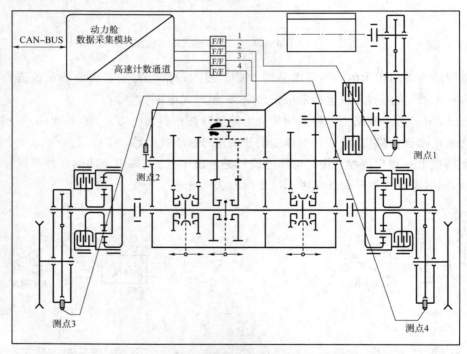

图 4-40 坦克动力传动系统转速测量传感器布置

选定的磁电式转速传感器外形如图 4-41 所示,磁电式转速传感器参数如表 4-3 所示。传感器电路封装在 M12 外螺纹壳体内,电路采用灌封工艺处理,整体抗振性能、可靠性以及高低温性能皆满足要求。

图 4-41 磁电式转速传感器

第4章 机电一体化控制技术

表 4-3 磁电式转速传感器参数

型号	KJT-SK12TK-C/55	型号	KJT-SK12TK-C/55
检测距离	1.5 mm	工作电压	10～36 V
输出形式	NPN、PNP 通用	响应频率	0 Hz～20 kHz
输出电流	200 mA	环境温度	-40～+80 ℃

接下来考虑的问题是,该传感器的响应速度能否满足要求。已知坦克发动机最大输出转速为 $n=2000$ rpm,经传动箱(传动比 $i=0.7$)增速,传动系统最大转速出现在测点1,该测速点的齿轮齿数为 $N=21$,则发动机最大转速时,测点1传感器的最大输出频率为 $f_{T1}=\dfrac{nN}{60i}=1.1$ kHz,该测点处所需传感器响应频率应大于 1.1 kHz。由表 4-3 可知,选定的磁电式转速传感器响应频率可达 20 kHz,满足本系统要求。

各路转速传感器通过脉冲信号整形电路,滤除杂波及电磁干扰信号,接入转速数据采集模块的高速计数通道,由测量单片机计算实时转速,并通过 CAN 总线发送给综合电控系统。

2. C8051F040 及四通道转速测量电路

综合权衡四路转速测量需求和成本,选择 C8051F040 MCU,设计了隔离型转速传感器信号接口板。将传感器信号经光耦进入 MCU 的计数器输入通道,测量程序启动定时器,按照固定周期,读取计数值,从而测量各通道信号频率,然后再换算成转速和车速等变量。四通道转速传感器接口电路如图 4-42 所示(图中只画出了一个传感器)。经光耦隔离的转速信号经包含施密特触发器的反相器 SN74LVC14 整形后,接入 MCU 的计数器输入通道。

用 MCU 内部定时/计数器测量数字信号输入频率,需了解定时/计数器的运作机制。

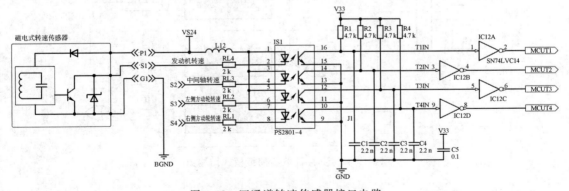

图 4-42 四通道转速传感器接口电路

3. MCU 的定时/计数器

C8051F04x MCU 内部有 5 个计数器/定时器:定时器 0 和定时器 1 与标准 8051 中的计数器/定时器兼容;定时器 2、定时器 3 和定时器 4 是 16 位自动重装载并具有捕捉功能的定时器,可用于 ADC、DAC、方波发生器或作为通用定时器使用。这些计数器/定时器可以用于测量时间间隔,对外部事件计数或产生周期性的中断请求。定时器 0 和定时器 1 几乎完全相同,有 4 种工作方式。定时器 2、3 和 4 完全相同,不但提供了自动重装载和捕捉功能,还具有在外部端口引脚上产生 50% 占空比的方波的能力(电平切换输出)。

各种类型的 MCU 内集成的定时器在功能上会有差异,总体上每个定时器内部都会包含一个计数寄存器和控制寄存器,当设置控制寄存器,使 MCU 时钟系统的高频时钟信号进入计数通道时,称该设备为定时器;当设置控制寄存器,使外部引脚与计数器连接,计数器对外部信号计数时,称此设备为计数器。灵活设置 MCU 的定时/计数器,即可实现测速功能。

图 4-42 中,MCUT1 信号接计数器 T1、MCUT2 信号接计数器 T2、MCUT3 信号接计数器 T3、MCUT4 信号接计数器 T4,即由计数器 1、2、3、4 分别对 4 个测量通道计数。

MCU 的定时/计数器捕捉模式如图 4-43 所示,定时器 2、定时器 3 和定时器 4 是 16 位的计数器/定时器,每个定时器由两个 8 位的 SFR 组成,TMRnL(低字节)和 TMRnH(高字节),其中 $n=2、3$ 或 4。为了实现外部计数,需作以下设置:

(1) Tn 通过交叉开关连接外部引脚;
(2) 设置定时/计数器工作在捕捉模式(定时器配置寄存器 TMRnCN.0=1);
(3) 设置定时/计数器工作在计数模式(定时器配置寄存器 TMRnCN.1=1);
(4) 启动定时/计数器(定时器配置寄存器 TMRnCN.2=1)。

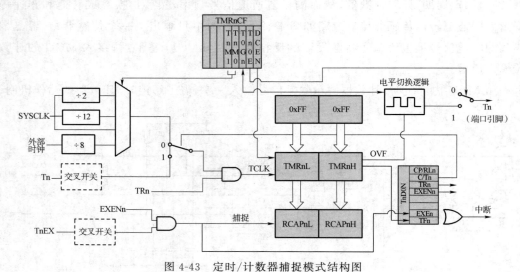

图 4-43 定时/计数器捕捉模式结构图

4. 转速测量方法

用 MCU 的定时/计数器测量外部方波的频率,方法比较灵活。根据定时/计数器工作方式不同,可分为 M 法测速和 T 法测速。

(1) M 法测速

在一定时间 T_c 内,测量数字量传感器电路发出脉冲的个数的方法。一个定时器充当"秒表"的角色,在"跑秒"的时间内计数器对外部方波进行计数,即测量一定时间内外部方波信号的跳变数,然后换算为测量频率。M 法测速原理如图 4-44 所示。

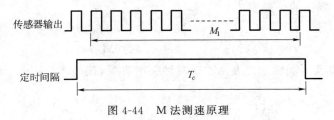

图 4-44　M 法测速原理

设定时器开始计数时,TMR2＝0(计数器 2),定时器周期 T_c 时间到达后,立即读取 TMR2 寄存器数值,得到 M_1 个计数值(外部脉冲数),则转速 n 为

$$n = \frac{60M_1}{T_c}(\text{r/min}) \tag{4-2}$$

这种测量方法可以得到的分辨率为 $Q = \frac{60(M_1+1)}{T_c} - \frac{60M_1}{T_c} = \frac{60}{T_c}(\text{r/min})$,增大 T_c 值可以增加分辨率,但是会使测速过程太漫长。另可以评估测量误差,显然误差出现在计时开始、结束时,可能外部有半个方波没有计量到,误差率为

$$\delta_{\max} = \frac{\frac{60M_1}{T_c} - \frac{60(M_1-1)}{T_c}}{\frac{60M_1}{T_c}} \times 100\% = \frac{1}{M_1} \times 100\% \tag{4-3}$$

误差和 M_1 数值成反比。显然 M 法测速适于测量高转速。

(2) T 法测速

T 法测速只计量外部方波输入信号的一个周期内,内部定时器计量到的高频脉冲数。这个高频脉冲一般设置为 MCU 的系统时钟。T 法测量原理如图 4-45 所示。

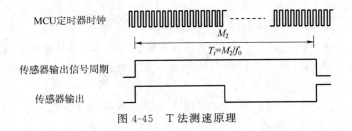

图 4-45　T 法测速原理

此时 MCU 的定时/计数器工作在定时器,即时钟源设置为系统时钟(SYSCLK),已知时钟频率为 f_0,而传感器的输入信号通过交叉开关连接到 MCU 的外部中断引脚。传感器信号的正跳变触发中断,中断服务函数启动定时器开始工作,传感器的下一个正跳变到来时触发中断,读取定时器的计数值,设为 M_2,则传感器输出的一个方波周期为 T_c,$T_c = M_2/f_0$,可得转速:

$$n = \frac{60f_0}{M_2}(\text{r/min}) \tag{4-4}$$

同理可计算 T 法测速的分辨率为

$$Q = \frac{60f_0}{M_2-1} - \frac{60f_0}{M_2} = \frac{60f_0}{M_2(M_2-1)} \tag{4-5}$$

可见,分辨率和待测转速以及 MCU 时钟频率有关,误差率为

$$\delta_{\max} = \frac{\frac{60f_0}{M_2-1} - \frac{60f_0}{M_2}}{\frac{60f_0}{M_2}} \times 100\% = \frac{1}{M_2-1} \times 100\% \tag{4-6}$$

时钟频率为 f_0 确定时,外部方波频率越低,M_2 数值越大,则误差越小。显然 T 法适于测量低转速。

M 法测速以固定周期 T_c 测量转速,但是 T 法测量转速获得结果的时间与转速大小有关,两个测量转速的适用转速范围也不同,实际使用时需注意。

可以结合两种测速方法的优点,充分利用 MCU 的可编程计数器阵列(PCA0),研究更先进的测速方法,如 M/T 法等,此处从略。

5. 多通道转速测量程序

以下程序实现了图 4-42 电路多通道转速信号测量,采用的是 M 法测速。C8051F040 的 T0 定时器提供时间基准,T1~T4 计数器对转速传感器信号进行计数,在主 while 循环中进行转速换算。程序包含定时器初始化函数、中断服务函数和主程序 3 个部分。

程序设置定时/计数器 T0 为 16 位定时器,1 ms 中断一次。

```
//定时/计数器初始化函数
void Tn_ini()
{
    SFRPAGE   = TIMER01_PAGE;
    TCON      = 0x50;           //T0 为定时器,使用系统时钟的 12 分频(SYSCLK/12)
    TMOD      = 0x51;           //T1 为 16 位计数器
    SFRPAGE   = TMR2_PAGE;
    TMR2CN    = 0x07;           //T2 为 16 位计数器,捕捉模式
    SFRPAGE   = TMR3_PAGE;
    TMR3CN    = 0x07;           //T3 为 16 位计数器,捕捉模式
    SFRPAGE   = TMR4_PAGE;
    TMR4CN    = 0x07;           //T4 为 16 位计数器,捕捉模式
}
```

定时器 T0 中断服务函数,读取和清除各通道计数值。

```
//定时器 T0 溢出 0x000B 1 TF0 (TCON.5) Y Y ET0 (IE.1) PT0 (IP.1)
```

```c
//中断服务程序
void Timer0_ISR (void) interrupt 1
{
    SFRPAGE = 0x00;
    TL0 = 0xCC;
    TH0 = 0x0F8;                            //1843, 1 ms
    speedCount ++ ;
        if (speedCount>speedInterval)
            {
                SFRPAGE = TIMER01_PAGE;     // TIMER 2
                speedCount1 = T1;
                SFRPAGE = TIMER01_PAGE;
                TL1 = 0; TH1 = 0;           //T1 计数值清零
                SFRPAGE = TMR2_PAGE;        //TIMER 2
                speedCount2 = TMR2;
                TMR2 = 0;                   //T2 计数值清零
                SFRPAGE = TMR3_PAGE;
                speedCount3 = TMR3;
                TMR3 = 0;                   //T3 计数值清零
                SFRPAGE = TMR4_PAGE;
                speedCount4 = TMR4;
                TMR4 = 0;                   //T4 计数值清零
                speedCount = 0;
                speedFlag = True;           //设置标志
            }
        TF0 = 0;                            //清除中断标志
}
```

在主程序中监督 speedFlag 标志,如果该标志置 1,则完成了一个周期的计数,即可利用计数值换算为转速和车速了。

```c
# include "c8051f040.h"         //SFR declarations
# define SYSCLK 22118400        //系统时钟取自外部晶体
# define TnCLK SYSCLK/12
sfr16 T1   = 0x8C;
sfr16 TMR2 = 0xCC;
sfr16 TMR3 = 0xCC;
sfr16 TMR4 = 0xCC;
const int gear1 = 21;           //发动机转速测速齿轮齿数
const int gear2 = 36;           //中间轴测速齿轮齿数
```

```c
const int gear3 = 61;                          //左侧主动轮转速测点测速齿轮(主减速器被动之轮)齿数
const int gear4 = 61;                          //右侧主动轮转速测点测速齿轮(主减速器被动之轮)齿数
unsigned int engineSpeed = 0;
unsigned int shaftSpeed = 0;
unsigned int leftWheelSpeed = 0;
unsigned int rightWheelSpeed = 0;
unsigned int speedCount1 = 0;
unsigned int speedCount2 = 0;
unsigned int speedCount3 = 0;
unsigned int speedCount4 = 0;
unsigned int leftWheelCount = 0;               //左侧主动轮转动计数
unsigned int rightWheelCount = 0;
unsigned char speedInterval = 100;             //测速窗口时间,100 ms
unsigned char speedCount = 0;                  //测速 ms 计数值
unsigned int speed1Coff = 60000;
unsigned int speed2Coff = 60000;
unsigned int speed3Coff = 60000;
unsigned int speed4Coff = 60000;
unsigned int speed1Data[3] = {0,0,0};
unsigned int speed2Data[3] = {0,0,0};
unsigned int speed3Data[3] = {0,0,0};
unsigned int speed4Data[3] = {0,0,0};
bool speedFlag = 0;
void main (void)
{

    unsigned int data i;
    unsigned char rdata;
    static unsigned char ad0ChNum = 0;
    unsigned char pack;
    int stepVal;                               //DA 输出的步进值
    int da0LastVal = 0;
    int da1LastVal = 0;
    int detaVal = 0;
    long ldaVal = 0;
    unsigned long speedLong = 0;
    unsigned int angle;
        WDTCN = 0xDE;
        WDTCN = 0xAD;
```

```
currBuff0 = 0;
currBuff1 = 0;
currBuff2 = 0;
currBuff3 = 0;
config_IO();
external_osc();                    //switch to external oscillator
Tn_ini();
IE         = 0x82;                 //T0   enb
speedLong = 600000/gear1/speedInterval;
speed1Coff = speedLong;
speedLong = 600000/gear2/speedInterval;
speed2Coff = speedLong;
speedLong = 600000/gear3/speedInterval;
speed3Coff = speedLong;
speedLong = 600000/gear4/speedInterval;
speed4Coff = speedLong;
while (1)
{
//转速测量: countVal * 1000 * 60/gear1/speedInterval;
if (speedFlag)
    {
    for (i = 0;i<2;i + +)
    {
    speed1Data[i] = speed1Data[i + 1];
    speed2Data[i] = speed2Data[i + 1];
    speed3Data[i] = speed3Data[i + 1];
    speed4Data[i] = speed4Data[i + 1];
    }
    leftWheelCount + = speedCount3;
    rightWheelCount + = speedCount4;
    speedLong = speedCount1;
    speed1Data[2] = speedLong * speed1Coff/10;
    speedLong = speedCount2;
    speed2Data[2] = speedLong * speed2Coff/10;
    speedLong = speedCount3;
    speed3Data[2] = speedLong * speed3Coff/10;
    speedLong = speedCount4;
    speed4Data[2] = speedLong * speed4Coff/10;
    speedFlag = False;
```

```
        speedLong = speed1Data[0] + speed1Data[1] + speed1Data[2];
        engineSpeed = speedLong/3;      //滑动平均值滤波,更新发动机转速值
        speedLong = speed2Data[0] + speed2Data[1] + speed2Data[2];
        shaftSpeed = speedLong/3;       //滑动平均值滤波,更新中间轴转速值
        speedLong = speed3Data[0] + speed3Data[1] + speed3Data[2];
        leftWheelSpeed = speedLong/3;   //滑动平均值滤波,更新左侧主动轮转速值
        speedLong = speed4Data[0] + speed4Data[1] + speed4Data[2];
        rightWheelSpeed = speedLong/3;  //滑动平均值滤波,更新右侧主动轮转速值
    }
}
```

4.3.3 无人平台电气配电控制器

在无人平台机电一体化控制系统中,用电设备包括感知系统、照明灯、警示灯、喇叭、电磁制动器等。按照平台功能设计,这些用电设备都能兼容远程启停和本地启停功能,且要能监督每个用电设备的工作电流,具备自动短路保护功能。上述功能由总线型电气配电控制器来保证。

1. 电气配电控制器构成

ZYUVC01-S 电气配电控制器硬件结构(如图 4-46 所示)集成 GD32F105RB 32 位 MCU 内核,2 路隔离 CAN 总线,1 路隔离 485 总线,8 通道全隔离单桥驱动 IC,用于外部功率电路驱动,每个通道安装霍尔电流传感器,通过 8 通道 12 位 A/D,由 MCU 监督电流,实现过流保护功能,扩展了 4 通道 12 位 A/D 接口,可用于检测 4~20 mA 电流环传感器信号、0~5 V 电压信号。

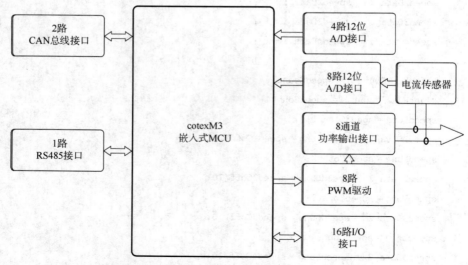

图 4-46　ZYUVC01-S 电气配电控制器硬件结构

2. 电气配电控制器功率输出通道

如图 4-47 所示电路是电气配电控制器的一个输出通道。MCU 的输出端口通过光耦隔离器(IC01,PS2801-1)驱动 P 沟道场效应管,控制主电路的通断。供电回路,VBAT 电源经 F01 保险电阻、霍尔式电流传感器 IC02、PMOS 管 Q1 向负载供电,LED1 是电源输出状态指示灯。D1 反接在 Vout+ 和 Vout- 之间,是感性负载的续流二极管。

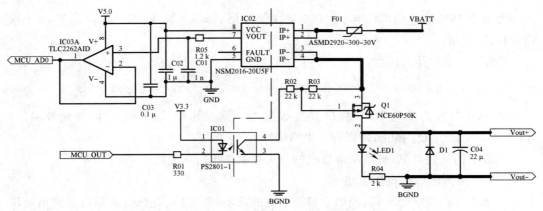

图 4-47　电气配电控制器的一个输出通道电路图

输出回路 PMOS 管的型号为 NCE60P50K,这是一款国产高性能功率管,具有高功率密度、低导通阻抗的特点;其耐压值 $V_{DS}=-60\text{ V}$,稳定工作电流 $I_D=-50\text{ A}$,当 $V_{GS}=-10\text{ V}$ 时,导通电阻 $R_{DS(ON)}<28\text{ m}\Omega$。该功率管还具有较高的开关速度,典型的导通延时时间 $t_{d(on)}=15\text{ ns}$、导通上升时间 $t_r=17\text{ ns}$、关闭延时时间 $t_{d(off)}=40\text{ ns}$ 关闭下降时间 $t_f=45\text{ ns}$。该芯片的电路符号和外形如图 4-48 所示。

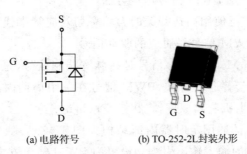

图 4-48　PMOS 芯片 NCE60P50K

为实现输出电流实时测量与过载保护,回路中增加了一个霍尔式电流传感器 NSM2016-20U5F 芯片。关于霍尔电流传感器的原理,将在第 6 章讨论。霍尔式电流传感器的输出信号经一阶 RC 滤波器,然后通过由运算放大器 TLC2262 构成的射级跟随器接入 MCU 的 A/D 输入通道。MCU 启动 A/D 变换器,将运算放大器输出的电压转化为数字量,换算为电流测量值用于后续保护决策。

3. 直流配电输出及软启动控制

接下来讨论如何控制直流配电输出通道通断和如何实现直流输出软启动。

(1) 直流配电输出开关控制

根据图 4-47 所示的电路，若 MCU_OUT 连接在 MCU 的一个普通 I/O 端口（如 PC6 端口），则 MCU 控制程序中调用 HAL 库执行函数：

```
HAL_GPIO_WritePin(GPIOC, GPIO_PIN_6, GPIO_PIN_RESET);        //复位端口
```

即可令 PC6 端口输出低电平，IC01 第 4 脚导通到地，从而令 Q1 导通，在 Vout＋输出 VBAT 电压。

调用 HAL 库执行函数：

```
HAL_GPIO_WritePin(GPIOC, GPIO_PIN_6, GPIO_PIN_SET);          //端口置1
```

将 PC6 设置为高电平，因端口 PC6 设置为开漏输出模式，IC01 光耦发光管关闭，IC01 第 4 脚悬空，Q1 截止，即断开了电路输出。

由以上的描述可见，直流配电输出的开关控制是很简单的。

(2) 直流配电可调电压输出

在无人平台功能规划时，提出了智能配电的需求，基本要求包括：①每通道输出电压能连续可调；②输出电压具备软启动功能；③输出电流能测量并能设置过载保护值，过流后能主动关闭输出。这样的功能设置具有明显的优势，如可以选择不同电压体制的任务载荷（如侦察摄像机、激光测距仪等），减少电源输出对用电设备的冲击，避免浪涌电流的产生，在载荷设备故障时，对自身由良好的保护，等等。

上述功能需求提出后，显然只调用端口电平设置指令是无法满足要求了。此时需要利用 MCU 定时器，产生 PWM 信号来控制 PMOS 高速开关，实现输出电压的变化。

(3) PWM 信号原理及 PWM 信号产生方法

在数字控制领域，广泛使用高速开关的大功率场效应管来代替线性功率晶体管作为大功率电能输出器件，PWM 信号是对应的驱动信号。

PWM（Pulse Width Modulation）信号是指脉宽调制信号，是利用 MCU 产生的频率一定的方波信号。不同于普通的方波，PWM 信号在一个周期内高低电平的比例是变化的。关于 PWM 信号产生机制和原理，将在第 6 章讨论。

STM32 系列 MCU 的通用定时器内部结构如图 4-49 所示。TIMx_CH1～TIMx_CH4 是某个定时器关联的输入输出引脚。设置为 PWM 输出方式后，这些引脚设置为开漏输出模式。通过配置 STM32 系列 MCU 定时器，可以产生多路 PWM 信号。定时器产生 PWM 信号主要通过自动重装载寄存器（ARR）、捕获比较寄存器（CCRx）两个寄存器参数设置实现。

PWM 信号产生过程如图 4-50 所示。结合图 4-49，该定时器的计数器寄存器 CNT 通过预分频器 PSC 对定时器输入时钟信号进行计数。假定定时器工作在向上计数 PWM 模式，计数值如图 4-49 中上升的斜线。当 CNT＜CCRx 时，引脚输出 0；在 t_1 时

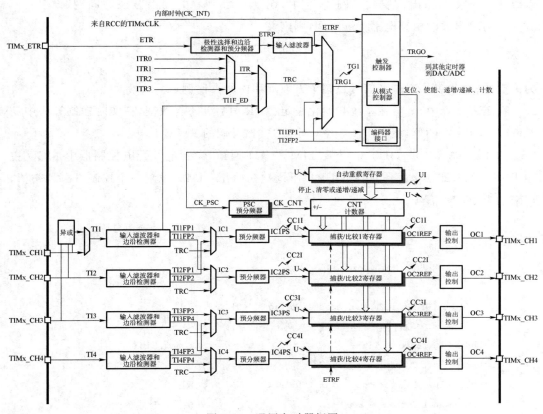

图 4-49 通用定时器框图

刻，CNT>=CCRx 时，引脚输出电平翻转为 1；CNT 计数值继续增加，当 t_2 时刻，CNT 的值达到 ARR 寄存器中预存的值时，引脚输出电平翻转为 0，CNT 中的值重新归零，然后重新向上计数，依此循环。

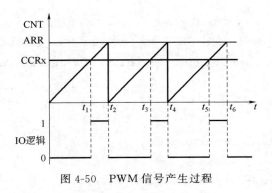

图 4-50 PWM 信号产生过程

由以上分析可以看出，当预分频器 PSC 输出信号频率一定时，改变自动重装载寄存器 ARR 的值，就可以改变 PWM 信号的输出频率，改变捕获比较寄存器 CCRx 的值就可以改变 PWM 的输出占空比。图 4-50 中,设 $T=t_3-t_1$ 为输出方波的周期,设 $T_H=t_2-t_1$ 为输出方波中高电平持续时间,则定义

$$\alpha = \frac{T_H}{T} \times 100\% \tag{4-7}$$

为占空比,它代表了高电平信号在整个方波周期内所占比例。

在工程实际中,一般在系统初始化设定 ARR 值后就不再改变,在实时控制算法中动态修改 CCRx 中的值,就可产生频率一定,占空比可调的 PWM 信号。

图 4-47 中,MCU_OUT 信号接 TIM3_CH1 通道,设置电气配电控制器中 MCU 主频为 72 MHz,即 $f_{TIM3CLK}=72$ MHz 以下函数初始化 TIM3,设置各个控制寄存器初值,用来输出 PWM 信号。

```
TIM_HandleTypeDef htim3;                              //声明一个全局句柄
//定时器 3 初始化函数
static void MX_TIM3_Init(void)
{
    TIM_MasterConfigTypeDef sMasterConfig = {0};
    TIM_OC_InitTypeDef sConfigOC = {0};
    htim3.Instance = TIM3;                            //初始化 TIM3
    htim3.Init.Prescaler = 20 - 1;                    //初始化预分频值
    htim3.Init.CounterMode = TIM_COUNTERMODE_UP;      //设置向上计数
    htim3.Init.Period = 2000 - 1;                     //设置 ARR 寄存器值
    htim3.Init.ClockDivision = TIM_CLOCKDIVISION_DIV1;
    htim3.Init.AutoReloadPreload = TIM_AUTORELOAD_PRELOAD_DISABLE;
    if(HAL_TIM_PWM_Init(&htim3) ! = HAL_OK)
    {
        Error_Handler();
    }
    sMasterConfig.MasterOutputTrigger = TIM_TRGO_RESET;
    sMasterConfig.MasterSlaveMode = TIM_MASTERSLAVEMODE_DISABLE;
    if(HAL_TIMEx_MasterConfigSynchronization(&htim3, &sMasterConfig) ! = HAL_OK)
    {
        Error_Handler();
    }
    sConfigOC.OCMode = TIM_OCMODE_PWM1;
    sConfigOC.Pulse = 0;
    sConfigOC.OCPolarity = TIM_OCPOLARITY_HIGH;
    sConfigOC.OCFastMode = TIM_OCFAST_DISABLE;
    if(HAL_TIM_PWM_ConfigChannel(&htim3, &sConfigOC, TIM_CHANNEL_1) ! = HAL_OK)
    {
```

```
            Error_Handler();
        }
        /*初始化其余端口,此处忽略*/
        HAL_TIM_MspPostInit(&htim3);

}
```

初始化程序中,设置 htim3.Init.Prescaler = 20−1,即预分频系数 20,那么进入定时器计数寄存器的频率 $f_{CK\_CNT}=f_{TIM3CLK}/20=3.6$ MHz;设置 htim3.Init.Period = 2000−1,即自动重装载寄存器 ARR 的数值设置为 1999,则设定了 PWM 信号频率 $f_{PWM}=f_{CK\_CNT}/2000=1.8$ kHz。

接下来在主函数中需启动 PWM 输出,调用函数:

HAL_TIM_PWM_Start(&htim3,TIM_CHANNEL_1);

改变 PWM 信号的占空比,只需调用函数:

_HAL_TIM_SET_COMPARE(&htim3,TIM_CHANNEL_1, setVal);

其中 setVal 是一个无符号整形变量,控制输出信号的占空比,数值范围应在 0～1999 之间。

(4) 直流配电输出软启动控制

以下例程实现了电源软启动和快关断控制,方法是启动过程连续输出占空比线性增加的 PWM 信号,从而达到输出等效直流电压缓增的目的。函数中设置了一个静态变量 lastValue 存储上一次输出的 PWM 参数。

```
/*
 * 例程:直流配电输出软启动控制
 * 参数 1:{float} setValue : 设定值(期望值)
 * 返回值:{unsigned int} : 实际输出值
 */
unsigned int funPowerSoftStart(unsigned int setVal)
{
        static unsigned int lastValue = 0;        //静态变量,上一次调用时输出的占空比数值
if    (setVal = = 0)                              //关闭电源
        {
        _HAL_TIM_SET_COMPARE(&htim3,TIM_CHANNEL_1, 0);
        lastValue = 0;
        return 0;
        }
        //开电源控制
        unsigned int targetValue;                 //声明一个中间变量
        targetValue = lastValue + STEPVALUE;      //增加一个步长值
```

```
        if (targetValue ＜setVal)                    //判断数值是否达到设定值
        {
        __HAL_TIM_SET_COMPARE(&htim3,TIM_CHANNEL_1, targetValue);
        lastValue= targetValue;                     //存储本次输出值
        return lastValue;                            //返回
        }
        else
        {
        __HAL_TIM_SET_COMPARE(&htim3,TIM_CHANNEL_1, setVal);
        return setVal;                               //返回
        }
}
```

funPowerSoftStart()函数在主程序中以固定周期调用，即可实现开电源时输出电压线性增长，增长速度和 STEPVALUE 值以及调用周期有关，需要提前设置好。

以上实现了直流配电的软启动输出。关于电流检测和过流保护功能，涉及电流传感器输出的模拟信号数字化的问题，接下来讨论 MCU 的模拟量接口技术。

4.3.4 模拟量接口技术

装备机电一体化系统中常用传感器检测内部状态变量，如液压系统压力、冷却液温度、设备工作电流等，这些状态量有的用于反馈控制，有的用于设备运行状态检测和诊断。MCU 只能处理数字信号，传感器产生的电信号需要经过电子线路耦合接入 A/D 变换器，A/D 变换器将模拟量转化为数字量，MCU 基于该数字量进行分析决策。模拟量接口技术主要用来解决模拟量输出传感器与 MCU 输入以及 MCU 输出模拟量与功率放大电路之间中涉及的模拟信号耦合以及信号变换问题。

1. 常用车辆传感器及接口要求

传感器是 MCU 信号输入通道的第一道环节，也是决定整个测控系统性能的关键环节。目前传感器技术的发展非常迅速，各种各样的传感器应运而生。

在装备机电一体化系统选择传感器时，主要关注的技术要求如下：

（1）具有将被测量转换为后续电路可用电量的功能，传感器的量程范围与被测量实际变化范围匹配，传感器输出电信号的变化范围与 MCU 的 A/D 输入范围匹配；

（2）传感器转换精度符合整个测控系统根据总精度要求而分配给传感器的精度指标（一般应优于系统精度的 10 倍左右），传感器响应速度符合系统要求；

（3）能满足被测介质和使用环境的特殊要求，如耐高低温、耐高压、防腐、抗振、防爆、抗电磁干扰、体积小、质量轻和节能等；

（4）能满足用户对可靠性和可维护性的要求。

构建装备机电一体化测控系统时，从接口的角度，可把传感器分为模拟量传感器、数字量传感器、智能传感器等。各种传感器与 MCU 的接口方法如图 4-51 所示。

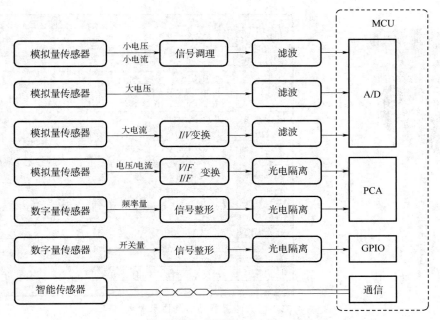

图 4-51　各种传感器与 MCU 接口示意图

数字量传感器一般以推挽或开漏等形式输出高低电平信号。如果传感器输出信号只以高低电平代表测量状态，则可将传感器接入 MCU 的 GPIO 端口，MCU 通过中断或轮询的方式读端口电平，测量外部状态。如果传感器输出的信号电平与时间相关，如某些转角编码器的输出信号方波频率代表转速，则这种频率量需接入 MCU 的时间捕捉单元，由 MCU 内定时/计数器配合实现测速或测位移。采用数字量传感器时，传感器输出信号如果不满足 MCU 输入端口的电平标准，或线路中存在电磁干扰，需采取信号整形变换或光电隔离措施。

模拟量传感器需通过 A/D 变换器与 MCU 接口。一般使用 MCU 内置的 A/D，但内置 A/D 精度不能满足要求时，需要选用外置 A/D 芯片与 MCU 作集成设计。目前通用车辆传感器的输出电信号幅值都已标准化，如在坦克装甲车辆液压系统中用于测量压力的溅射薄膜式压力传感器（如图 4-52 所示），可在电源电压 12～36 V 时可靠工作，传感器可选直流 4～20 mA、直流 0～5 V、直流 0～10 V 和直流 1～5 V 这 4 种输出方式。这是一种典型的传感器和变送器一体的车用传感器，输出信号可以和 MCU 的 A/D 转换器直接接口，可省略信号幅值放大、偏置值调整等信号调理环节，接口设计更加简单。因 MCU 的 A/D 一般只接收电压信号，对于电流输出信号（如 4～20 mA 电流输出），需经过 I/V 变换才能入 MCU 接口。在机电一体测控系统中，模拟量输出传感器输出的电压信号还可以经 V/F 变换电路转化为频率信号，通过 PCA 单元接入 MCU。

随着嵌入式系统向传感器制造领域的渗透，现在有大量车用传感器集成了 A/D 变换器和 MCU 等电子器件。这类传感器在本体内直接实现了测量值数字化，一般都具备量程自动标定、输出接口参数远程设置等新功能。我们称这种集成了 MCU 智能单元的传感器为智能传感器。智能传感器可以通过各种通信接口与机电一体化测控系统 MCU 相连。典

输入	
量程范围	–0.1~0~60 MPa
过载能力	150%FS
测量介质	气液通用
输出	
输出信号	DC4~20 mA(二线制)
	DC0~5 V、0~10 V、1~5 V(三线制·无显示)
稳定性能	±0.1%FS/年
温度漂移	±0.1%FS/10 ℃(温度补偿范围内)
精度等级	0.5（默认）、0.25（定制）
电源	
供电电源	DC 12~36 V
功耗	≤5 W
其它参数	
补偿温度	–10 ℃~70 ℃
工作温度	–10 ℃~70 ℃
环境湿度	10%~95%RH
环境温度	–20 ℃~85 ℃
防护等级	IP65(无显示）IP54(有显示)
阻尼时间	>0.1S

图 4-52　压力传感器外形及技术参数

型的接口包括 UART 串口、SPI 接口、I²C 接口、CAN 总线接口等。图 4-53(技术参数如表 4-4)所示的车载定位导航传感器同时支持 RS232 和 RS422 接口，可通过两种接口连接 MCU。

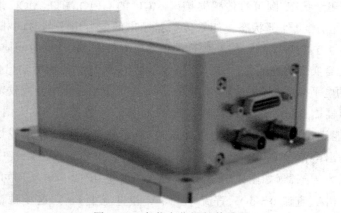

图 4-53　车载定位导航传感器

表 4-4　定位导航传感器技术参数

系统精度	航向	0.1°(1σ,GNSS/BD 信号良好,基线长度≥2 m);
		0.1°(单天线,速度>10 m/s,信号良好);
		1°(纯磁罗盘辅助);
	姿态	0.1°(1σ,GNSS/BD 信号良好);
	位置	5 m(1σ)(单点定位);
		2 cm+1 ppm(CEP)(RTK);
	数据更新速率	1 Hz/5 Hz/10 Hz/100 Hz(可调)

续表

接口特性	接口方式	RS-232/RS-422
	波特率	115 200 bit/s（默认）
物理特性	供电电压	24 VDC 额定（9～36 VDC）
	额定功率	≤12 W
	工作温度	−40～+55 ℃
	物理尺寸	100 mm×90 mm×50 mm
	重量	≤0.5 kg（不含天线和线缆）

2. A/D、D/A 工作原理

随着计算机技术的飞速发展，在现代控制、通信及检测领域中，对信号的处理广泛采用了数字计算机技术。由于系统的实际处理对象往往都是一些模拟量（如温度、压力、位移、图像等），要使计算机或数字仪表能识别和处理这些信号，必须首先将这些模拟信号转换成数字信号；而经计算机分析、处理后输出的数字量往往也需要将其转换成为相应的模拟信号才能为执行机构所接收。这样，就需要一种能在模拟信号与数字信号之间起桥梁作用的电路——模数转换电路和数模转换电路。

能将模拟信号转换成数字信号的电路，称为模数转换器（简称 A/D 转换器，或 ADC）；而将能把数字信号转换成模拟信号的电路称为数模转换器（简称 D/A 转换器，或 DAC），A/D 转换器和 D/A 转换器已经成为嵌入式系统中不可缺少的外设。

下面简要讨论 D/A 转换器的电路结构、工作原理。

(1) D/A 转换器的基本原理

数字量是用代码按数位组合起来表示的。对于有权码，每位代码都有一定的权。为了将数字量转换成模拟量，必须将每一位的代码按其权的大小转换成相应的模拟量，然后将这些模拟量相加，即可得到与数字量成正比的总模拟量，从而实现了数字—模拟转换，这就是 D/A 转换器的基本设计思路。图 4-54 是 D/A 转换器的输入、输出关系框图，$D_0 \sim D_{n-1}$ 是输入的 n 位二进制数，v_o 是与输入二进制数成比例的输出电压。图 4-55 是输入为 3 位二进制数时 D/A 转换器的转换特性，它具体而形象地反映了 D/A 转换器的基本功能。

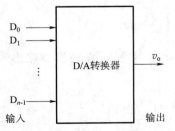

图 4-54 D/A 转换器的输入、输出关系框图

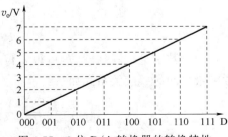

图 4-55 3 位 D/A 转换器的转换特性

(2) 倒 T 形电阻网络 D/A 转换器

在 MCU 集成 D/A 转换器中,使用最多的是倒 T 形电阻网络 D/A 转换器。4 位倒 T 形电阻网络 D/A 转换器的原理如图 4-56 所示。

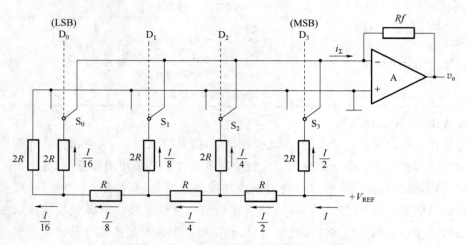

图 4-56 倒 T 形电阻网络 D/A 转换器的原理图

$S_0 \sim S_3$ 为模拟开关,R-$2R$ 电阻解码网络呈倒 T 形,运算放大器 A 构成求和电路。S_i 由输入数码开关 D_i 控制:当 $D_i=1$ 时,S_i 接运放反相输入端("虚地"),I_i 流入求和电路;当 $D_i=0$ 时,S_i 将电阻 $2R$ 接地。无论模拟开关 S_i 处于何种位置,与 S_i 相连的 $2R$ 电阻均等效接"地"(地或虚地)。这样流经 $2R$ 电阻的电流与开关位置无关,为确定值。分析 R-$2R$ 电阻解码网络不难发现,从每个接点向左看的二端网络等效电阻均为 R,流入每个 $2R$ 电阻的电流从高位到低位按 2 的整倍数递减。设由基准电压源提供的总电流为 $I(I=V_{REF}/R)$,则流过各开关支路(从右到左)的电流分别为 $I/2$、$I/4$、$I/8$ 和 $I/16$。

于是可得总电流

$$i_\Sigma = \frac{V_{REF}}{R} \cdot \left(\frac{D_0}{2^4} + \frac{D_1}{2^3} + \frac{D_2}{2^2} + \frac{D_3}{2^1} \right) = \frac{V_{REF}}{2^4 \times R} \sum_{i=0}^{3} D_i \cdot 2^i \qquad (4-8)$$

输出电压

$$v_O = -i_\Sigma R_f = -\frac{R_f}{R} \cdot \frac{V_{REF}}{2^4} \left[\sum_{i=0}^{3} (D_i \cdot 2^i) \right] \qquad (4-9)$$

将输入数字量扩展到 n 位,可得 n 位倒 T 形电阻网络 D/A 转换器输出模拟量与输入数字量之间的一般关系式如下:

$$v_O = -\frac{R_f}{R} \cdot \frac{V_{REF}}{2^n} \left[\sum_{i=0}^{n-1} (D_i \cdot 2^i) \right] \qquad (4-10)$$

设 $K = -\frac{R_f}{R} \cdot \frac{V_{REF}}{2^n}$,$D_{VAL}$ 表示式(4-10)括号中的 n 位二进制数,则输出模拟电压

$$v_O = K \cdot D_{VAL} \tag{4-11}$$

要使 D/A 转换器具有较高的精度,对电路的参数有以下要求:

① 基准电压 V_{REF} 稳定性好;

② 倒 T 形电阻网络中 R 和 $2R$ 电阻的比值精度要高;

③ 每个模拟开关的开关电压降要相等。为实现电流从高位到低位按 2 的整倍数递减,模拟开关的导通电阻相应地按 2 的整倍数递增。

在倒 T 形电阻网络 D/A 转换器中,各支路电流直接流入运算放大器的输入端,它们之间不存在传输上的时间差。电路的这一特点不仅提高了转换速度,而且也减少了动态过程中输出端可能出现的尖脉冲。

(3) A/D 转换器的基本原理

A/D 转换是将时间连续和幅值连续的模拟量转换为时间离散,幅值也离散的数字量。使输出的数字量与输入的模拟量成正比。A/D 转换过程分为 4 个阶段,即采样、保持、量化和编码。

采样是将连续时间信号变成离散时间信号的过程。经过采样,时间连续、数值连续的模拟信号就变成了时间离散、数值连续的信号,称为采样信号。采样电路相当于一个模拟开关,模拟开关周期性地工作。理论上,每个周期内,模拟开关的闭合时间趋近于 0。在模拟开关闭合的时刻(采样时刻),"采"到模拟信号的一个"样本"。

量化是将连续数值信号变成离散数值信号的过程。在数字电路中,数字量通常用二进制代码表示。因此,量化电路的后面有一个编码电路,将数字信号的数值转换成二进制代码。

然而,量化和编码总是需要一定时间才能完成,所以,量化电路的前面还要有一个保持电路。保持是将时间离散、数值连续的信号变成时间连续、数值离散信号的过程。在量化和编码期间,保持电路相当于一个恒压源,它将采样时刻的信号电压"保持"在量化器的输入端。虽然逻辑上保持器是一个独立的单元,但是,工程上保持器总是与采样器做在一起。两者合称采样保持器。整个转换流程如图 4-57 所示。

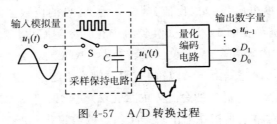

图 4-57 A/D 转换过程

(4) 逐次比较型 A/D 转换器

ADC 种类繁多,原理各不相同,常用的 ADC 包括逐次比较型 ADC、积分型 ADC、Σ-Δ 型 ADC、并行比较 A/D 转换器、压频变换型 ADC 等。逐次比较型(SAR)模拟数字转换器(ADC)是采样速率低于 5 Msps 的中等至高分辨率应用的常见结构,在嵌入式 MCU 中集成的 ADC 多为此种类型,其分辨率一般为 8 位至 16 位,具有低功耗、小尺寸等特点。

SAR 型 ADC 的基本结构比较简单,电路主要单元为一个 D/A 转换器,还包括比较器、数据寄存器、移位寄存器和控制逻辑电路(如图 4-58 所示)。SAR 型 ADC 实质上是实现了二进制搜索结构。当内部电路运行在数兆赫兹(MHz)时,由于逐次逼近算法的缘故,ADC 采样速率仅是该数值的几分之一。

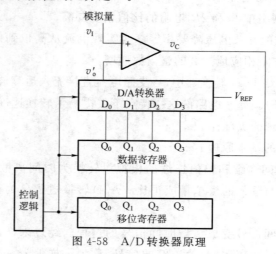

图 4-58　A/D 转换器原理

模拟输入电压(VIN)由采样/保持电路保持。为实现二进制搜索算法,4 位寄存器首先设置在中间刻度(即二进制 1000,MSB 为'1')。这样,DAC 输出(V_{DAC})被设为 $V_{REF}/2$,V_{REF} 是提供给 ADC 的基准电压。然后,判断 V_I 是小于还是大于 V_{DAC}。如果 $V_I > V_{DAC}$,则比较器输出逻辑高电平'1',4 位寄存器的 MSB 保持'1'。相反,如果 $V_I < V_{DAC}$,则比较器输出逻辑低电平'0',4 位寄存器的 MSB 清为'0'。随后,SAR 控制逻辑移至下一位,并将该位设置为高电平,进行下一次比较。这个过程一直持续到最低有效位(LSB)。上述操作结束后,4 位转换结果储存在寄存器内。

A/D 转换器的主要技术参数包括:

① 分辨率,分辨率表示输出数字量变化一个相邻数码所需要输入模拟电压的变化量。通常定义为满刻度电压与 2^n 的比值,其中 n 为 ADC 的位数。例如具有 12 位分辨率的 ADC 能够分辨出满刻度的 $1/2^{12}$(0.0244%)。有时分辨率也用 A/D 转换器的位数来表示,如 STM32F407 内置有 3 个 12 位模数转换器(ADC)。

② 量化误差,量化误差是由于 ADC 的有限分辨率引起的误差,这是连续的模拟信号在整数量化后的固有误差。对于四舍五入的量化法,量化误差在 ±1/2LSB 之间。

③ 绝对精度,绝对精度是指在输出端产生给定的数字代码所表示的实际需要的模拟输入值与理论上要求的模拟输入值之差。

④ 相对精度,它与绝对精度相似,所不同的是把这个偏差表示为满刻度模拟电压的百分数。

⑤ 转换时间,转换时间是 ADC 完成一次转换所需要的时间,即从启动信号开始到转换结束并得到稳定的数字输出量所需要的时间,通常为微秒级。

⑥ 量程,量程是指能转换的输入电压范围。

3. 电气接口性能的相互匹配

选定控制器以及传感器等功能部件后,构建装备机电一体化测控系统,需要将这些部件连接起来,为了保证各单元电路连接后能正常工作,还要将选定传感器的精度发挥出来,就必须仔细考虑各单元电路级联时的阻抗匹配、负载能力匹配和电平匹配等问题。

(1) 阻抗匹配

测量信息的传输是靠能量流进行的。因此,设计测控系统时的一条重要原则是要保证能量流最有效的传递。这个原则是由四端网络理论导出的,即信息传输通道中两个环节之间的输入阻抗与输出阻抗相匹配的原则。如果把信息传输通道中的前一个环节视为信号源,下一个环节视为负载,则可以用负载或输入阻抗 Z_L 对信号源的输出阻抗 Z_O 之比,即 $\alpha=|Z_L|/|Z_O|$ 来说明这两个环节之间的匹配程度。

匹配程度 α 的大小取决于系统中两个环节之间的匹配方式。若要求信号源馈送给负载的电压最大,即实现电压匹配,则应取 $\alpha \gg 1$;若要求信号源馈送给负载的电流最大,即实现电流匹配,则应取 $\alpha \ll 1$;要求信号源馈送给负载的功率最大,即实现功率匹配,则应取 $\alpha=1$。

(2) 负载能力匹配

负载能力的匹配实际上是前一级单元电路能否正常驱动后一级的问题。这问题在各级之间均存在,但在最后一级单元电路中特别突出,因为末级电路往往需要驱动执行机构。如果驱动能力不够,则应增加一级功率驱动单元。在模拟电路里,如对驱动能力要求不高,可采用由运放构成的电压跟随器,否则须采用功率集成电路,或互补对称输出电路。在数字电路里,则采用单管射极跟随器、达林顿驱动器、CMOS 管扩流。

(3) 电平匹配

即接口电压的匹配。在模拟电路接口中,应最大限度利用 A/D 转换器的输入范围,这样才能保证数字系统测量的精度。这就需要对如传感器输出等信号源输出的小信号进行幅值放大,对超出 A/D 转换器输入范围的电压需进行限幅或比例缩小,这一过程称为传感器信号调理,其中还涉及电噪声滤波和以抗干扰为目的的模拟信号隔离放大等技术问题要统筹考虑。在数字电路接口中需解决电平匹配问题,若高低电平不匹配,则不能保证正常的逻辑功能。上一节已经讨论了 CMOS 电平与 TTL 电平电路接口集成电路之间的连接。在实际系统构建时,还有很多电平匹配问题需要关注,比如后续通信接口中 UART 接口的 TTL 电平与 RS232 电平变换问题。这些接口都有专用的转换芯片,需要时正确选用即可。

4. 多通道电流数据采集程序

机电测控系统中包括多通道数据采集程序设计通道初始化设置和定时启动 A/D 采集并读取数据等过程。以下程序在 STM32 硬件平台,设置了自动按照设定周期完成采样并采用 DMA 的方式传递结果到数组中。

首先是 A/D 通道初始化代码。

```c
static void MX_ADC1_Init(void)
{
  ADC_ChannelConfTypeDef sConfig = {0};
  hadc1.Instance = ADC1;
  hadc1.Init.ScanConvMode = ADC_SCAN_ENABLE;           //扫描模式
  hadc1.Init.ContinuousConvMode = ENABLE;              //连续采样
  hadc1.Init.DiscontinuousConvMode = DISABLE;
  hadc1.Init.ExternalTrigConv = ADC_SOFTWARE_START;
  hadc1.Init.DataAlign = ADC_DATAALIGN_RIGHT;          //数据右对齐
  hadc1.Init.NbrOfConversion = 8;                      //扫描8个通道
  if (HAL_ADC_Init(&hadc1) ! = HAL_OK)
  {
    Error_Handler();
  }
  //开始按通道设置
  sConfig.Channel = ADC_CHANNEL_0;
  sConfig.Rank = ADC_REGULAR_RANK_1;
  sConfig.SamplingTime = ADC_SAMPLETIME_7CYCLES_5;
  if (HAL_ADC_ConfigChannel(&hadc1, &sConfig) ! = HAL_OK)
  {
    Error_Handler();
  }
  sConfig.Channel = ADC_CHANNEL_1;
  sConfig.Rank = ADC_REGULAR_RANK_2;
  if (HAL_ADC_ConfigChannel(&hadc1, &sConfig) ! = HAL_OK)
  {
    Error_Handler();
  }
  sConfig.Channel = ADC_CHANNEL_2;
  sConfig.Rank = ADC_REGULAR_RANK_3;
  if (HAL_ADC_ConfigChannel(&hadc1, &sConfig) ! = HAL_OK)
  {
    Error_Handler();
  }
  sConfig.Channel = ADC_CHANNEL_3;
  sConfig.Rank = ADC_REGULAR_RANK_4;
  if (HAL_ADC_ConfigChannel(&hadc1, &sConfig) ! = HAL_OK)
  {
```

```
    Error_Handler();
  }
  sConfig.Channel = ADC_CHANNEL_8;
  sConfig.Rank = ADC_REGULAR_RANK_5;
  if (HAL_ADC_ConfigChannel(&hadc1, &sConfig) != HAL_OK)
  {
    Error_Handler();
  }
  sConfig.Channel = ADC_CHANNEL_9;
  sConfig.Rank = ADC_REGULAR_RANK_6;
  if (HAL_ADC_ConfigChannel(&hadc1, &sConfig) != HAL_OK)
  {
    Error_Handler();
  }
  sConfig.Channel = ADC_CHANNEL_10;
  sConfig.Rank = ADC_REGULAR_RANK_7;
  if (HAL_ADC_ConfigChannel(&hadc1, &sConfig) != HAL_OK)
  {
    Error_Handler();
  }
  sConfig.Channel = ADC_CHANNEL_11;
  sConfig.Rank = ADC_REGULAR_RANK_8;
  if (HAL_ADC_ConfigChannel(&hadc1, &sConfig) != HAL_OK)
  {
    Error_Handler();
  }
}
```

以下例程设置 DMA 中断，启动 DMA 中断。

```
//DMA 中断设置函数
static void MX_DMA_Init(void)
{
    _HAL_RCC_DMA1_CLK_ENABLE();                            //使能 DMA 时钟
  HAL_NVIC_SetPriority(DMA1_Channel1_IRQn, 0, 0);          //设置 DMA 终端优先级
  HAL_NVIC_EnableIRQ(DMA1_Channel1_IRQn);                  //开启 DMA 中断
}
```

在主程序中，通过顺序调用上述函数，初始化 ADC、DMA，然后启动 ADC 和 DMA 中断，即可在 DMA 中断服务函数读取并处理电流采样值了。

初始化过程例程如下：

```
uint32_t adc_buf[8];                        //声明全局变量,存储 ADC 采样结果
```

```
uint16_t adc_mA[15];                                          //声明全局变量,电流值,已标定,单位 mA
ADC_HandleTypeDef hadc1;                                      //ADC 句柄
MX_DMA_Init();                                                //DMA 初始化
MX_ADC1_Init();                                               //ADC1 初始化
HAL_ADC_Start(&hadc1);                                        //启动 ADC1
HAL_ADC_Start_DMA(&hadc1,(uint32_t *)adc_buf,(uint32_t)8);    //启动 DMA
```

初始化程序启动 ADC 和 DMA 传输后,就按照设置好的周期和顺序循环采样 8 个 ADC 通道,结果数据通过 DMA 的方式存储到 adc_buf[]数组中。主程序可按照既定规则读取数值,进行异常值处理、软件滤波、标定等后续分析,具体算法将在第 5 章讨论。

4.3.5 控制器通信接口技术

嵌入式 MCU 内集成了各种通信接口与外界交换信息。微控制器的接口能力是选择控制器的重要指标,它直接决定了该控制器是否能和各种智能传感器、执行器以及机电一体化系统是功能部件快捷互联,以构建测控网络。本节首先讨论通信接口的分类,重点介绍嵌入式控制器集成的常用串行通信原理和接口方法。

1. 通信接口分类

MCU 与外部器件常用的通信方式大致上分为两类,并行通信和串行通信。一个 8 位的并行通信端口,可同时传输 8 路信号,即一个通信周期可传送一个字节信息。串行通信方式一般通过一路信号线,在一个通信时钟周期内传送一个二进制位,传送一个字节信息时,只能一位一位地依次传送。串行通信传输速度慢,但是对线路的要求低一些。并行通信对线路的要求高,但是速度快。串行线路仅使用一对信号线,线路成本低并且抗干扰能力强,因此可以用在长距离通信上;并行线路使用多对信号线(还不包括额外的控制线路),线路成本高并且抗干扰能力差,因此对通信距离有非常严格的限制。

两个设备互联时,按照数据的传送方向可以分为三类:①单工方式只允许数据按照一个固定的方向传送,即 只能 A 发 B 收;②半双工方式每次只能有一个设备发送,另一个设备接收;③全双工方式允许通信双方同时进行发送和接收。

在串行通信方式中,按照通信线路中是否有时钟同步信号,分为异步通信方式和同步通信方式。

(1) 异步通信

在异步通信方式中,没有统一的时钟信号,各设备使用约定的时钟周期将所传输的电信号施加到通信信号线上,各设备时钟必须在频率上保证一致(误差允许范围很小)。异步通信的优点是不需要传送同步时钟,字符帧长度不受限制,故设备简单。缺点是字符帧中因包含起始位和停止位而降低了有效数据的传输速率,对发送端和接收端的时钟精度都有比较高的要求。异步通信中,每秒传送二进制数码的位数为比特率(Bit Rate),单位为 bit/s。异步串行通信的收发设备,必须使用相同的波特率。

(2) 同步通信

在通信的设备中,采用同一时钟信号,这个时钟信号可以是其中一台设备产生的,也可以采用外部时钟信号源。由于具有同步时钟,传送速度快,但若传送距离较长时,时钟信号易受干扰,且经济性不好(多了一根信号线)。同步通信多用于板内芯片间的数据通信和短距离设备间的数据通信。在同步通信中,除了位同步,还需要帧(字符)同步,帧同步可以由单独的硬件信号实现,也可以用数据线上的同步字符来实现(非二进制数据)。

与并行扩展总线相比,串行扩展总线能够最大程度发挥微控制器的资源功能,简化连接线路,缩小电路板面积,扩展性好,可简化系统设计。SPI、I^2C、RS232、CAN 是目前微控制器中最常用的串行总线。串行总线的缺点是数据吞吐容量小、信号传输较慢。但随着 CPU 芯片工作频率的提高以及串行总线的功能增强,这些缺点正逐步被克服。

2. UART 接口

MCU 内集成的通用异步收发器,简称为 UART(Universal Asynchronous Receiver Transmitter),标准的 UART 接口一般需要 3 根信号线,TXD、RXD 和共用地线 GND,设备通过 UART 端口互联方式如图 4-59 所示。两个设备互联时,要进行信号交叉,即 A 设备的 TXD 端口接 B 设备的 RXD 端口,A 设备的 RXD 端口号接 B 设备的 TXD 端口。对于信号接口电平,两种设备采用同一体制,可以直接互联。如果体制不同,需要进行相应的电平转换。

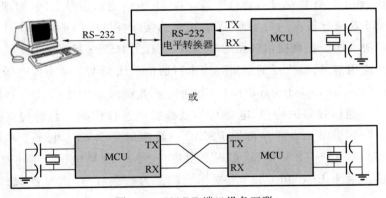

图 4-59 UART 端口设备互联

UART 接口通信时,主发端控制发送信号线的电平和时序,每个传送字节必须用起始位来同步时钟,用 1~2 个停止位来表示传送字节的结束。起始位、数据位、奇偶校验位和停止位等 4 部分组成的串行数据称为字符帧(Character Frame)也称为数据帧。数据帧中的每一位在数据线上保持的时间是确定的,设这个时间为 T_{bit},则可定义该时间的倒数为 UART 通信的比特率 $f_{bit}=1/T_{bit}$,波特率通信时,信号线上每秒可以传送的二进制位置,单位为 bit/s(bits per sencond),它是衡量通信传输速度的重要指标,同时也是通信过程开始前需明确的指标。典型的异步串行通信过程如图 4-60 所示。

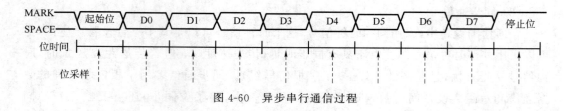

图 4-60 异步串行通信过程

通过 UART 接口，MCU 能够灵活地与外部设备进行全双工数据交换，但通信过程应满足满足外部设备对工业标准异步串行数据格式的要求。标准的异步串行数据格式要求一般包含以下内容：

（1）比特率，可选标准波特率如 4800、9600、19 200、38 400、57 600、115 200 等。

（2）起始位数，1 位，发送线由高电平变为低电平并保持一个位采样时间，标志通信开始。

（3）数据位数，可选 5～8 位，8 位时一次可以传输 1 个字节，低位先发。

（4）是否有校验，可选奇校验、偶校验和无校验，如使用校验位，在发送完数据位后增加 1 个位采样时间的高或低电平。如果是奇校验，则数据位＋校验位有奇数个 1，如果是偶校验，则数据位＋校验位有偶数个 1。

（5）停止位，可选 1、1.5 和 2 位，高电平标识通信结束。

标准电平的 UART 接口在 MCU 之间进行信息交互是非常方便的。但是在计算机技术发展初期，如标准计算机设备通过串口连接 Modem 进行拨号上网，物理接口之间的距离和通信速率都有比较高的要求而 TTL 电平的接口标准限制了这两个技术指标的提高。后来的解决办法是提高通信线路的电压值，就有了 RS232 接口标准。

RS232 是应用最早、最广泛的双机异步串行通信总线标准。是美国电子工业协会的推荐标准 RS(Recommended Standard)标准规定了数据终端设备（DTE）和数据通信设备（DCE）间串行通信接口的物理（电平）、信号和机械连接标准。它的特点是一对一的通信，传输距离可达 15 m。现在再提 RS232 一般指的是 RS232 电平。早期的 RS232 电平，逻辑 1 对应-15～-3 V 电压，逻辑 0 对应+3～+15 V 电压，-3～+3 V 之间的电压是无效值。后来 EIA/TIA-232 电平标准调整为空载时±5.5 V 摆幅，带负载时为±5 V 摆幅。

图 4-61 是综合控制器的 RS232 接口电路。无人平台综合控制器扩展了两路串口，分别接 STM32F407 的 UART2 和 UART3，其中一路串口连接数传电台，用来传输遥控指令和上传平台状态数据。

接口电路中选用了 16 脚表贴芯片 SP3232EEY。该芯片供电电压 3.3 V，外围安装 4 个小电容（C1～C4），利用其内部开关电容式 DCDC 电路产生内部的±5.5 V 电压，支持两路串口（2 收、2 发），实现 TTL 电平到 RS232 电平转换。

该芯片的环路测试，就是将 T1OUT 接 R1IN，在 T1IN 端发，在 R1OUT 端收，观察到曲线如图 4-62 所示。芯片支持最大波特率 235 kbit/s，传输延时的典型值为 1.0 μs。

第 4 章　机电一体化控制技术

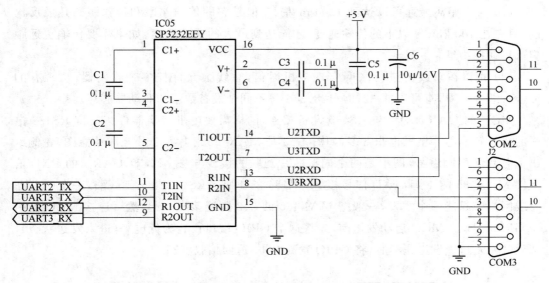

图 4-61　综合控制器 RS232 接口电路

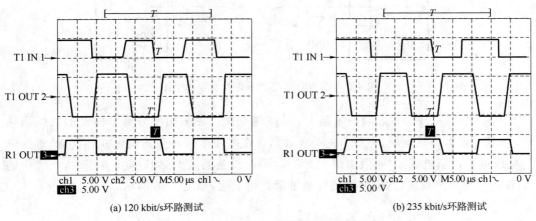

(a) 120 kbit/s 环路测试　　　　　(b) 235 kbit/s 环路测试

图 4-62　TTL-RS232 电平变换环路测试

RS232 技术体制对于提高通信距离和通信速率并不是好的解决方案,因为抗干扰能力不足,长距离通信需要选择其他接口方案。

针对 RS232 的不足,出现了一些新的接口标准,RS485 就是其中之一。它具备以下的特点:

(1) 采用两根通信线,通常用 A 和 B 或者 D+ 和 D− 来表示,逻辑 1 以两线之间的电压差为 +(0.2～6) V 表示,逻辑 0 以两线间的电压差为 −(0.2～6) V 来表示,是一种典型的差分信号接口电路。采用差分信号,也就是幅值相等,相位相反的信号,最大的优势是可以抑制共模干扰,可有效地提高通信可靠性。

(2) 采用平衡驱动器和差分接收器的组合,抗干扰能力也大大增加。提高抗干扰性能后,通信速率大大提高,最大传输速度可以达到 10 Mbit/s 以上。

（3）传输距离最远可以达到 1200 m 左右，但是它的传输速率和传输距离是成反比的，只有在 100 kbit/s 以下的传输速度，才能达到最大的通信距离，如果需要传输更远距离可以使用中继。

（4）可以在总线上进行联网实现多机通信，总线上允许挂多个收发器，从现有的 RS485 芯片来看，有可以挂 32、64、128、256 等不同个设备数量的驱动器芯片。

MCU 的 UART 端口与 RS485 设备相连，同样需要电平转换器件。支持 RS485 电平的协议转换芯片型号也非常多，如图 4-63 是 MAX485 芯片及芯片互联示意图，左侧给出了芯片的引脚编号，图中是两个同型芯片互联的接线方法。MCU UART 的 RXD 信号接 MAX485 的 1 脚，TXD 信号接 MAX485 的 4 脚。RS485 是单工线路，一个时刻在总线网络中只能一个主发，一般把 MAX485 的 2、3 脚连接在一起，然后连接 MCU 的一个 GPIO 端口。MCU 启动发送前，先将这个 GPIO 端口设置为低电平（进入发送状态），然后开始发送。发送完毕后，将 GPIO 置高电平，返回接收状态。

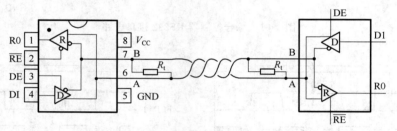

图 4-63　MAX485 芯片及芯片互联示意图

MAX485 A、B 信号之间的电阻 R_t 是终端电阻。在采用差分信号传输的长线网络中，都需要设置终端电阻，主要目的是吸收信号在线缆末端产生的反射波，阻值的选择应与电缆的特性阻抗匹配（一般取值 120 Ω）。两个设备通过 RS485 接口互联时，电缆中的 A、B 信号线应该双绞，这样才能更好地抵消共模干扰，如图 4-64 所示。

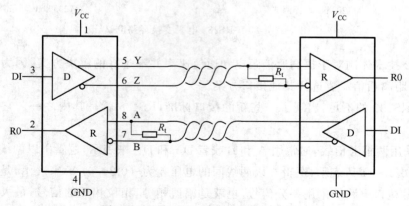

图 4-64　MAX485 芯片实现 RS422 接口

MAX485 需要 5 V 电源工作，这是一个比较老的型号，支持最大通信比特率为

2.5 Mbit/s，传输延时的典型值 $t_{PLH}=30$ ns，上升时间 $t_R=15$ ns。目前新型号的转换芯片如 MAX3485，比特率普遍可达 10 Mbit/s。

在无人平台中，综合控制器通过 485 接口连接电动机驱动器。综合控制器板卡上扩展了两路 RS485 接口，其中一路 485 接口的电路如图 4-65 所示。

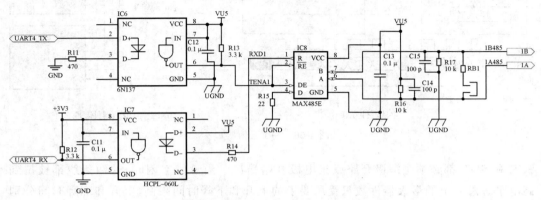

图 4-65　综合控制器 RS485 接口电路

综合控制器选用 MAX485E 来做 485 电平转换，其中 RB1 为终端匹配电阻，而 R16 和 R17 是两个偏置电阻，这两个电阻分别将 A、B 信号线拉到 VU5 和 UGND，可保证静默状态时，485 总线维持逻辑 1。

485 电路设计成自动收发方式，将 MCU 发送信号经光耦隔离后接 MAX385 的发送使能端（2、3 引脚），将 MAX485 发送引脚接地。这样，MCU 发送时，直接用 TENA 信号控制总线电平，而 MCU 不发送时，TENA 信号低电平，MAX485 进入接收状态。考虑到 485 总线的抗干扰要求，485 接口芯片通过光耦 6N137 和 HCPL-060L 连接 MCU。用 DCDC 模块 F0505XT 产生隔离后的 5 V 直流电压 VU5，为 MAX485 芯片供电。

3. SPI 接口

在设备内部，MCU 与 MCU 或其他智能芯片，广泛采用 SPI 接口互联通信。SPI 总线技术是 Motorola 公司推出的一种同步串行接口（串行外围设备接口，Serial Peripheral Interface）。一般使用 4 条信号线，串行时钟线 SCK、主机输入/从机输出数据线 MISO、主机输出/从机输入数据线 MOSI、低电平有效的从机选择线 NSS。SPI 接口的器件互联图如图 4-66 所示。SPI 接口器件可以组网，必须包含主器件，一般由主器件产生 SCK 时钟信号，同时由主器件产生片选信号，选中某个器件建立主从通信关系，如图 4-66(b)所示。

4. I^2C 接口

I^2C(Inter Integrated Circuit)常译为内部集成电路总线或集成电路间总线，它是由 Philips 公司推出的芯片间串行传输总线。使用 2 根信号线实现数据通信，1 根串行数据线(SDA)，1 根串行时钟线(SCL)。图 4-67 给出了一个典型的单主器件 I^2C 网络配置。总线上不同器件的工作电压可以不同。SCL（串行时钟）和 SDA（串行数据）线是双向的，必须通过一个上拉电阻或类似电路将它们连到电源电压。连接在总线上的每个器件的

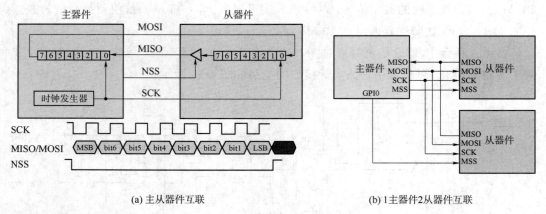

图 4-66　SPI 通信接口

SCL 和 SDA 都必须是漏极开路或集电极开路输出。当总线空闲时,这两条线都被拉到高电平。总线上的最大器件数只受所要求的上升和下降时间限制,上升和下降时间分别不能超过 300 ns 和 1 μs。

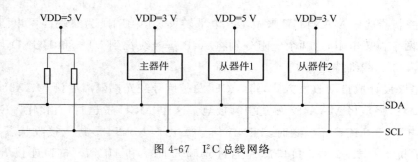

图 4-67　I^2C 总线网络

在单主系统构成的 I^2C 网络中,每个 I^2C 接口芯片具有唯一的器件地址,各从器件之间互不干扰,相互之间不能进行通信。MCU 与 I^2C 器件之间的通信是通过对特定器件地址寻址开始的。

I^2C 有两种可能的数据传输类型:①主发送器发送数据到从接收器(写);②从被寻址的从发送器发数据到主接收器(读)。这两种数据传输都由主器件启动,并由主器件在 SCL 上提供串行时钟。总线上可以有多个主器件。如果两个或多个主器件同时启动数据传输,仲裁机制将保证有一个主器件会赢得总线。在多主器件的网络中,任何一个发送起始条件(START)和从器件地址的器件就成为该次数据传输的主器件。

一次典型的 I^2C 数据传输时序图如图 4-68 所示。通信开始,主器件发送一个起始条件(START)、一个地址字节、一个或多个字节的数据和一个停止条件(STOP)。地址字节的位 7~1 是从器件的 7 位地址值,每种 I^2C 总线从器件都有自己的地址值,如具有 64 KB 存储容量的 EEPROM 存储芯片 AT24C512,地址为 0xA0(硬件地址线 A0、A1 接低电平时);方向位占据地址字节的最低位,方向位被设置为逻辑 1 表示这是一个"读"(READ)操作,方向位为逻辑 0 表示这是一个"写"(WRITE)操作。

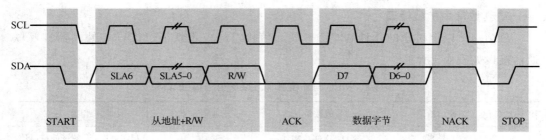

图 4-68 I²C 总线数据传输时序图

主器件或从器件每接收一个字节都必须用 SCL 高电平期间的 SDA 低电平来确认（ACK）。如果接收器件不确认，则发送器件将读到一个"非确认"（NACK），这用 SCL 高电平期间的 SDA 高电平表示。

所有的数据传输都由主器件启动，可以寻址一个或多个目标从器件。主器件产生一个起始条件，然后发送地址和方向位。如果本次数据传输是一个从主器件到从器件的写操作，则主器件每发送一个数据字节后等待来自从器件的确认。如果是一个读操作，则由从器件发送数据并等待主器件的确认。在数据传输结束时，主器件产生一个停止条件，结束数据传输并释放总线。

I²C 总线传输速率在标准模式下可达 100 kbit/s，在快速模式下达 400 kbit/s，在高速模式下达 3.4 Mbit/s。

为了能实时检测无人平台本体姿态，在综合控制器主板上集成了一颗 6 轴运动信号处理芯片 MPU6050。另外，为了能存储控制系统的参数设置值，扩展了 1 个 AT24C256 芯片。两个芯片通过 I²C 总线连接 MCU。MCU 与 MPU6050 及 AT24C256 接口的电路如图 4-69 所示。

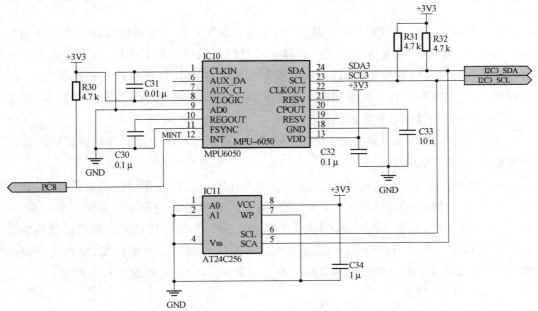

图 4-69 综合控制器扩展 MPU6050 及 AT24C256 电路图

5. 其他常用扩展接口

总结一下以上讨论的几种 MCU 扩展通信接口的技术特征，MCU 与外围器件互联通信接口如表 4-5 所示。

表 4-5 MCU 与外围器件互联通信接口（串口）

端口名称	通信机制	信号线数量	通信速率	用途
UART-TTL	异步	3（TXD、RXD、GND）		板级互联，设备级低速通信
UART-232	异步	3（TXD、RXD、GND）	可达 250 kbit/s	近程设备间互联
UART-485	异步	2（A、B）	可达 10 Mbit/s	远程设备互联
UART-422	异步	4（A、B、Y、Z）	可达 10 Mbit/s	远程设备互联
SPI	同步	4（SCK、MOSI、MISO、GND）		板级、设备内通信
I^2C	同步	3（SCL、SDA、GND）	400 kbit/s、2 Mbit/s	板级、设备内通信
CAN	异步	2（CANH、CANL、GND 可选）	可达 1 Mbit/s	远程设备互联、组网

CAN 总线是在汽车测控系统中发展起来的通信接口，在坦克装甲车辆、各种无人系统中也得到了广泛应用，相关内容将在下节讨论。

MCU 扩展接口远不止上述几种，如 STM32F4 系列 MCU 还集成了串行音频接口（SAI）、通用串行总线接口（USB）、以太网接口（Ethernet）和 SD MMC 卡主机接口（SDIO）等。每种接口的技术细节，需要时应查阅芯片的参考手册。

4.3.6 内部总线与智能传感器接口

传统意义上的传感器输出的多是模拟量信号，需连接到特定测量仪表才能完成信号的处理和传输功能。智能传感器能在内部实现对原始数据的加工处理，并且可以通过标准的接口与外界实现数据交换，以及根据实际的需要通过软件控制改变传感器的工作，从而实现智能化、网络化。由于使用标准总线接口，智能传感器具有良好的开放性、扩展性，给系统的扩充带来了很大的发展空间。

本节以综合控制器内集成的 MPU6050 为例，讨论 MCU 与智能传感器接口实现测量数据获取的方法。

MPU6050 是 InvenSense 公司出品的三轴加速度＋三轴陀螺仪的六轴传感器，芯片内部整合了 3 轴陀螺仪和 3 轴加速度传感器，并可利用自带的数字运动处理器（Digital Motion Processor，DMP）硬件加速引擎，通过主 I^2C 接口，向应用端输出姿态解算后的数据。有了 DMP，用户可以使用 InvenSense 公司提供的运动处理资料库，非常方便地实现姿态解算，降低了运动处理运算对操作系统的负荷，同时大大降低了开发难度。

1. MPU6050 简介

MPU6050 是一款 6 轴运动处理组件，具有超小封装尺寸 $4\times4\times0.9$ mm（QFN 封

装),MPU6050 内部结构和引脚定义如图 4-70 所示。MPU6050 内部整合了 3 轴陀螺仪和 3 轴加速度传感器,并且含有一个第二 I^2C 接口,可用于连接外部磁力传感器,利用自带的 DMP 硬件加速引擎,向应用端输出完整的 9 轴融合演算数据。

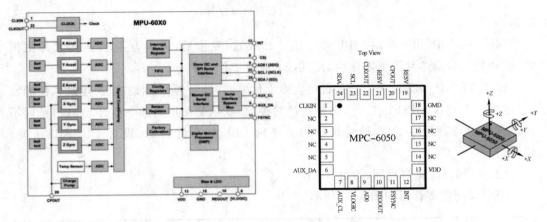

图 4-70　MPU6050 内部结构和引脚定义

MPU6050 的技术特点包括:

(1) 以数字形式输出 6 轴或 9 轴(需外接磁传感器)的旋转矩阵、四元数(quaternion)、欧拉角格式(Euler Angle forma)的融合演算数据(需 DMP 支持);

(2) 含 6 个 16 位 ADC 将其测量的加速度、角速度模拟量转化为数字量,传感器输出量程可设置,陀螺仪可设置为 ±250、±500、±1000、±2000(°/秒),加速度计可测范围为 ±2、±4、±8、±16(g);

(3) 内置一个数字温度传感器;

(4) 带数字输入同步引脚(Sync pin)支持视频电子影相稳定技术与 GPS;

(5) 带可程序控制的中断输出信号,支持姿势识别、摇摄、画面放大缩小、滚动、快速下降中断、high-G 中断、零动作感应、触击感应、摇动感应功能;

(6) VDD 供电电压可设置为 2.5 V、3.0 V、3.3 V,VLOGIC 可低至 1.8 V;

(7) 陀螺仪工作电流 5 mA、待机电流 5 μA,加速度传感器工作电流 500 μA;

(8) 自带 1024 字节 FIFO,有助于降低系统功耗;

(9) I^2C 通信接口,比特率可达 400 kbit/s。

2. MPU6050 内部寄存器

MCU 通过 I^2C 接口向 MPU6050 内部寄存器写数据即可实现参数设置,读特定寄存器即可取得加速度和角速度测量值。MPU6050 的寄存器地址及定义请参考数据手册,此处讨论使用该传感器数据必须设置的几个寄存器。

(1) 电源管理寄存器(地址 0x6B)

电源管理寄存器如图 4-71 所示。

Bit7:DEVICE_RESET,置 1 后,复位 MPU6050,复位结束后硬件自动清 0。

Register (Hex)	Register (Decimal)	Bit7	Bit6	Bit5	Bit4	Bit3	Bit2	Bit1	Bit0
6B	107	DEVICE_RESET	SLEEP	CYCLE	—	TEMP_DIS	CLKSEL[2:0]		

图 4-71 电源管理寄存器

Bit6:SLEEP,用于控制 MPU6050 的工作模式,复位后,该位为 1,即进入了睡眠模式(低功耗),启动芯片要清零该位,使其进入正常工作模式。

Bit3:TEMP_DIS 用于设置是否使能温度传感器,设置为 0,则使能(上电默认使能)。

Bit0~Bit2:CLKSEL[2:0],选择系统时钟源,默认是使用内部 8M RC 晶振,精度不高,所以一般选择 $X/Y/Z$ 轴陀螺作为参考的 PLL 作为时钟源,设置 CLKSEL=001 即可。

(2) 陀螺仪配置寄存器(地址 0x1B)

陀螺仪配置寄存器如图 4-72 所示。

Register (Hex)	Register (Decimal)	Bit7	Bit6	Bit5	Bit4	Bit3	Bit2	Bit1	Bit0
1C	28	XA_ST	YA_ST	ZA_ST	AFS_SEL[1:0]		—		

图 4-72 陀螺仪配置寄存器

Bit4-Bit3:FS_SEL[1:0],陀螺仪量程选择位:0、$\pm 250°/s$,1、$\pm 500°/s$,2、$\pm 1000°/s$、3、$\pm 2000°/s$;设置为 3,即设置量程为 $\pm 2000°/s$,因为陀螺仪 ADC 16 位分辨率,所以得到灵敏度为 $65\,536/4000=16.4\ \text{LSB}/(°/s)$。

(3) 加速度传感器配置寄存器(地址 0x1C)

加速度传感器配置寄存器如图 4-73 所示。

Register (Hex)	Register (Decimal)	Bit7	Bit6	Bit5	Bit4	Bit3	Bit2	Bit1	Bit0
1C	28	XA_ST	YA_ST	ZA_ST	AFS_SEL[1:0]		—		

图 4-73 加速度传感器配置寄存器

Bit4-Bit3:AFS_SEL[1:0],设置加速度传感器的满量程范围:0、$\pm 2\,g$,1、$\pm 4\,g$,2、$\pm 8\,g$,3、$\pm 16\,g$。设置为 0,即满量程输出 $\pm 2\,g$,由于加速度传感器的 ADC 也是 16 位,所以得到灵敏度为 $65\,536/4=16\,384\ \text{LSB}/g$($1\,g$ 的加速度对应 adc 的值为 16384)。

(4) 陀螺仪采样率分频寄存器(地址 0x19)

陀螺仪采样率分频寄存器如图 4-74 所示。

Register (Hex)	Register (Decimal)	Bit7	Bit6	Bit5	Bit4	Bit3	Bit2	Bit1	Bit0
19	25	SMPLRT_DIV[7:0]							

图 4-74 陀螺仪采样率分频寄存器

用于设置 MPU6050 的陀螺仪采样频率,计算公式为:采样频率 = 陀螺仪输出频率/(1+SMPLRT_DIV),这里陀螺仪的输出频率是 1 kHz 或者 8 kHz,与数字低通滤波器(DLPF)的设置有关。当 DLPF_CFG(配置寄存器的某位)=0/7 的时候,频率为 8 kHz,其他情况是 1 kHz。而且 DLPF 滤波频率一般设置为采样率的一半。

(5) 陀螺仪数据输出寄存器

地址为 0X43~0X48 的 6 个寄存器存储 X、Y、Z 这 3 个轴加速度测量值,每个轴占用 2 个 8 位寄存器,数值输出范围是(65 536/2,−65 536/2−1),数据按照补码存放(有符号整形数)。

(6) 加速度数据输出寄存器

地址为 0X3B~0X40,6 个寄存器存储三轴加速度值。

3. 无人平台运动姿态测量数据读取程序

按照既定流程读写 MPU6050 寄存器值,即可实现测量数据读取,并可利用这些数据评估轮式无人平台姿态。MCU 中的控制程序采用非中断方式读取 MPU6050 的加速度和角度传感器数据,需要包含以下步骤。

(1) 初始化 I^{2}C 接口

MCU 通过 I^{2}C 接口连接 MPU6050,电路图如图 4-69 所示。首先应初始化 I^{2}C 接口。初始化端口比特率为 100 kbit/s,例程如下:

```
//IIC 总线初始化例程
#defineMPU6050_ADDR 0x68                    //器件地址
static void MX_I2C2_Init(void)
{
  hi2c2.Instance = I2C2;
  hi2c2.Init.ClockSpeed = 100000;
  hi2c2.Init.DutyCycle = I2C_DUTYCYCLE_2;
  hi2c2.Init.OwnAddress1 = 0;
  hi2c2.Init.AddressingMode = I2C_ADDRESSINGMODE_7BIT;
  hi2c2.Init.DualAddressMode = I2C_DUALADDRESS_DISABLE;
  hi2c2.Init.OwnAddress2 = 0;
  hi2c2.Init.GeneralCallMode = I2C_GENERALCALL_DISABLE;
  hi2c2.Init.NoStretchMode = I2C_NOSTRETCH_DISABLE;
  if (HAL_I2C_Init(&hi2c2) ! = HAL_OK)
  {
    Error_Handler();
  }
}
```

(2) 复位 MPU6050

复位 MPU6050,向电源管理寄存器(0X6B)的 DEVICE_RESET 位写 1 实现。复位后,电源管理寄存器恢复默认值(0x40),然后写 SLEEP 位为 0,以唤醒 MPU6050,使其进入正常工作状态,顺序调用以下函数实现:

```
MPU_Write_Byte(MPU_PWR_MGMT1_REG,0X80);         //复位 MPU6050
delay_ms(100);
MPU_Write_Byte(MPU_PWR_MGMT1_REG,0X00);         //唤醒 MPU6050
```

(3) 设置角速度传感器(陀螺仪)和加速度传感器的满量程范围

设置两种传感器的满量程范围,分别向陀螺仪配置寄存器(0X1B)和加速度传感器配置寄存器(0X1C)写设置值,顺序调用函数:

```
MPU_Set_Gyro_Fsr(3);                             //陀螺仪传感器,±2000 dps
MPU_Set_Accel_Fsr(0);                            //加速度传感器,±2 g
MPU_Set_Rate(50);                                //设置采样率 50 Hz
```

(4) 设置其他参数

还需要配置的参数有:关闭中断、关闭 AUX IIC 接口、禁止 FIFO、设置陀螺仪采样率、设置数字低通滤波器(DLPF)、设置陀螺仪采样率,顺序执行以下代码:

```
MPU_Write_Byte(MPU_INT_EN_REG,0X00);            //关闭所有中断
MPU_Write_Byte(MPU_USER_CTRL_REG,0X00);         //I2C 主模式关闭
MPU_Write_Byte(MPU_FIFO_EN_REG,0X00);           //关闭 FIFO
MPU_Write_Byte(MPU_INTBP_CFG_REG,0X80);         //INT 引脚低电平有效
MPU_Write_Byte(MPU_PWR_MGMT1_REG,0X01);         //设置 CLKSEL,PLL X 轴为参考
MPU_Write_Byte(MPU_PWR_MGMT2_REG,0X00);         //加速度与陀螺仪都工作
MPU_Set_Rate(50);                                //设置采样率为 50 Hz
```

(5) 读取测量值

配置完成后,在 MCU 主循环中周期调用函数读取陀螺仪数据输出寄存器和加速度数据输出寄存器就可得到测量数据的原始值。例程如下:

```
/*例程:陀螺仪值(原始值)读取
 *参数 1:{short} *gx:x 轴角速度
 *参数 2:{short} *gy:y 轴角速度
 *参数 3:{short} *gz:z 轴角速度
 *返回值:{u8}:0,成功;其他,错误
 */
u8 MPU_Get_Gyroscope(short *gx,short *gy,short *gz)
{
u8 buf[6],res;
res = MPU_Read_Len(MPU6050_ADDR,MPU_GYRO_XOUTH_REG,6,buf);
if(res = = 0)
{
```

```
    *gx = ((u16)buf[0]<<8)|buf[1];
    *gy = ((u16)buf[2]<<8)|buf[3];
    *gz = ((u16)buf[4]<<8)|buf[5];
  }
  return res;
}
/*例程:加速度值(原始值)读取
  *参数1:{short} *ax:x轴加速度
  *参数2:{short} *ay:y轴加速度
  *参数3:{short} *az:z轴加速度
  *返回值:{u8}:0,成功;其他,错误
*/
u8 MPU_Get_Accelerometer(short *ax,short *ay,short *az)
{
  u8 buf[6],res;
  res = MPU_Read_Len(MPU6050_ADDR,MPU_ACCEL_XOUTH_REG,6,buf);
  if(res = = 0)
  {
    *ax = ((u16)buf[0]<<8)|buf[1];
    *ay = ((u16)buf[2]<<8)|buf[3];
    *az = ((u16)buf[4]<<8)|buf[5];
  }
  return res;
}
```

在 main()函数设置 while 循环,周期调用 MPU_Get_Accelerometer(short *,short *,short *)和 MPU_Get_Gyroscope(short *,short *,short *)即可读回传感器的测量值。进一步的数据处理,如利用卡尔曼滤波算法评估无人平台姿态角,将在第5章讨论。

4.4 车载现场总线技术

我军以主战坦克、装甲战车为代表的陆军突击装备发展总体上是围绕机动、防护和打击能力提升展开,过程中大量应用新兴的电子技术、数字技术。从三代主战装备开始,基本上每个装备都是复杂的机电一体化系统。

坦克装甲装备中典型的机电一体化子系统包括:

① 火力控制系统,含火炮稳定控制、目标观察、识别、解算、弹药装填以及乘员的显示控制等;

② 威胁预警与对抗系统,含威胁告警及对抗措施设备控制、真假目标识别定位与控制、三防系统控制、烟幕装置控制等;

③ 动力传动系统，含发动机电控、换挡控制、转向控制、制动控制、故障诊断、检测和显示等；

④ 通信指挥自动化，包括音频/通话器、音频/无线电台、车际间数字信息传递/无线电台、导航/定位等；

⑤ 车辆状况自检与报告，包括弹药油料储备、诊断、测试（自动、机内和故障隔离测试）等；

⑥ 车内电源的管理、控制和分配等。

随着技术的不断发展和进步，还会有更多融合新技术的新系统要安装到坦克装甲装备上来。但是，恶劣的战场环境又要求坦克的体积尽可能地小，因此，突出的矛盾产生了，坦克装甲装备内的电子设备越来越多，各种检测盒、控制盒遍布车体内，电气线缆布线繁杂，电磁干扰问题严重，车内空间更为拥挤，可靠性、可维修性低，乘员操作负担过重以致影响战技性能发挥等一系列重要的问题，特别是这种分散式结构很难实现与未来战场 C4（Computer、Command、Control、Communication）系统的接口，坦克装甲装备的发展面临严重的技术挑战。

新一代坦克装甲车辆全面引入车载现场总线技术。随着武器装备信息化需求的提出，最先部署在作战车辆内的是综合电子信息系统，之后随着机电一体化技术发展，综合电子信息系统中逐步增加了很多自动控制设备。武器装备发展逐步进入自动化、信息化、智能化融合阶段。

本节主要讨论车载现场总线技术及实现方法，在探讨主战装备综合电子信息系统原理构成的基础上，重点介绍在车辆及武器装备中广泛使用的 CAN 总线原理和应用。

4.4.1 车载总线概述

在有人驾驶的时代，电子系统融入装备内，最主要的目的是通过传感器检测车辆各个子系统的状态，通过仪表显示的方式将底层状态展示给操作人员，以便于战斗员更高效地操纵武器。

武器装备发展过程中电子系统增多为装备设计带来了新的难题。电子系统的问题最终还是要由电子技术的发展来解决，这个过程形成了车辆电子学的一个分支，电子综合化技术，即在坦克装甲装备苛刻的空间限制条件下，对密集性的坦克电子系统集合进行信息综合和功能综合的技术。电子综合化技术的载体是车载总线技术。

现场总线（Field Bus）是 20 世纪 80 年代中后期随着计算机、通信、自动控制等技术发展而出现的一门新兴技术，代表自动化领域发展的最新阶段。现场总线的定义有多种。国际电工委员会（IEC）对现场总线的定义为：现场总线是一种应用于生产现场，在现场设备之间、现场设备与控制装置之间实行双向、串行、多节点数字通信的技术。现场总线技术是机电一体化领域发展的热点之一，被誉为自动化领域的计算机局域网。它作为工业数据通信网络的基础，构建了生产过程现场级控制设备之间以及与更高控制管理层之间的信息通道。它不仅是底层网络，更是开放式、新型全分布式的自动控制系统的一个重要组成部分。这项以智能传感、控制、计算机、数据通信为主要内容的综合技术,受到世界范围的关注而成为自动化技术发展的热点,并引发自动化系统结构与设备的深刻变革。

车载总线技术实际上是现场总线技术在车辆中的转化应用,在车辆特殊应用环境下,同时产生了车辆专用的现场总线。车载总线就是车载网络中底层的车用设备或车用仪表互联的通信网络。目前,有 4 种主流的车用总线,LIN 总线、CAN 总线、FlexRay 总线和 MOST 总线。

1. LIN 总线（Local Interconnect Network）

LIN 是面向汽车低端分布式应用的低成本,低速串行通信总线。它的目标是为现有汽车网络提供辅助功能,在不需要 CAN 总线的带宽和多功能的场合使用,主要特点是低成本。LIN 相对于 CAN 的成本节省主要是由于采用单线传输、硅片中硬件或软件的低实现成本和无须在从属节点中使用石英或陶瓷谐振器。这些优点是以较低的带宽和受局限的单宿主总线访问方法为代价的。LIN 包含一个宿主节点和一个或多个从属节点。所有节点都包含一个被分解为发送和接收任务的从属通信任务,而宿主节点还包含一个附加的宿主发送任务。在实时 LIN 中,通信总是由宿主任务发起的。

除了宿主节点的命名之外,LIN 网络中的节点不使用有关系统设置的任何信息。可以在不要求其他从属节点改变硬件和软件的情况下向 LIN 中增加节点。宿主节点发送一个包含同步中断、同步字节和消息识别码的消息报头。从属任务在收到和过滤识别码后被激活并开始消息响应的传输。响应包含 2 个、4 个或 8 个数据字节和一个检查和（checksum）字节。报头和响应部分组成一个消息帧。

LIN 总线上的所有通信都由主机节点中的主机任务发起,主机任务根据进度表来确定当前的通信内容,发送相应的帧头,并为报文帧分配帧通道。总线上的从机节点接收帧头之后,通过解读标识符来确定自己是否应该对当前通信做出响应、做出何种响应。基于这种报文滤波方式,LIN 可实现多种数据传输模式,且一个报文帧可以同时被多个节点接收利用。

LIN 总线物理层采用单线连接,两个电控单元间的最大传输距离为 40 m。总线驱动器和接收器的规范遵从改进的 ISO 9141 单线标准,基于 SCI/UART（通用异步收发接口的单总线串行通信）协议,低传输速率,比特率小于 20 kbit/s,采用 NRZ 编码（非归零反向编码,翻转代表逻辑 0,不变代表逻辑 1）。

2. CAN（Controller Area Network）总线

CAN 即控制器局域网,可以归属于工业现场总线的范畴,通常称为 CAN bus,即 CAN 总线,是目前国际上应用最广泛的开放式现场总线之一。

CAN 最初出现在汽车工业中,20 世纪 80 年代由德国 Bosch 公司最先提出。最初动机是为了解决现代汽车中庞大的电子控制装置之间的通信,减少不断增加的信号线。CAN 总线是一种串行数据通信协议,其通信接口中集成了 CAN 协议的物理层和数据链路层功能,可完成对通信数据的成帧处理,包括位填充、数据块编码、循环冗余检验、优先级判别等项工作。

CAN 总线协议完善,结构简单,主要技术特征包括:
(1) 通信速率最高可达 1 MB/s(此时距离最长 40 m)。
(2) 节点数实际可达 110 个。
(3) 采用短帧结构,每一帧的有效字节数为 8 个。
(4) 每帧信息都有 CRC 校验及其他检错措施,数据出错率极低。
(5) 通信介质可采用双绞线,同轴电缆和光导纤维,一般采用廉价的双绞线即可,无特殊要求。
(6) 节点在错误严重的情况下,具有自动关闭总线的功能,切断它与总线的联系,以使总线上的其他操作不受影响。

本节将重点讨论 CAN 总线原理及实际应用。

3. FlexRay 总线

FlexRay 总线是由宝马、飞利浦、飞思卡尔和博世等公司共同制定的一种新型通信标准,专为车内联网而设计,采用基于时间触发机制,具有高带宽、容错性能好等特点,在实时性、可靠性和灵活性方面具有一定的优势。FlexRay 总线数据收发采取时间触发和事件触发的方式。利用时间触发通信时,网络中的各个节点都预先知道彼此将要进行通信的时间,接收器提前知道报文到达的时间,报文在总线上的时间可以预测出来。即便行车环境恶劣多变,干扰了系统传输,FlexRay 协议也可以确保将信息延迟和抖动降至最低,尽可能保持传输的同步与可预测。这对需要持续及高速性能的应用(如线控刹车、线控转向等)来说,是非常重要的。

FlexRay 总线采用了周期通信的方式,一个通信周期可以划分为静态部分、动态部分、特征窗和网络空闲时间 4 个部分。静态部分和动态部分用来传输总线数据,即 FlexRay 报文。特征窗用来发送唤醒特征符和媒介访问检测特征符。网络空闲时间用来实现分布式的时钟同步和节点参数的初始化。

FlexRay 具有高速、可靠及安全的特点。

FlexRay 在物理上通过两条分开的总线通信,每一条的数据速率是 10 MBit/s。FlexRay 还能够提供很多网络所不具有的可靠性特点。尤其是 FlexRay 具备的冗余通信能力可实现通过硬件完全复制网络配置,并进行进度监测。FlexRay 同时提供灵活的配置,可支持各种拓扑,如总线、星形和混合拓扑。FlexRay 本身不能确保系统安全,但它具备大量功能,可以支持以安全为导向的系统(如线控系统)的设计。宝马公司在 07 款 X5 系列车型的电子控制减震器系统中首次应用了 FlexRay 技术。此款车采用基于飞思卡尔的微控制器和恩智浦的收发器,可以监视有关车辆速度、纵向和横向加速度、方向盘角度、车身和轮胎加速度及行驶高度的数据,实现了更好的乘坐舒适性以及驾驶时的安全性和高速响应性,此外还将施加给轮胎的负荷变动以及底盘的振动均减至最小。

4. MOST 总线

多媒体传输系统(MOST)是一种专门针对车内使用而开发的、服务于多媒体应用的数据总线技术。

MOST 总线利用光脉冲传输数据,采用环形网络结构。在环形总线内只能朝着一个方向传输数据。MOST 的传输技术近似于公众交换式电话网络(Public Switched Telephone Network,PSTN),有着数据信道(Data Channel)与控制信道(Control Channel)的设计定义,控制信道即用来设定如何使用与收发数据信道。一旦设定完成,资料就会持续地从发送处流向接收处,过程中不用再有进一步的封包处理程序,将运作机制如此设计,最适合用于实时性音讯、视讯串流传输。

MOST 在制订上完全合乎 ISO/OSI 的 7 层数据通信协议参考模型,而在网线连接上 MOST 采用环状拓朴,不过在更具严苛要求的传控应用上,MOST 也允许改采星状(亦称放射状)或双环状的连接组态。此外,每套 MOST 传控网络允许最多达 64 个的装置(节点)连接。MOST 总线主控器(通常位于汽车音响主机处)有助于数据采集,所以该网络可支持多个主拓扑结构,在一个网络上最多高达 64 个主设备。MOST 的总数据传输率为 24.8 Mbit/s,这已是将音视讯的串流资料与封包传控资料一并列计,在 24.8 Mbit/s 的频宽中还可区隔成 60 个传输信道、15 个 MPEG-1 的视讯编码信道,这些可由传控设计者再行组态、规划与调配。由于这些优点,MOST 是汽车电子中应用最多的最佳多媒体传控网络。

对比以上 4 种车用总线,在坦克装甲车辆以及地面无人系统中,CAN 总线应用最为广泛。

4.4.2 主战装备综合电子系统

我军三代主战装备普遍部署了综合电子系统,使新一代主战装备的信息化能力显著增强。综合电子系统能对车内、车际主要信息通过多层总线与战术互联网电台进行获取、传输、管理、显示与发送,加装"北斗"集群定位导航和敌我识别设备,满足战车车辆间的协同作战、互连互通和指挥自动化要求。

1. 战车综合电子系统

战车综合电子系统如图 4-75 所示,主要由总线系统、车长任务终端系统、火控计算机系统、驾驶员任务终端系统、电源电气管理系统、定位导航系统、光电对抗系统等子系统构成。

电源电气管理系统主要包括电源系统、电源管理系统(包括底盘和炮塔两部分)、起动系统、蓄电池加温系统、驾驶员操作面板、照明及信号装置和部分辅助电器等组成。底盘电源管理包括驾驶舱电气综合控制盒、动力舱电气综合控制盒、载员舱电气综合控制盒。各控制盒作为底盘 CAN 总线节点设备,分布在驾驶舱、动力舱、载员舱,根据"就近"原则控制负载,实现数据采集、状态监测、负载控制等功能。炮塔电源管理中炮塔供配电由炮塔供电箱和炮塔电源控制器组成。炮塔供电箱完成粗电、精电的供电,炮塔电源控制器完成负载状态(通断、电流、电压)数据采集、状态监测、总线配电、负载控制保护等功能。

车长任务终端实现武器系统烟幕弹发射等应急操作的同时可自动完成三防灭火防护中对炮塔排进气风扇的相应控制。

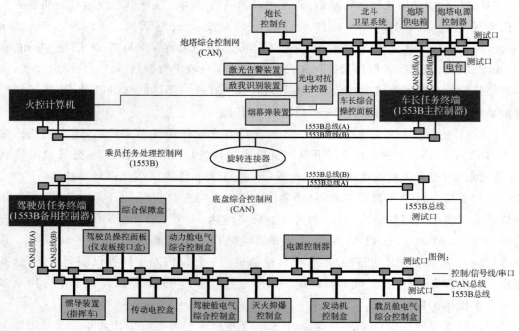

图 4-75 战车综合电子系统

定位导航系统根据不同车型进行配备。指挥型车配备惯性定位导航装置与北斗卫星装置,战斗型车配备北斗卫星装置,并加装寻北仪以满足火控系统间瞄需要。

光电对抗系统主要由光电对抗主控器、激光告警装置(激光告警器、激光告警器处理机)、烟幕弹发射装置、敌我识别主控器、毫米波应答机及天线、毫米波询问机及天线组成。

火控计算机、炮长控制台、灭火抑爆控制盒、传动电控盒、发动机电控盒分别所属火力火控系统和底盘分系统,在各自的系统中完成特定功能。这些设备之间以及设备与综合电子系统总体之间有信息共享关系,需要共享的信息通过 1553B 或 CAN 总线进行交互。

炮塔综合控制网所包含的各分系统、组部件及炮塔 1553B 总线电缆和炮塔 CAN 总线电缆分布在炮塔中,底盘综合控制网所属各分系统及组部件除电源控制器、动力舱电气综合控制盒、动力舱 CAN 总线位于动力舱内,其余各部件分布在驾驶舱和载员舱中。

2. 1553B 总线原理

战车综合电子系统采用 1553B 总线、CAN 总线两层总线结构,其中乘员任务处理控制网通过 1553B 总线连接车长任务终端、火控计算机、驾驶员任务终端,完成全车指挥控制信息的传输;综合控制网以 CAN 总线为通信链路,分为炮塔综合控制网、底盘综合控制网两部分,完成炮塔系统和底盘系统中电子电气设备的信息共享和综合控制。

美国国防部在 20 世纪 70 年代末正式推出 MIL-STD-1553B(数字式十分制命令/响应型多路传输数据总线)标准作为军用局域网的标准协议。它是一种串行数据总线标准,类似于个人计算机互联的局域网(LAN),各种系统的数据和信息都可通过 1553B 总线交换,具有可靠性高、速度快、反应灵敏、双冗余等特点,因此适用于实时性要求高的武器系统,已广泛应用于航空、航天、导弹系统、无人机、装甲车辆等。国内采用 GJB289A 标准。

典型 1553B 总线硬件系统的拓扑结构如图 4-76 所示,总线网络包括总线 A 和总线 B,两者互为冗余备份,所有的总线设备(也称为总线接口单元,BusInterface Unit,BIU)都以并联方式共享总线的主线部分。主线与子线之间采用总线控制器 BC(BUS Controller)、总线监视器 BM(BUS Monitor)、远程终端 RT0(Remote Terminal)、远程终端 RT1……远程终端 RT30 的方式连接。总线上只能有一个总线控制器 BC 和不多于 31 个远程终端 RT(某些文献也称其为远程终端或者远程单元)。总线监视器是可选的,用于监视总线通信,一般不参与通信。其中总线控制器负责总线的控制和管理,所有传输都由 BC 启动,是所有信息传输动作的发起者,且任何时刻总线上只有一个 BC;远程终端 RT 对总线上的有效命令作出响应,发送状态字,完成相应动作,在网络中被动参与通信,与已无关的数据均不可见;总线监控器 BM,只监听和记录总线传输的命令和数据,受 BC 控制,但不参与任何总线传输。

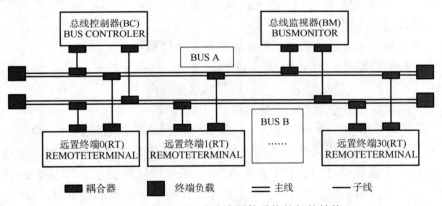

图 4-76 典型 1553B 总线硬件系统的拓扑结构

1553B 的标准传输速率为 1 Mbit/s,少数情况使用 4 Mbit/s,每条消息最多包含 32 个字(每个字 16 位)。1553B 采用半双工工作方式,采用曼彻斯特 II 编码,2 个脉冲编码为 1 个逻辑信号。1553B 信息流由一串 1553B 消息构成,消息由命令字、数据字、状态字组成。1553B 每个字由 3 位同步头+16 位数据/命令/状态+1 位奇偶校验构成,同步头和校验位由硬件填充和验证,软件中只需处理 16 位数据、命令或状态。1553B 数据编码如图 4-77 所示。

3. MIC 总线原理

我军的主战坦克上综合电子系统还使用 MIC 总线构建底层综合控制网。MIC 总线是专门为解决恶劣环境下电力及数据分配和管理问题而开发的一种具备简单、高可靠性特征的时间分割多路传输串行现场数据总线。20 世纪 80 年代末美国 DDC 公司开发了 MIC 总线的核心器件 C-MIC。该器件内置自检、双冗余逻辑判断功能,能够管理处理器

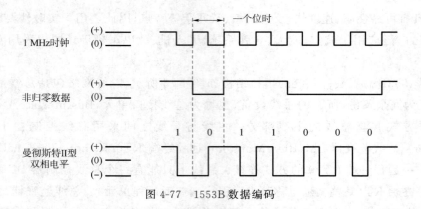

图 4-77　1553B 数据编码

接口,直接与负载、传感器构成远程控制系统,具有稳定可靠的协议功能。MIC 总线广泛应用于军工领域,基本技术特征包括:

① C-MIC 单片集成电路可作为总线控制器或遥控模块,可独立实现串行远程控制;
② 相对于 MIL-STD-1553B,具有价格低、简单、性能高的特点;
③ 采用命令/响应协议,具有完备的检错体系;
④ 双路数据总线冗余,可靠性好;
⑤ 总线控制器与备用总线控制器容易实现冗余控制;
⑥ 总线数据传输最大速率为 2.0 Mbit/s;
⑦ 总线可寻址 64 个远程模块,每个远程模块可直接寻址 32 个设备;
⑧ 信息帧长度:3 个同步位、32 位数据、1 个校验位。

MIC 总线拓扑结构如图 4-78 所示,总线系统包括总线控制器和远程模块两个基本组成部分,采用双冗余主从式总线拓扑结构,同时在两条总线上传输数据。总线控制器最多可实现 64 个远程模块的通信。通常情况下,遥控模块安装在一组不超过 32 个直接寻址的设备(如传感器、执行机构和负载)附近。远程遥控模块通过 MIC 总线与总线控制器连接,使用双绞线即可。

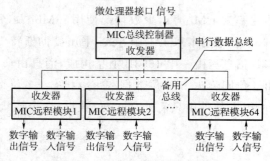

图 4-78　MIC 总线拓扑结构

MIC 总线传输协议采用命令/响应机制,总线控制器以传输一个命令到一个特定的远程模块来启动一个通信周期。所有远程模块将接收和判断这个命令,硬件连接地址与命令中特定模块地址相同的模块将立即通过串行总线响应相应的信息。总线控制器收到响应并让相关的数据或总线信息传回 MCU。总线操作包含 9 条基本命令：设置命令、自检命令、查询模块命令、执行命令（包括数据字）、查询单个设备命令、查询单个数据设备命令、查询多个设备命令、查询多个数据设备命令和广播命令（不需要响应）。

MIC 总线命令和响应均包括 32 位曼彻斯特编码的串行数据。每条命令（除执行命令外）包含 1 位同步脉冲，32 位数据，1 位奇偶校验。执行命令包含 1 条命令字和紧接着的 1~32 位数据。MIC 数据帧定义如图 4-79 所示。

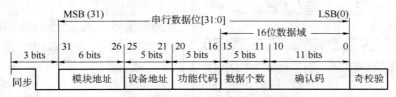

图 4-79 MIC 数据帧定义

工业控制总线类型繁多，但真正应用到军用车辆上的只有 1553B 总线、CAN 总线和 MIC 总线。新型装备的发展，目前正在进一步融入 FleyRay、高速以太网高速总线网络。新的传输介质如光纤进入坦克装甲车辆也在测试试验中。

4.4.3 CAN 总线原理及技术实现

在工控、民用车辆、军用车辆以及无人系统中，CAN 总线的应用最为广泛。本节重点讨论 CAN 总线的原理和技术实现方法。

1. 某型无人平台 CAN 总线网络

某轻型侦打一体化无人平台是附加增程发动机和发电机的电驱动履带式无人作战平台，图 4-80 是其控制网络拓扑图。该平台中集成了 4 个相互独立的 CAN 总线网络：①机动平台 CAN1 总线，设备包括平台综合控制器、电气综合控制盒、高压负荷管理单元，负责强电管理和控制；②机动平台 CAN2 总线，设备包括平台综合控制器、左右电动机控制器、制动控制器、APU、高压电池 BMS，负责平台运动控制；③上装电动机驱动 CAN 总线，设备包括综合载荷控制器、炮控电动机驱动箱，负责武器平台运动控制；④上装载荷控制 CAN 总线，设备包括综合载荷控制器、水平角速率传感器、火控电源盒、周视镜和导弹控制盒等，负责武器火力控制。

2. CAN 总线接口

控制器局域网络 CAN（Controller Area Network）由于其高性能、高可靠性及独特的设计，在工控、车辆以及军工领域都得到了大量应用。

1993 年 CAN 成为国际标准 ISO11898（高速应用）和 ISO11519（低速应用）。CAN 的规范从 CAN 1.2 规范（标准格式）发展为兼容 CAN 1.2 规范的 CAN2.0 规范（CAN2.0A 为标准格式，CAN2.0B 为扩展格式），目前应用的 CAN 器件大多符合 CAN2.0 规范。

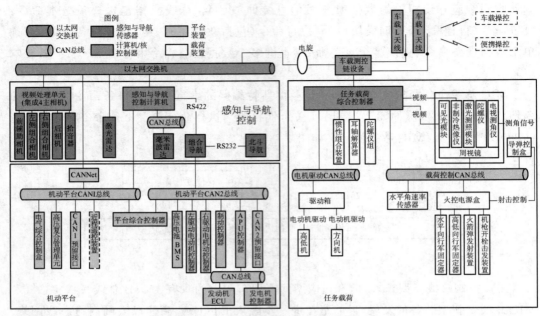

图 4-80 某型侦打一体无人平台控制网络拓扑图

(1) CAN 总线的技术特点

CAN 总线是一种串行数据通信协议,其通信接口中集成了 CAN 协议的物理层和数据链路层功能,可完成对通信数据的成帧处理,包括位填充、数据块编码、循环冗余检验、优先级判别等项工作。

CAN 总线技术特征如下:

① 可以多主方式工作,网络上任意一个节点均可以在任意时刻主动地向网络上的其他节点发送信息,而不分主从,通信方式灵活。

② 网络上的节点(信息)可分成不同的优先级,可以满足不同的实时要求。

③ 采用非破坏性位仲裁总线结构机制,当两个节点同时向网络上传送信息时,优先级低的节点主动停止数据发送,而优先级高的节点可不受影响地继续传输数据。

④ 可以点对点、一点对多点(成组)及全局广播几种传送方式接收数据。

⑤ 直接通信距离最远可达 10 km(速率 5 kbit/s 以下)。

⑥ 通信速率最高可达 1 MB/s(此时距离最长 40 m)。

⑦ 节点数实际可达 110 个。

⑧ 采用短帧结构,每一帧的有效字节数为 8 个。

⑨ 每帧信息都有 CRC 校验及其他检错措施,数据出错率极低。

⑩ 通信介质可采用双绞线,同轴电缆和光导纤维,一般采用廉价的双绞线即可,无特殊要求。

⑪ 节点在错误严重的情况下,具有自动关闭总线的功能,切断它与总线的联系,以使总线上的其他操作不受影响。

（2）CAN 总线的总线结构

典型的 CAN 总线的拓扑图如图 4-81 所示。CAN 总线的物理层定义了连接车内各控制器的相关介质以及接口。由于 CAN 总线的数据传输实质是通过总线上的电压变化传输的，所以 CAN 的总线电压是 CAN 总线技术的核心所在，总线电压在物理层中定义。

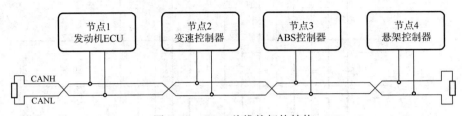

图 4-81　CAN 总线的拓扑结构

通过 CAN 的总线拓扑结构可以看出，CAN 总线采用双绞线进行数据传输。两根导线中，一根称为 CANH，另一根称为 CANL。这两根导线在静止状态下对地电压均为 2.5 V，此时两根导线的电压差值为 0 V，该状态称为隐性状态，对应数字信号逻辑 1；当 CANH 的对地电压为 3.5 V，CANL 的对地电压为 1.5 V 时，此时 CANH 和 CANL 两根导线的电压差为 2 V，该状态称为显性状态，对应数字信号逻辑 0。总线电压和数字逻辑关系如图 4-82 所示，其逻辑关系可用"显零隐一"概括。

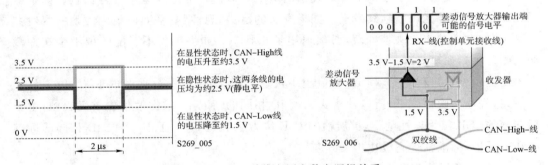

图 4-82　CAN 总线电压和数字逻辑关系

CAN 总线是多主节点（多主机）的局域网，各个主节点可以同时向总线上发送数据，此时总线上就会有电压变化。之前介绍过，如果总线的 CANH 和 CANL 产生电压差，称为显性用 0 表示，如果总线上没有电压差，称为隐性用 1 表示。假如节点 A 发送数据 0101，节点 B 发送数据 1111，节点 A 和节点 B 同时向总线发送数据，而表示显性的 2 V 电压差会覆盖表示隐性的 0 V 电压差，即总线上某一时刻的电压只会有一种状态，无变化的电压自然会被有变化的电压覆盖。A 和 B 分别向外界传递某种信息 0101 和 1111，显然只有 0101 能出现在总线上，CAN 总线的这一特性称为"显性可以覆盖隐性"，是 CAN 总线数据帧的仲裁、应答等机制的基础。

3. CAN 总线仲裁机制

CAN 总线网络是无中心节点的，只要总线空闲，总线上任何节点都可以发送报文。

如果有两个或两个以上的节点开始传送报文,那么就会存在总线访问冲突的可能。CAN使用了标识符的逐位仲裁方法可以解决这个问题。CAN总线仲裁过程如图4-83所示。

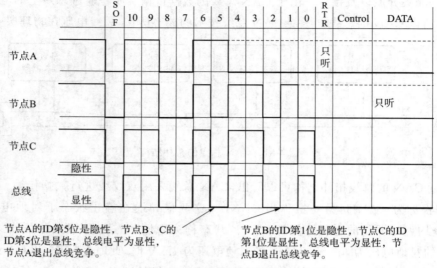

图 4-83 CAN 总线仲裁过程

在仲裁期间,每一个发送器都对发送的电平与被监控的总线电平进行比较。如果电平相同,则这个单元可以继续发送。如果发送的是一"隐性"电平而监视到的是一"显性"电平,那么这个节点失去了仲裁,必须退出发送状态。如果出现不匹配的位不是在仲裁期间则产生错误事件。

由图中仲裁过程可见,帧ID数值越小,优先级越高。由于数据帧的RTR位为显性电平,远程帧为隐性电平,所以帧格式和帧ID相同的情况下,数据帧优先于远程帧;由于标准帧的IDE位为显性电平,扩展帧的IDE位为隐形电平,对于前11位ID相同的标准帧和扩展帧,标准帧优先级比扩展帧高。

4. CAN 总线协议和消息机制

CAN总线是一个广播类型的总线,所以任何在总线上的节点都可以监听总线上传输的数据,也就是说总线上的传输不是点到点的,而是一点对多点的传输,这里多点的意思是总线上所有的节点。CAN总线控制器的硬件芯片提供了本地过滤的功能,通过设置屏蔽寄存器可以过滤掉一些和自己无关的数据,控制器只接收指定ID的CAN总线消息包。

CAN标准定义了4种消息类型,每条消息用一种称为比特位仲裁(Arbitration)机制来控制进入CAN总线,并且每条消息都标记了优先权。另外CAN标准还定义了一系列的错误处理机制。

CAN报文的4种消息类型:

(1) 数据帧,数据帧将数据从发送器传输到接收器。

(2) 远程帧,总线单元发出远程帧,请求发送具有同一标识符的数据帧。

(3) 错误帧,任何单元检测到总线错误就发出错误帧。

（4）过载帧，过载帧用在相邻数据帧或远程帧之间的提供附加的延时。

数据帧格式（标准帧）如图 4-84 所示。

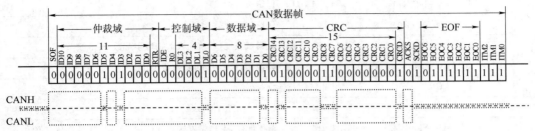

图 4-84　数据帧格式（标准帧）

数据帧包含标准帧和扩展帧两种格式，两种格式不同的地方在于仲裁域格式的不同。下面两个表格可以很清楚地看出两者的不同，表 4-6 为标准帧（CAN2.0 A）中各位定义。

表 4-6　标准帧位定义

域名称	长度	功能描述
Start of Frame(SOF)	1	帧起始位
Identifier	11	帧 ID，帧唯一的标识，同时用于判定消息优先级
Remote Transmission Request(RTR)	1	远程帧标志，数据帧 RTR 应为显性（"0"）
Identifier Extension(IDE)	1	扩展帧标志，标准帧 IDE 为显性，扩展帧 IDE 为隐性
Reserved bit(R0)	1	保留位
Data Length Code(DLC)	4	数据域长度，数值代表数据域字节数 0~8 字节
Data Field	0~64	帧数据，长度由 DLC 数值决定
CRC	15	校验码
CRC Delimiter	1	CRC 界定符，隐性位
ACK Slot	1	应答间隙，发送端发送隐性位，接收端发送显性位应答
ACK Delimiter	1	应答界定符，隐性位
Enf-of-Frame(EOF)	7	帧结束，7 个隐性位

表 4-7 为扩展帧（CAN2.0 B）各位定义。

表 4-7　扩展帧位定义

域名称	长度	功能描述
Start of Frame(SOF)	1	帧起始位
Identifier	11	帧 ID，帧唯一的标识，同时用于判定消息优先级
SRR	1	远程代替请求位，隐性位，可确保标准帧优先于扩展帧
Identifier Extension(IDE)	1	扩展帧标志，标准帧 IDE 为显性，扩展帧 IDE 为隐性
Extended Identifier	18	扩展 ID
Remote Transmission Request(RTR)	1	远程帧标志，数据帧 RTR 应为显性（"0"）

续表

域名称	长度	功能描述
Reserved bit(R1)	1	保留位
Reserved bit(R0)	1	保留位
Data Length Code(DLC)	4	数据域长度,数值代表数据域字节数 0~8 字节
Data Field	0~64	帧数据,长度由 DLC 数值决定
CRC	15	校验码
CRC Delimiter	1	CRC 界定符,隐性位
ACK Slot	1	应答间隙,发送端发送隐性位,接收端发送显性位应答
ACK Delimiter	1	应答界定符,隐性位
Enf-of-Frame(EOF)	7	帧结束,7 个隐性位

由图中可见基本帧中包含表 4-8 所示的数据域。远程帧由数据接收的节点发出,用来启动其资源节点传送它们各自的数据。远程帧和数据帧非常类似,只是远程帧没有数据域,且 RTR 位置 1,表示发送的是远程帧。

表 4-8 数据帧内的数据域

域	描述
仲裁域	决定了当总线上两个或是多个节点争夺总线时的优先权
数据域	包含了 0 到 8 字节的数据
CRC 域	包含了 15 位的校验和,校验和用来做错误检测
应答槽	任何一个已经正确接收到消息的控制器在每一条消息的末端发送一个应答位,发送器检查消息是否存在应答位,如果没有就重发消息

错误帧是当总线的某一个节点检测到错误后发送出来的,它会引起所有节点检测到一个错误,所以当有任何一个节点检测到错误,总线上的其他节点也会发出错误帧。CAN 总线设计了一套详尽的错误计数机制来确保不会由于任何一个节点反复的发送错误帧而导致 CAN 总线的崩溃。

错误标志和错误定界符组成,高低分别代表隐性和显性,其中错误标志为所有节点发过来的错误标志的叠加(Superposition)。图 4-85 所示为错误帧的空间的分布。

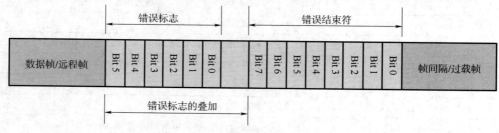

图 4-85 错误帧的空间

错误标志有两种形式,主动错误标志,由6个连续的显性位0组成,是节点主动发送的错误标志;被动错误标志,由6个连续的隐性位1组成,除非被其他节点的显性位覆盖。

过载帧是接收节点用来向发送节点告知自身接收能力的帧,即某个接收节点来不及处理数据了,希望其他节点慢点发送数据帧或者远程帧。

过载帧跟错误帧结构类似,包括过载标志和过载定界符,有3种情况会引起过载:

① 接收器内部的原因,它需要延迟下一个数据帧或是远程帧。

② 在间歇字段(如图4-86所示的帧间空间)的第一位和第二位检测到一个显性位(间歇字段都是隐性位的)。

③ 如果CAN节点在错误界定符或是过载界定符的第八位(最后一位)采样到一个显性位逻辑0,节点会发送一个过载帧,错误计数器不会增加。

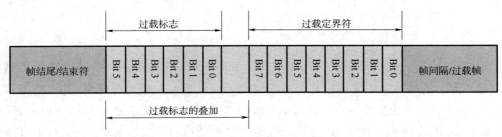

图4-86 过载帧的空间

图4-86所示为过载标志有6个显性位组成,而叠加部分和"主动错误"标志一样,过载的标志破坏的是间歇域的固定格式。所以导致其他的节点都检测到过载条件,并一同发出过载标志。过载定界符即图中的过载结束符,过载标志被传送以后,节点就一直监听着总线,直到检测到有一个从显性位到隐性位的跳变为止。总线上检测到这样的跳变,标志着每一个节点都完成了各自过载标志的发送,并开始同时发送其余7个隐性位。

只要总线空闲,任何节点就可以往总线发送数据,并且是开始于间歇之后的第一个位。一旦总线上检测到显性位即逻辑0,可以认为是帧的开始。

为防止某些节点自身出错而一直发送错误帧,干扰其他节点通信,CAN协议规定了节点的3种状态及行为:①一个节点挂到CAN总线上之后,处于激活(ACTIVE)状态;②TEC>127或者REC>127导致节点进入被动(passive)状态;③TEC>255之后节点处于关闭(bus off)状态。关闭状态的节点不允许再往bus上发送信息,处于bus off状态的节点,在检测到128个连续的11个1之后将回到active状态。

CAN总线协议中定义了完善的仲裁及消息处理机制,很多处理过程都是MCU内CAN总线控制器自动完成的,这就给应用系统开发工程师减轻了很大的工作量。

从系统集成的角度讲,装备机电一体化系统设计时需关注以下问题。

(1) CAN总线接口

MCU集成的CAN总线控制器只提供TTL电平的TX和RX信号引脚,需协议芯片转化为显性、隐性 CAN 总线标准电平。接口设计同样需考虑抗干扰、电磁兼容问题。

(2) 应用层用户协议设计

对于用户来说,每帧数据内的控制位可以不用关心,它们由控制器产生。涉及车辆、无人平台等复杂机电一体化系统研发时,各个子系统一般涉及很多协作单位和研发团队。为了复杂系统最后能融为有机整体,应用层用户协议就非常重要了。用户从全局的角度定义好消息报文的 ID 和每个数据帧 8 个字节数据所代表的意义,以便于网络上的各个节点都能正确解析所获得的消息,这个过程即制定消息报文的用户层协议。在军工装备研发时,一般由总体单位制定应用层用户协议或者指定使用何种国际通用的标准应用层协议。

4.4.4 电气配电控制器 CAN 总线接口

轮式无人平台包含综合控制器、规划控制计算机、载荷控制器和举臂电动机控制器等控制单元。这些控制单元通过若干总线构成了无人平台车载控制网络,其网络架构如图 4-87 所示。设置了两个独立的 CAN 总线网络。平台 CAN 总线连接综合控制器、规划控制计算机、电气配电控制器(主)、电气配电控制器(备用)和举臂控制器,负责自动驾驶指令接收和信息上传,平台用电设备配电和安全管理。载荷 CAN 总线连接规划控制计算机、微波雷达和载荷控制器,负责载荷控制以及环境感知。

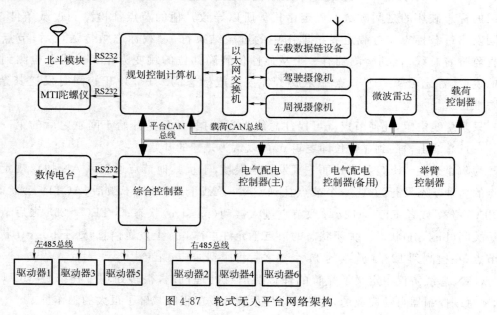

图 4-87 轮式无人平台网络架构

接下来以电气配电控制器为例,讨论基于 CAN 总线构建的轮式无人平台控制网络和指令、数据传输的实现方法。电气配电控制器预留了两路 CAN 总线通道,考虑到无人平台内部电磁环境复杂，CAN 总线接口电路与 MCU 采用光耦进行信号光电隔离，电气配电控制器总线接口如图 4-88 所示。

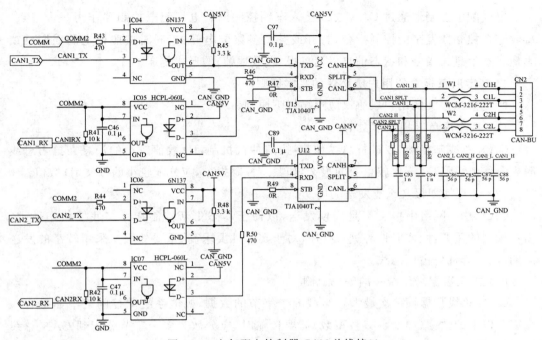

图 4-88 电气配电控制器 CAN 总线接口

CAN 总线协议芯片为 TJA1040T，是车规级高速 CAN 收发器，是 CAN 控制器和物理总线之间的接口，为 CAN 控制器提供差动发送和接收功能，传输速率可达 1 Mbit/s。MCU 发送端通过高速光耦 6N137 连接收发器的 TXD，满足 5 V 接口逻辑电平。收发器 RXD 引脚通过光耦 HCPL-060L 连接 MCU，MCU 侧高电平为 3.3 V。

CAN 总线接口芯片的 5 V 直流隔离电压由 DC/DC 模块 F0505XT 产生，电路如图 4-89 所示。

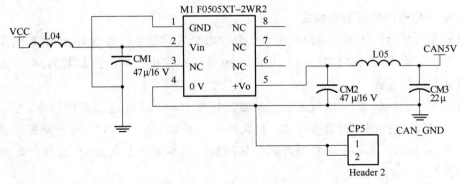

图 4-89 CAN 总线隔离电源

4.4.5 轮式无人平台 CAN 总线用户层协议制定及指令传输

电气配电控制器通过 CAN 总线接入车辆控制网。电气配电控制器作为一个节点，接收综合控制器发来的控制指令，打开或关闭各路配电开关，同时按照设定的周期反馈本地状态信息。指令和状态信息以消息报文（数据帧）的形式传递。

1. 制定消息报文的用户层协议的基本原则

制定消息报文的用户层协议应遵循以下原则。

（1）从全局角度规划报文 ID

CAN 总线基于帧 ID 进行总线仲裁，按照仲裁机制，ID 数值较小的消息在抢占总线时更有优势，所以对于比较重要的报文，如紧急控制指令，应分配较小的报文 ID 数值。

（2）合理规划报文重复发送的周期

CAN 总线网络中报文都是周期发送，以便于动态更新控制指令与底层状态数据。需对报文的重要性、实时性等进行排序，对于实时性要求高，重要的报文采用较小的发送周期，以便于优先占用总线。

（3）报文数据采用统一的编码机制

CAN 总线数据帧一次最大可承载 8 个字节的数据，机电系统测控网络中如果有一个字节以上的数据（如 2 字节整型数）需要传输时，应分散为多个字节分配到 CAN 总线数据帧，数据分配和传输时有 intel 格式和 motorola 格式的不同设置方法。intel 格式是小端模式，即低字节在前放置；motorola 格式是大端模式。如无人平台车速用十六进制表示，数值为 0x03FF，这是一个双字节数据，需分解为高字节 0x03 和低字节 0xFF 进行编码传输，如果采用 intel 格式，应将低字节 0xFF 放在 CAN 总线数据帧的 Byte1，将高字节 0x03 放在 CAN 总线数据帧的 Byte2；如果采用 motorola 格式，则应将高字节 0x03 放在 CAN 总线数据帧的 Byte1，将低字节 0xFF 放在 CAN 总线数据帧的 Byte2。另外如果该数据是有符号整数或浮点数，应采用增加偏置值和倍率放大后，以一定的精度取整，转换为整型数后再编码。

2. 电气配电控制器消息报文

轮式无人平台整体用户层协议是在综合考虑全局状态量和指令量，评估其优先等级的情况下统一指定的，其内容比较庞大和复杂，这里以主电气配电控制器为例，讨论消息报文设计和通信过程。

系统正常运行状态，主电气配电控制器需接受 ID＝0x204 电源控制指令，由综合控制器发出，目的是控制用电设备开关。报文用一个字节（byte7）设定配电控制器反馈状态的周期值，单位是 ms，即配电控制器需以该周期反馈本地状态到 CAN 总线。电源控制指令报文如表 4-9 所示。

配电控制器实时监测电池电压、母线电流值，按照设定的周期，采用轮发的形式发送状态数据消息包。电气配电控制器状态报文如表 4-10 所示。

表 4-9 电源控制指令报文

报文名称	PowerCmd		报文 ID	0x204	发送周期	40 ms
消息发送方	综合控制器			消息接收方	电气配电控制器	
字节	位	偏移量	单位	范围	描述	
Byte1	1			0~1	母线预充电	
	2			0~1	左侧电池供电开关	
	3			0~1	右侧电池供电开关	
	4			0~1	照明灯	
	5			0~1	警示灯	
	6			0~1	喇叭	
	7			0~1	电磁制动	
	8			0~1		
Byte2				0		
Byte3				0		
Byte5				0		
Byte6				0		
Byte7		0	ms	0~255	状态数据回馈周期设置 0:关闭状态数据回馈	
Byte8		0		0		

表 4-10 电气配电控制器状态报文

消息发送方		电气配电控制器		消息接收方		综合控制器
报文名称	powerVal1		周期		PowerCmd.7 设定值(ms)	
ID	字节	位	偏移量	单位	范围	描述
0x208	Byte1		0	0.1 V	0~800	母线电压低字节
	Byte2					母线电压高字节
	Byte3		3000	0.01 A	0~6000	母线电流低字节
	Byte4					母线电流高字节
	Byte5		0	0.01 A	0~3000	左电池电流低字节
	Byte6					左电池电流高字节
	Byte7		0	0.01 A	0~3000	右电池电流低字节
	Byte8					右电池电流高字节

3. 电气配电控制指令传输与状态更新

MCU 启动 CAN 总线,收发消息包,需要首先初始化 CAN 总线控制器,然后启动

CAN 总线,如采用中断的方式接收消息报文,需启动 CAN 总线中断。之后就可以在主循环中周期地发送指令消息包了。

CAN 总线初始化的内容一般包括:①设置 CAN 总线时间位元,设置总线比特率;②设置验收滤波方式和滤波值(即设置接收消息的 ID);③指定接收使用的 FIFO,使能验收滤波器。

电气配电控制器 MCU CAN 总线初始化例程如下:

```
//CAN 初始化函数
static void MX_CAN1_Init(void)
{
    hcan1.Instance = CAN1;
    hcan1.Init.Prescaler = 16;
    hcan1.Init.Mode = CAN_MODE_NORMAL;
    hcan1.Init.SyncJumpWidth = CAN_SJW_1TQ;
    hcan1.Init.TimeSeg1 = CAN_BS1_4TQ;
    hcan1.Init.TimeSeg2 = CAN_BS2_4TQ;
    hcan1.Init.TimeTriggeredMode = DISABLE;
    hcan1.Init.AutoBusOff = ENABLE;
    hcan1.Init.AutoWakeUp = DISABLE;
    hcan1.Init.AutoRetransmission = DISABLE;
    hcan1.Init.ReceiveFifoLocked = ENABLE;
    hcan1.Init.TransmitFifoPriority = DISABLE;
    if (HAL_CAN_Init(&hcan1) != HAL_OK)
    {
        Error_Handler();
    }
}
//设置消息验收滤波,启动 CAN 总线
void can1_start(void)
{
    CAN_FilterTypeDef   sFilterConfig;

    /* Configure the CAN Filter */
    sFilterConfig.FilterBank = 0;
    sFilterConfig.FilterMode = CAN_FILTERMODE_IDLIST;
    sFilterConfig.FilterScale = CAN_FILTERSCALE_16BIT;
    sFilterConfig.FilterIdHigh = 0x204<<5;              //只接收 ID = 0x204 的消息
    sFilterConfig.FilterIdLow = 0;
    sFilterConfig.FilterMaskIdHigh = 0;
```

```
        sFilterConfig.FilterMaskIdLow = 0;
        sFilterConfig.FilterFIFOAssignment = CAN_RX_FIFO0;
        sFilterConfig.FilterActivation = ENABLE;

        if (HAL_CAN_ConfigFilter(&hcan1, &sFilterConfig) ! = HAL_OK)
        {
            /* Filter configuration Error */
            Error_Handler();
        }
//启动 can1
        if (HAL_CAN_Start(&hcan1) ! = HAL_OK)
        {
            /* Start Error */
            Error_Handler();
        }
    }
```

以下例程循环发送表 4-10 指定的报文。该函数在主控制循环内按照报文 PowerCmd 的 Byte7 设定的周期发送数据到总线上。

```
//通过 CAN1 发送 powerVal1 采用循环方式发送
void upSendbyCanbus (void)
{
    static uint8_t val = 0;
        //ID = 0x208
            TxData1[0] = sensorVal.mainFeed[0] % 256;
            TxData1[1] = sensorVal.mainFeed[0]/256;
            TxData1[2] = (sensorVal.mainFeed[1] + 3000) % 256;
            TxData1[3] = (sensorVal.mainFeed[1] + 3000)/256;
            TxData1[4] = sensorVal.mainFeed[2] % 256;
            TxData1[5] = sensorVal.mainFeed[2]/256;
            TxData1[6] = sensorVal.mainFeed[3] % 256;
            TxData1[7] = sensorVal.mainFeed[3]/256;
HAL_CAN_ActivateNotification(&hcan1, CAN_IT_TX_MAILBOX_EMPTY);
if (HAL_CAN_AddTxMessage(&hcan1,&TxHeader1, TxData1, &TxMailbox) ! = HAL_OK)
            {
                Error_Handler();
            }

}
```

习题与思考题

1. 按照技术发展过程和硬件特点,嵌入式控制器可分成哪四类?
2. 简述嵌入式系统的选用原则。
3. 分析 MCU 输出端口驱动电喇叭,接口电路应如何设计?
4. 分析多通道转速测量程序,该程序使用 M 法还是 T 法测速?若想提高测量数据更新速度,应修改哪些变量?
5. 比较 SPI、I^2C、RS485 以及 CAN 总线通信的技术特征和应用范围。
6. RS232 接口电平的技术特征是什么?
7. 简述 CAN 总线的仲裁机制,如何区分消息的优先级?

第 5 章　机电一体化测控软件技术

传统的自动控制系统过渡到机电一体化测控系统，最显著的特征是微控制器的引入和嵌入式测控软件大量应用。嵌入式测控软件是指运行在机电一体化系统中嵌入式控制器上的功能软件，是与 MCU 硬件相互依存的。

软件的概念非常广阔，包含程序（program）、相关数据（data）及其说明文档（document）等。这里我们只聚焦运行在嵌入式控制器内，辅助实现装备机电一体化系统目的功能的测控程序。按照嵌入式测控软件的运行环境分类，可分为有操作系统支持和无操作系统支持两类。有操作系统支持的嵌入式测控软件可共享操作系统的驱动层、操作系统层、中间件层资源，应用软件只重点关注 I/O 任务、实时计算任务、通信任务等。无操作系统支持的嵌入式软件由系统初始化、主循环控制、中断服务程序、实时数据处理、实时控制计算等功能函数构成，软件编制难度相对大一些。

本教材侧重装备机电一体化关键技术实现，重点关注机电一体化测控系统实时控制算法的实现过程。本章主要探讨在装备机电一体化测控系统中，①如何利用反馈传感器，以确定的精度量化并实时估计被控制量的状态值，通过数值计算得到实际值与给定值的偏差；②如何根据偏差值，正确决策控制量并控制执行器动作已消除偏差，达到自动控制目的，同时满足稳定、准确以及快速的要求；③如何编制嵌入式测控系统软件，在无操作系统支持下，实现实时任务调度，并从软件角度克服机电一体化测控系统所面对的电磁干扰，保持系统运行的稳定性。

5.1　PID 控制算法及软件实现

随着基于经典控制论和现代控制论的自动控制理论日益完善和计算机技术的普及，各种先进的数字控制算法逐渐成为研究热点。在追求高可靠性的武器装备机电一体化系统中，PID 控制算法以其结构简单、参数整定方便、控制效果直观等优点得到了广泛应用。基于反馈控制逻辑构建的装备机电控制系统中，给定量（控制输入）减去主反馈量产生偏差，基于偏差做比例（P）、积分（I）、微分（D）计算，产生控制量输出，此控制方法称为 PID 控制。实际运行经验和理论分析都表明 PID 控制能满足相当多的装备自动化对象的控制要求，至今仍是一种应用最广的控制算法。本节着重研究 PID 控制算法。

5.1.1 模拟控制器与数字控制器

在经典控制论中，讨论基本控制回路是以模拟控制器为基础展开的。基本模拟反馈控制回路是简单的反馈回路，如图 5-1 所示。被控量的值由传感器或变送器检测。这个值与给定值进行比较，得到偏差，模拟调节器按照一定控制规律使操作变量变化，以使偏差趋近于零，其输出通过执行器作用于被控制对象。

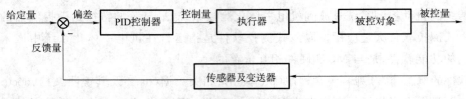

图 5-1 基本模拟反馈控制回路

控制规律通常采用比例、积分、微分（PID）关系或由此做出的简化形式。在模拟控制器的时代，这些控制过程的计算必须通过相应的硬件来实现，其核心是运算放大器。控制参数的修改需要更换或调整硬件。这些局限性使模拟控制系统缺乏灵活性。对于较复杂的工业控制过程，这类系统在控制规律的实现、系统最优化、可靠性等方面难以满足更高要求。

随着机电一体化技术发展，用嵌入式控制器（MCU）来代替模拟调节器，通过增加 A/D 变换器件将传感器及变送器输出的状态量数字化，嵌入式控制器处理数字信号，通过控制算法产生控制量，直接或通过 D/A 变换器将控制信号输出给执行器，就构成了数字控制系统。数字控制系统基本框图如图 5-2 所示。

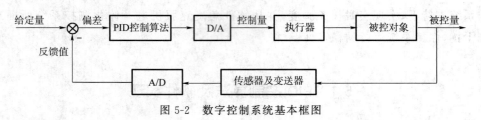

图 5-2 数字控制系统基本框图

控制系统中引入 MCU，可以充分利用嵌入式控制器实时数据分析和决策的计算能力，工程师需要编制出符合复杂技术要求的控制程序、管理程序，实现对被控参数的控制与管理。在数字控制系统中，控制规律的实现是通过软件来完成的。改变控制规律，只要改变相应的程序即可。这一优势是模拟控制系统所无法比拟的。

5.1.2 模拟 PID 控制器

在模拟控制系统中,广泛采用 PID 控制律。模拟 PID 控制系统框图如图 5-3 所示,系统由模拟 PID 控制器、执行机构及控制对象组成。

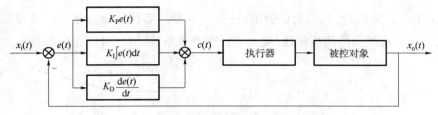

图 5-3 模拟 PID 控制系统框图

PID 控制器是一种线性调节器。它根据给定值 $x_i(t)$ 与实际输出值 $x_o(t)$ 构成的控制偏差,即

$$e(t)=x_i(t)-x_o(t) \tag{5-1}$$

将基于偏差计算的比例(P)值、积分(I)值、微分(D)值通过线性组合构成控制量,对控制对象进行控制。PID 调节器的控制规律为

$$c(t)=K_p\left[e(t)+\frac{1}{T_I}\int e(t)\mathrm{d}t+T_D\frac{\mathrm{d}e(t)}{\mathrm{d}t}\right] \tag{5-2}$$

式中,K_p 为比例系数,T_I 为积分时间常数,T_D 为微分时间常数。

下面简要讨论 PID 调节器各基本校正环节的作用。

① 比例环节,对当前时刻的偏差信号 $e(t)$ 进行放大或衰减,控制作用的强弱取决于比例系数;特点是 K_p 越大系统动态特性越好,但 K_p 过大 $c(t)$ 可能会引起系统振荡使稳定性变差,也有可能出现比例饱和现象;缺点是不能消除稳态误差。

② 积分环节,通过对误差累积的作用影响控制量,并通过系统的负反馈作用减小偏差;特点是控制作用与 $e(t)$ 存在全部时段有关,只要有足够的时间,积分控制将能够消除稳态误差;缺点是相位滞后,不能及时地克服系统扰动的影响,带来稳定性问题。

③ 微分环节,反应 $e(t)$ 变化的速度,在偏差刚刚出现时产生很大的控制作用,具有超前控制作用,有助于减小超调和调整时间,改善系统的动态品质;缺点是不能消除系统的稳态误差。

在实际应用中,根据对象的特征和控制要求,将 P、I、D 基本控制规律进行适当组合,以达到对被控对象进行有效控制的目的。例如,P 调节器、PI 调节器、PD 调节器等。如图 5-4 所示的模拟 PD 控制电路,运算放大器 IC_1、电阻 R_1、R_2 以及电容 C 构成一个 PD 控制器。

电阻 R_1 和电容 C 并联后的复阻抗为 $z_1=R_1/(R_2Cs+1)$,反馈电阻 R_2 的复阻抗 $z_2=R_2$,则该电路的传递函数为

$$G(s)=-\frac{z_2}{z_1}=-\frac{R_2}{R_1}(R_2Cs+1) \tag{5-3}$$

该电路是反相放大电路,其负号可在后续电路中校正。忽略式(5-3)的负号,设 $K_p=R_2/R_1$,$T_D=R_2C$,则传递函数变为

$$G(s)=K_p(T_Ds+1) \tag{5-4}$$

图 5-5 所示为 PD 控制器的伯德图,可见,PD 控制器相位始终超前。从控制效果上看,能同时增加控制系统的快速性(增大 K_p)和改善系统的稳定性(相位超前)。

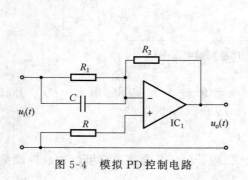

图 5-4 模拟 PD 控制电路

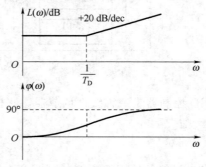

图 5-5 PD 控制器的伯德图

PID 控制器结构简单,鲁棒性较强,即控制品质对环境条件变化和被控制对象参数的变化不太敏感,被广泛应用于机电控制系统中。

武器装备伺服系统往往采用 PID 控制器,在合理的优化 K_p、T_I 和 T_D 参数后,可以使系统具有高稳定性、快速响应和无残差的理想性能。

另外,在实际系统构建过程中应本着极简化原则,在使用 PI 控制器或 PD 控制器即可满足目标性能要求的情况下,最好选用 PI 或 PD 控制器以简化设计过程和参数调节过程。

5.1.3 数字 PID 控制器

在数字控制系统中,用 MCU 取代了模拟控制器,控制规律是由计算机软件完成的。因此,系统中数字控制器的设计实际上转化为计算机算法的设计。

由于计算机只能识别数字量,不能对连续的控制算式直接进行运算,故在数字控制系统中,必须按照控制规律进行离散化的算法设计。

为将模拟 PID 控制规律按式(5-2)离散化,可把 $x_i(t)$、$x_o(t)$、$e(t)$、$c(t)$ 在第 n 次采样时刻的数据分别用 $x_i(n)$、$x_o(n)$、$e(n)$、$c(n)$ 表示,且当采样周期 T 很小时,dt 可用 T 近似代替,$de(t)$ 可用 $e(n)-e(n-1)$ 近似代替,则微分项近似为

$$\frac{de(t)}{dt}\approx\frac{e(n)-e(n-1)}{T} \tag{5-5}$$

同理,"积分"用"求和"近似代替,则积分项近似为

$$\int e(t)\mathrm{d}t \approx \sum_{i=0}^{n} e(i)T \qquad (5\text{-}6)$$

这样,式(5-2)便可离散化成为以下差分方程式:

$$c(n) = K_\mathrm{p}\left\{e(n) + \frac{T}{T_I}\sum_{i=0}^{n}e(i) + \frac{T_D}{T}[e(n)-e(n-1)]\right\} + c_0 \qquad (5\text{-}7)$$

式(5-7)中,c_0 是偏差为 0 时的初值。第一项起比例控制作用,第二项起积分控制作用,第三项起微分控制作用。输出量 $c(n)$ 为全量输出,它对应被控对象的执行机构每次采样时刻应达到的位置。因此,该计算式又称为位置型 PID 算法。

由式(5-7)可看出,位置型控制算式不够方便。因为要累加偏差不仅需占用较多的存储单元,且可能存在"积分缠绕"的问题,为此对式(5-7)进行改进。

根据式(5-7)不难写出 $n-1$ 时刻的控制量 $c(n-1)$ 的表达式,即

$$c(n-1) = K_\mathrm{p}\left\{e(n-1) + \frac{T}{T_I}\sum_{i=0}^{n-1}e(i) + \frac{T_D}{T}[e(n-1)-e(n-2)]\right\} + c_0 \qquad (5\text{-}8)$$

将式(5-7)和式(5-8)相减,即得数字 PID 增量型控制算式为

$$\begin{aligned}\Delta c(n) &= c(n)-c(n-1) \\ &= K_\mathrm{p}[e(n)-e(n-1)] + K_I e(n) + K_D[e(n)-2e(n-1)+e(n-2)]\end{aligned} \qquad (5\text{-}9)$$

式中,K_p 称为比例增益,$K_I = K_\mathrm{p}T/T_I$ 称为积分系数,$K_D = K_\mathrm{p}T_D/T$ 称为微分系数。

进一步整理式(5-9),可得

$$\begin{aligned}\Delta c(n) &= K_\mathrm{p}\left(1+\frac{T}{T_I}+\frac{T_D}{T}\right)e(n) - K_\mathrm{p}\left(1+\frac{2T_D}{T}\right)e(n-1) + K_\mathrm{p}\frac{T_D}{T}e(n-2) \\ &= Ae(n) + Be(n-1) + e(n-2)\end{aligned} \qquad (5\text{-}10)$$

式中,$A = K_\mathrm{p}(1+T/T_I+T_D/T)$,$B = -K_\mathrm{p}(1+2T_D/T)$,$C = K_\mathrm{p}T_D/T$。

由式(5-10)可以看出,如果数控系统采用恒定的采样周期 T,只要确定了控制参数 A、B 和 C,则在控制算法实施过程中,只要使用最新的 3 次测量值(偏差),就可计算出控制增量。

增量型 PID 算法与位置型 PID 算法相比,具有以下优点:

① 增量型算法不需要做累加,控制量增量的确定仅与最近几次误差采样值有关,计算误差或计算精度问题对控制量的计算影响较小,而位置型算法要用到过去的误差累加值,容易产生大的累加误差。

② 增量型算法得出的是控制量的增量,例如阀门控制中,只输出阀门开度的变化部分,误差动作影响小,必要时通过逻辑判断限制或禁止本次输出,不会严重影响系统的工作。

③ 采用增量型算法,易实现手动到自动的无冲击切换。

5.1.4 增量型 PID 算法的程序实现

由式(5-10)可知,增量型 PID 算法计算过程只需保留最新的 3 个偏差值,即 $e(n)$、$e(n-1)$ 和 $e(n-2)$。算法流程如图 5-6 所示。

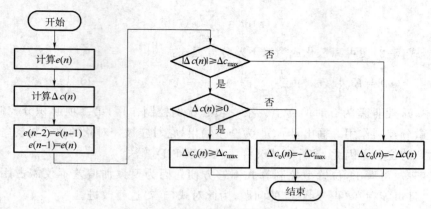

图 5-6 增量式 PID 控制算法程序流程图

定义控制参数变量结构体：

```
typedef struct
{
    float Kp;           //比例参数
    float Ki;           //积分参数
    float Kd;           //微分参数
    float cMax;         //步进最大值
} incPIDTypeDef;
```

实际控制系统中，控制参数一般经实验获得，且存储在系统的 EEPROM 器件中。

```
void funIncPIDCoffInit(incPIDTypeDef * PIDcoff)
{
PIDcoff->Kp = 102.0f;                //初始化比例参数
PIDcoff->Ki = 9.5f;                  //初始化积分参数
PIDcoff->Kd = 7.0f;                  //初始化微分参数
PIDcoff->cMax = 20.0f;               //设置步进长度限制值
}
/ * 例程:增量式 PID 控制算法
 * 参数 1：{float} setValue : 设定值(期望值)
 * 参数 2：{float} actualValue : 实际值(主反馈值)
 * 参数 3：{incPIDTypeDef} * PID : PID 控制参数结构体指针
 * 返回值:{float} : PID 控制增量
 */
float funIncPID(float setValue,float actualValue,incPIDTypeDef * PIDcoff)
{
        static float Er1 = 0;                //静态变量 e(n-1)
        static float Er2 = 0;                //静态变量 e(n-2)
```

```
        float Er;                              //变量e(n)
        float Co;                              //输出控制变量
    Er = setValue - actualValue;               //计算偏差
        //计算c(n)
    float Cn;
    Cn = (PIDcoff->Kp * Er) - (PIDcoff->Ki * Er1) + (PIDcoff->Kd * Er2);
        Er2 = Er1;                             //更新e(n-2)和e(n-1)
        Er1 = Er;
    //检查步进输出值范围
        if (_fabs(Cn)>PIDcoff->cMax)
        {
                if (Cn>0) Cn = PIDcoff->cMax;
                else Cn = - PIDcoff->cMax;
        }else Co = Cn;
    returnCo;
}
```

5.1.5 PID控制器控制参数整定

1. PID控制器控制参数整定

从根本上讲,设计PID控制器也就是确定K_p、T_I和T_D参数。如果控制方案已经确定,则系统的控制质量就取决于3个参数值的设置。3个系数取值的不同,决定了比例、积分和微分作用的强弱。PID控制器的整定就是在控制系统结构已经确定的情况下,决定控制器的比例、积分和微分常数,使控制器的特性和控制过程特性相配合,以改善系统的静态和动态指标。

1942年,Ziegler和Nichols提出了两种经典的获取PID控制器参数的方法。一种方法是通过一次调节试验从系统开环阶跃响应中辨识系统的FOPDT模型参数k、L和T,由Ziegler-Nichols(Z-N)阶跃响应整定公式直接求得对应的PID参数;另一种方法是由频率响应方法辨识系统的临界增益K_u和临界周期T_u,由Z-N临界比例度整定公式求得对应的PID参数,如表5-1所示。这两种方法及其改进至今仍在使用,许多自整定方法都是以Z-N法为基础的。

表5-1 Ziegler-Nichols整定公式

控制器类型	阶跃响应法			频率响应法		
	K_p	T_I	T_D	K_p	T_I	T_D
P	$T/(kL)$	∞	0	$0.5K_u$	∞	0
PI	$0.9T/(kL)$	$3L$	0	$0.45K_u$	$0.83T_u$	0
PID	$1.2T/(kL)$	$2L$	$0.5L$	$0.6K_u$	$0.5T_u$	$0.125T_u$

2. 控制周期的确定

(1) 根据香农采样定理,系统采样频率的下限为 $f_s = 2f_{max}$,此时系统可真实地恢复原来的连续信号。

(2) 从执行机构的特性要求来看,需要输出信号保持一定的宽度。采样周期必须大于这一时间。

(3) 从控制系统的随动和抗干扰的性能来看,要求采样周期短些。

(4) 从 MCU 的计算量和每个调节回路的计算来看,一般要求采样周期大些。

(5) 从计算机的精度看,过短的采样周期是不合适的。

5.2 测控系统实时数据处理

多通道转速测量程序的例程中,对获得的实时转速数据进行了取滑动平均值的处理,这是实装测控系统中有效的信号抗干扰手段,对于提高机电一体化系统的鲁棒性具有重要意义。

5.2.1 数字滤波技术

实际系统中存在的干扰信号千差万别,对不同类型的干扰信号要有针对性地采取方法进行处理。对于周期性干扰(如 50 Hz 工频干扰),采用积分时间为 20 ms 整数倍的双积分型 A/D 转换器,就可以消除影响;对于随机性干扰,一般采用数字滤波进行消弱或消除。

数字滤波实质是一种程序滤波,与模拟滤波器相比具有如下优点:

(1) 不需要额外的硬件设备,不存在阻抗匹配问题,多个输入通道共用一套数字滤波程序,从而降低了仪器的硬件成本。

(2) 可以对频率很高或很低的信号实现滤波。

(3) 可以根据信号的不同采用不同的滤波方法或滤波参数,灵活、方便、功能强。

常用的数字滤波算法包括中值滤波、算术平均滤波、滑动平均滤波以及低通滤波等。

1. 中值滤波

中值滤波算法取信号连续 n 次采样值,然后对采样值排序,并取序列中位值作为采样有效值。这样,滤波的关键就是对 n 组采样值进行排序,常用的是冒泡法。该方法适用于缓慢变化的信号由于偶然因素引起的脉冲干扰。

2. 算术平均滤波

算术平均滤波算法对信号连续进行 n 次采样,以其算术平均值作为有效采样值。该方法对具有周期脉动特点的信号有良好的滤波效果,如压力、流量等。

3. 滑动平均滤波

滑动平均滤波算法流程如图 5-7 所示采用循环队列作为采样数据存储器,队列长度

固定为 n，每进行一次新的采样，把采样数据放入队尾，扔掉原来队首的一个数据。这样，在队列中始终有 n 个最新数据求取平均值，作为此次采样的有效值。

4. 低通滤波

一阶低通滤波器如图 5-8 所示。

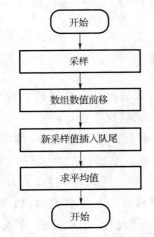

图 5-7　滑动平均滤波算法流程

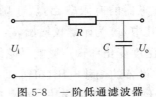

图 5-8　一阶低通滤波器

一阶 RC 低通滤波器的微分方程为

$$u_i = iR + u_o = RC\frac{du_o}{dt} + u_o = \tau\frac{du_o}{dt} + u_o \tag{5-11}$$

式中，$\tau = RC$ 是电路的时间常数。

令 $X = u_i$，$Y = u_o$，则可将微分方程转换成差分方程，得 $X(n) = \tau\dfrac{Y(n) - Y(n-1)}{\Delta t} + Y(n)$

整理得

$$Y(n) = \frac{\Delta t}{\tau + \Delta t}X(n) + \frac{\tau}{\tau + \Delta t}Y(n-1) \tag{5-12}$$

式中，Δt——采样周期；

$X(n)$——本次采样值；

$Y(n)$——本次滤波器输出值。

取 $\alpha = \Delta t/(\tau + \Delta t)$，则有

$$Y(n) = \alpha X(n) + (1 - \alpha)Y(n-1) \tag{5-13}$$

式中，α——滤波平滑系数，通常取 $\alpha \ll 1$。

由式（5-13）可以看出，滤波器的本次输出值主要取决于其上次输出值，本次采样值对滤波器输出仅有较小的修正作用。这样，对于变化较慢的信号，就可以保持原有数值，而变化较快的信号，则由于输出主要取决于上一次的输出而被改变。即信号的低频部分允许通过，而信号的高频部分则被滤掉。

滤波器的截止频率为

$$f_c = \frac{1}{2\pi\tau} = \frac{\alpha}{2\pi\Delta t(1-\alpha)} = \frac{\alpha}{2\pi\Delta t} \quad (5-14)$$

当信号频率 $f \ll f_c$，信号几乎不衰减地通过；而当 $f > f_c$ 时，信号将被滤掉。可以通过改变滤波器的参数来改变其截止频率。如取 $\alpha = 1/32, \Delta t = 0.5$ s，则 $f_c = 0.01$ Hz，这样，此滤波器就可用于频率相当低的信号的滤波。

5.2.2 基于卡尔曼滤波算法评估无人平台姿态角

在无人平台导航系统中，陀螺仪用来检测姿态，其输出经积分得到平台的姿态角，陀螺仪的主要误差分为两类：尺度误差（scale error）和偏移误差（bias error）。尺度误差表示陀螺仪的输出与输入之间存在着比例关系，属于有规律的漂移误差；偏移误差是指在平台稳定时，传感器的有限输出，属于随机漂移误差。陀螺仪的真实输出特性为 $\omega_o = (1+k)\omega_i + \varepsilon$，其中 ω_o 为陀螺仪输出，ω_i 为陀螺仪输入，k 为尺度误差，ε 为偏移误差。

大范围的温度变化和噪声影响是陀螺仪产生漂移误差的主要原因，如果采用常规的电子设备，这些设备的偏移电压（off-set voltage）对环境温度非常敏感，事实上正是这些设备的偏移电压造成了漂移误差。温度变化与平台的姿态变化相比要缓慢很多，可以认为在两个相邻的采样周期随机漂移误差不变，所以有 $\varepsilon(n+1) = \varepsilon(n)$，假设 $k = 0$，在很短的采样间隔 T_s（0.01 s）内，可以近似认为随机漂移误差 ε 是常数，陀螺仪输出为

$$\theta_o = \int_0^{T_s} (\omega_i + \varepsilon) dt = \theta_i + \varepsilon T_s \quad (5-15)$$

式中，θ_o 为陀螺仪输出的角速度积分后得到的姿态角，θ_i 为陀螺仪输入的角速度积分后得到的姿态角。

从式（5-15）可以看出，漂移误差随时间累积，漂移是同一个方向的，这将导致误差无限变大而得不到修正，如不采取措施，无人平台在运行很长时间之后，传感器输出数据将严重错误。微机电陀螺（如 MPU6050）大多集成了三轴加速度计，因此可参考加速度计测量值，通过数据融合来解决数值漂移问题。

加速度计测量线性加速度，两个方向的输出都存在漂移误差。当加速度计垂直于某旋转轴安装时，可以作为倾角计进行 360°的全方位角度测量，使用反正切函数进行计算时不会产生线性化误差。但由于加速度计动态性能不理想，不能单独用来进行姿态测量。角度输出为 $\theta = \arctan2(A_y/A_x)$，式中 A_y、A_x 分别为 y、x 方向的加速度，在计算机函数库中，常用 arctan2 函数进行 4 个象限的反正切运算，变量 A_x 和 A_y 是有符号数时，该函数会根据输入变量的符号，返回 4 个象限的角度值，函数调用方法为

```
double theta = atan2(Ay,Ax);
```

使用陀螺仪和加速度数据共用对无人平台的姿态进行测量，对式（5-15）进行差分运算，在一个采样周期 T_s 内，无人平台姿态角的差分方程模型为

$$\theta(n+1) = \theta(n) + [\omega_o(n) + \varepsilon(n)]T_s \quad (5-16)$$

第 5 章 机电一体化测控软件技术

惯性传感器数据融合的主要思想是利用陀螺仪和加速度计不同的误差特性，通过采集到的信息修正它们的误差。扩展卡尔曼滤波器先估计过程的状态然后通过对噪声的测量获得反馈。通过反馈控制为求解最小均方差提供了一种有效的递归解法，通过不断地反馈校正最终得到状态向量的最优估计，实现最优非线性估计。

根据惯性传感器随机漂移误差模型和平台姿态的动态模型，对平台动力学系统线性化并使用扩展卡尔曼滤波器进行数据融合，扩展卡尔曼滤波状态方程为

$$\begin{bmatrix} \theta(n+1) \\ \phi(n+1) \\ \omega(n+1) \\ \dot{\omega}(n+1) \\ \varepsilon(n+1) \end{bmatrix} = \begin{bmatrix} 1 & 0 & T_s & 0 & -T_s \\ 0 & 1 & T_s & \frac{1}{2}T_s^2 & 0 \\ 0 & 0 & 1 & T_s & 0 \\ 0 & 0 & 0 & 1 & 0 \\ 0 & 0 & 0 & 0 & \frac{T_\varepsilon}{T_\varepsilon+T_s} \end{bmatrix} \begin{bmatrix} \theta(n) \\ \phi(n) \\ \omega(n) \\ \dot{\omega}(n) \\ \varepsilon(n) \end{bmatrix} + \begin{bmatrix} 0 \\ 0 \\ 0 \\ 0 \\ \dfrac{T_s(C_{1\omega}+C_{2\omega})}{T_\varepsilon+T_s} \end{bmatrix} + w(n)$$

(5-17)

式中，ϕ 为陀螺仪输出积分得到的角度值，T_ω 为陀螺仪拟合周期，$w(n)$ 为零均值的高斯白噪声，其协方差矩阵为

$$Q = E\{w(n)w(n)^T\} = \begin{bmatrix} Q_A & 0 \\ 0 & Q_G \end{bmatrix}$$

(5-18)

式中，$Q_A = \begin{bmatrix} T_s & \sigma_1^2 \end{bmatrix}$ 为加速度计噪声协方差矩阵；σ_1 为加速度计用作倾角计测量角度时的标准差；$QG = \begin{bmatrix} \dfrac{T_s^5\sigma_2^2}{20} & \dfrac{T_s^4\sigma_2^2}{8} & \dfrac{T_s^3\sigma_2^2}{6} & 0 \\ \dfrac{T_s^4\sigma_2^2}{8} & \dfrac{T_s^3\sigma_2^2}{3} & \dfrac{T_s^2\sigma_2^2}{2} & 0 \\ \dfrac{T_s^3\sigma_2^2}{6} & \dfrac{T_s^2\sigma_2^2}{2} & T_s\sigma_2^2 & 0 \\ 0 & 0 & 0 & T_s\sigma_3^2 \end{bmatrix}$ 为陀螺仪噪声协方差矩阵；σ_2 为陀螺仪噪声密度标准差；σ_3 为实验获得的陀螺仪拟合曲线误差的标准差。

通过扩展卡尔曼滤波得到了无人平台姿态角的最优估计，并且标定了陀螺仪的偏差，实现了对偏差的自动跟踪。例程参见实验指导书。

5.3 机电一体化系统软件抗干扰技术

为了提高装备机电一体化控制系统的可靠性、稳定性，仅靠硬件抗干扰措施往往不能满足要求，需要进一步借助于软件手段来克服某些干扰。

软件抗干扰技术包含两个技术手段，一是自动控制系统受干扰发生程序跑飞、死

机等异常情况时,能通过软件将系统恢复正常运行状态;二是系统输入信号受干扰,测量环节能去伪存真,从而评估被控制量的实际值,从进一步做出正确的决策。对于第二种手段,是采取软件的方法抑制叠加在模拟输入信号上噪声对数据采集结果的影响,如数字滤波技术,已在上一节讨论,本节主要讨论由于可能存在电磁干扰,而避免使自动控制系统程序跑飞或陷入死循环,提高系统鲁棒性的方法,主要包括软件冗余、软件陷阱、"看门狗"技术等。这些方法可以用软件实现,也可以采用软件硬件相结合的方法实现。

采用软件抗干扰的最根本的前提条件是:系统中抗干扰软件不会因干扰而损坏。在基于 MCU 的机电一体化控制系统中,由于程序有一些重要常数都放置在 ROM 或 FLASH 存储器中,这就为软件抗干扰创造了良好的前提条件。因此,软件抗干扰的设置前提条件概括为

(1) 在干扰作用下,MCU 系统硬件部分不会受到任何损坏,或易损坏部分设置有监测状态可供查询。

(2) 程序区不会受干扰侵害。系统的程序及重要常数不会因干扰侵入而变化。对于 MCU 系统,程序、常数均固化在 ROM 中,这一条件自然满足;而对于一些在 RAM 中运行用户应用程序的微机系统,无法满足这一条件。当这种系统因干扰造成运行失常时,只能在干扰过后,重新向 RAM 区调入应用程序。

(3) RAM 区中的重要数据不被破坏,或虽被破坏可以重新建立。通过重新建立的数据,系统的重新运行不会出现不可允许的状态。例如,在一些控制系统中,RAM 中的大部分内容是为了进行分析、比较而临时寄存的,即使有一些不允许丢失的数据也只占极少部分。这些数据被破坏后,往往只引起控制系统一个短期波动,在闭环反馈环节的迅速纠正下,控制系统能很快恢复正常。这种系统都能采用软件恢复。

5.3.1 软件冗余技术

1. 时间冗余技术

时间冗余方法通过消耗时间资源达到纠错的目的,是解决软件运行故障的方法。

(1) 重复检测法

输入信号的干扰是叠加在有效电平信号上的一系列离散尖脉冲,作用时间很短。当控制系统统存在输入干扰,又不能用硬件加以有效抑制时,可以采用软件重复检测的方法,达到"去伪存真"的目的。

对接口中的输入数据信息进行多次检测,若检测结果完全一致,则是真输入信号;若相邻检测内容不一致,或多次检测结果不一致,则是伪输入信号。两次检测之间应有一定的时间间隔 t,设干扰存在的时间为 T,则重复次数为 k,则 $t=T/k$。

(2) 重复输出法

开关量输出软件抗干扰设计,主要是采取重复输出的办法,这是一种提高输出接口抗干扰性能的有效措施。对于那些用锁存器输出的控制信号,这些措施很有必要。在允

许的情况下,输出重复周期尽可能短些。当输出端口受到某种干扰而输出错误信号后,外部执行设备还来不及产生错误动作,正确的指令又输出了,这就可以及时地防止错误动作的发生。

2. 软件陷阱技术

当"跑飞"程序进入非程序区(如 EPROM 未使用的空间)或常数表格区时,采用冗余指令使程序入轨条件不满足,此时可以设定软件陷阱,拦截"跑飞"程序,将其迅速引向一个错误程序处理函数,根据全局状态变量以及特殊状态标志,使程序跳转到正常处理入口。软件陷阱技术主要包含以下实施方法。

(1) 软件陷阱

软件陷阱,就是用引导指令强行将捕获到的"跑飞"程序引向复位入口地址 0000H,在此处将程序转向专门对出错进行处理的函数段,使程序纳入正轨。

根据乱飞程序落入陷阱区的位置不同,可选择执行空操作,转到 0000H,使程序纳入正轨,指定运行到预定位置。

(2) 未使用的中断区设置软件陷阱

当未使用的中断因干扰而开放时,在对应的中断服务程序中设置软件陷阱,就能及时捕捉到错误的中断。一般的中断函数格式如下:

void 函数名()interrupt 中断号 using 工作组
{
中断服务程序内容
}

中断函数不能返回任何值,所以最前面用 void 关键字后面紧跟函数名,名字可以任取,但不要与 C 语言中的关键字相同,中断函数不带任何参数,所以函数名后面的小括号内为空;中断号是指 MCU 中为每个中断分配的编号。

填写上述代码段后,将未启用的中断都设置了中断服务函数,可保证未启用的中断因异常启动后,可正常跳转回中断点而不至于"跑飞"。

(3) 在运行程序区设置软件陷阱

"跑飞"的程序在用户程序内部跳转时可用指令冗余技术加以解决,也可以设些软件陷阱,更有效地抑制程序"乱飞",使程序运行更加可靠。程序设计时常采用模块化计,按照程序的要求一个模块、一个模块地执行。可以将陷阱指令组分散放置在用户程序各块之间空余的单元里。在正常程序中不执行这些陷阱指令,保证用户程序运行。但当程序跑飞后,一旦落入这些陷阱区,马上将"跑飞"的程序拉到正确轨道。这个方法很有效,陷阱的多少可依据用户程序大小而定,一般每1千字节有几个陷阱就够了。

3. RAM 数据保护的条件陷阱

MCU 的 RAM 存储器保存大量数据,这些数据的写入是使用"MOVX @DPTR, A"

指令来完成的,当 CPU 受到干扰而非法执行该指令时,就会改写 RAM 中的数据,导致 RAM 中数据丢失。为了减小 RAM 中数据丢失的可能性,可在 RAM 写操作之前加入条件陷阱,不满足条件时不允许写操作,并进入陷阱,形成死循环。落入死循环之后,可以通过"看门狗"摆脱困境。

5.3.2 "看门狗"技术

在运行中,可能会遇到电磁场等恶劣环境干扰失控,造成程序进入死循环,程序跑飞(死机)等意外故障,程序的正常运行被打断,系统无法继续运行,陷入停滞状态,发生不可预料的后果。此时可通过按下复位按钮,强制系统复位。但更理想的实现是通过一套监控系统,实时监视 MCU 运行状态,在运行异常时,使系统自动摆脱故障状态。看门狗(Watchdog)技术能够解决这一问题。

目前在工业级 MCU 芯片中,看门狗定时器(Watch Dog Timer,WDT)已成为标准外设。看门狗定时器是一个计数器,其基本原理是先给计数器设定一个数值(溢出值),程序开始运行后,看门狗定时器开始计数,程序正常运行时,会周期性发出指令将计数器置零(喂狗),重新开始计数,而如果长时间没有清零,计数器增加到设定值(定时器溢出),计数器会认为程序出现了异常,强制系统复位。

看门狗分硬件看门狗和软件看门狗。硬件看门狗是利用一个定时器电路,其定时输出连接到电路的复位端,程序在一定时间范围内对定时器清零(俗称"喂狗"),因此程序正常工作时,定时器总不能溢出,也就不能产生复位信号。如果程序出现故障,不在定时周期内复位看门狗,就使得看门狗定时器溢出产生复位信号并重启系统。软件看门狗原理上一样,只是将硬件电路上的定时器用处理器的内部定时器代替,这样可以简化硬件电路设计,但在可靠性方面不如硬件定时器,比如系统内部定时器自身发生故障就无法检测到。当然也有通过双定时器相互监视,这不仅加大系统开销,也不能解决全部问题,比如中断系统故障导致定时器中断失效。

看门狗本身不是用来解决系统出现的问题,在调试过程中发现的故障应该要查改设计本身的错误。加入看门狗的目的是对一些程序潜在的错误和恶劣环境干扰等因素导致系统死机而在无人干预的情况下自动恢复系统正常工作状态。看门狗不能完全避免故障造成的损失,毕竟从发现故障到系统复位恢复正常这段时间内,系统处于短暂的失控状态。同时一些系统也需要复位前保护现场数据,系统重启后恢复现场数据,这也需要另外软硬件的开销。

习题与思考题

1. 阐述 P、PI、PD 控制规律的特点以及连续 PID 算式离散化计算方法。

2. 某模拟控制器传递函数为 $G(s)=\dfrac{1+0.4s}{0.1s}$，若想用数字控制器实现该控制函数，设采样周期 $T_s=0.1\,\text{s}$，试写出其离散控制器表达式？

3. 常用的数字滤波算法有哪些？它们对何种干扰有效？

4. 何谓指令冗余和软件陷阱？

5. "看门狗"有哪些实现方法？

第6章 机电一体化伺服驱动技术

机电一体化系统中控制指令需通过执行装置驱动机械系统的运动部件运动从而实现目的功能。执行装置是机电一体化系统的机械装置与微电子控制装置的连接部件,也是能量转换部件。它在控制系统的控制下,将各种形式的输入能量受控地转换为机械能,例如电动机、电磁铁、继电器、液压油缸、气缸、内燃机等分别把输入的电能、液压能、气压能和化学能转换为机械能。

在复杂的装备机电一体化系统中,为了使各种能量转换为机械能的过程受控,满足稳定、准确以及快速等技术指标,以执行元件为中心,为其配置指令输入接口、检测输出物理量或内部状态量的传感器、控制器等零部件,构成一个要素齐全的机电一体化子系统,一般称这样的系统为伺服系统。伺服(servo)系统是以机械参数(如位移、速度、加速度、力和力矩等)为被控量的自动控制系统。

本章主要探讨机电一体化伺服驱动技术,主要内容包括:①执行元件的分类和技术特点;②直流电动机及驱动;③无刷电动机及驱动技术。

6.1 概 述

6.1.1 执行元件的组成及分类

在机电一体化系统中,根据输入能量的不同,可以将执行元件划分为电动式、液动式和气动式等几种类型,执行元件的分类如图6-1所示。

电动式是将电能变成电磁力驱动机械机构运动。液压式通过油缸、电动机等将液压能转化为液压力驱动机械执行机构运动。气动式与液压式的原理相同,只是将介质由油改为气体。其他执行元件与使用材料有关,如使用双金属片、形状记忆合金或压电元件等。

(1) 电动式执行元件

电动式执行元件有控制用电动机(步进电动机、直流和交流伺服电动机)、静电电

第 6 章 机电一体化伺服驱动技术

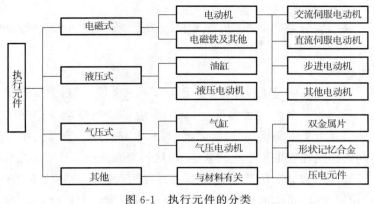

图 6-1 执行元件的分类

动机、磁致伸缩器件、压电元件、超声波电动机以及电磁铁等。其中利用电磁力的电动机、电磁铁,因其实用而成为常用的执行元件。控制用电动机的性能除了稳速运转性能之外,还要求具有良好的加减度等动态性能以及频繁使用时的适应性和便于维修性。

（2）液压式执行元件

液动式执行元件主要包括往复运动油缸、回转油缸、液压电动机（马达）等。这些电-液式执行元件与电动机相比,优点是比功率大,可以直接驱动机械运动机构,转矩惯量比大,过载能力强,适用于重载的高加减速系统。

（3）气动式执行元件

气动式执行元件与液压式执行元件原理相通,只是工作介质为压缩空气。典型的气动执行元件包括气缸、气动电动机（马达）等。气压驱动虽可得到较大的驱动力、行程和速度,由于空气黏性差,具有可压缩性,故不能在定位精度要求较高的场合使用。

6.1.2 现代伺服系统

1. 伺服系统的构成

伺服驱动技术是根据一定的指令信息,将其放大来控制驱动元件,使机械系统的执行装置按照指令运动的控制技术。伺服系统不仅能控制执行装置的速度,而且能精确控制其位置、力和力矩等,其结构类型多样,组成和工作状况也不尽相同。一般来说,伺服系统的基本组成包括控制器、功率放大器、执行机构和检测传感器等 4 个部分。

（1）控制器

控制器的主要任务是根据输入信号、反馈信号,利用既定的控制策略,产生控制输出。控制器通常由 MCU 及接口器件组成。常用的控制算法有 PID 控制和最优控制等。

（2）功率放大器

功率放大器的作用是将指令信号放大,并驱动执行机构完成某种操作。机电一体化系统中的功率放大装置主要由各种电力电子器件组成。

（3）执行机构

执行机构主要由伺服电动机、液压、气动伺服装置、机械传动装置以及末端作动器等组成。

（4）检测传感器

检测传感器的任务是测量被控制量（输出量），实现反馈控制，在多级闭环系统中，还要采用传感器测量伺服系统内部状态变量，如伺服电动机电枢电流。伺服系统中，用来测量位置量的传感器有光电编码器、磁编码器、光栅尺、磁栅尺、自整角机、磁致伸缩位移传感器等。早期常用测速发电机来检测转速，现代伺服系统引入 MCU 之后，通过各种编码器的转角计算转速成为标准范式。检测传感器及后续接口的精度对于伺服系统极其重要，无论何种控制方案，系统的控制精度总是低于检测装置的精度。

2. 现代伺服系统的分类

按照有无传感器以及传感器在系统中安装位置的不同，可将伺服系统分为开环、半闭环和全闭环系统。这实际上是 3 种不同的控制方式。

以电动机伺服系统为例讨论现代伺服系统的不同控制方式。现代伺服系统基本控制方式如图 6-2 所示。

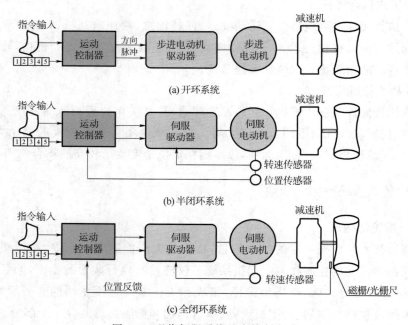

图 6-2 现代伺服系统基本控制方式

开环系统一般用可直接数控的执行装置，如步进电动机。在设计保证的情况下，省略了检测传感器，控制发出指令控制电动机转动，但不监督运动效果。开环系统结构简单，成本低，但是很难达到高精度。闭环和半闭环系统都安装了传感器，构成了闭环控制系统，区别是传感器安装位置不同。半闭环系统将传感器安装在伺服电动机轴上，电动机位置或速度都可达到很高的精度，但由于部分传动链在系统闭环之外，机械间隙等因素会损失系统最终精度。全闭环系统的传感器安装在末端执行部件上,可将末端位移或速度反馈回来,在采用高精度传感器的情况下,可以达到非常高的控制精度。但是,全闭环系统包含了机械传动机构,其中的间隙、变化的摩擦阻力等非线性因素会影响控制特性,使控制系统的调试变得复杂起来。

半闭环系统系统执行装置如带编码器的伺服电动机产品成熟,选型容易,构建控制系统时闭环环路短,可以使用较高的控制增益,稳定性好,动态精度高,在实际装备中应用较为广泛。

3. 典型伺服系统

伺服驱动技术的发展已经非常完善,以伺服电动机、液压油缸、液压电动机、气缸、气动电动机等为执行元件的电动机伺服系统、电液伺服系统、电液比例系统以及气动比例系统都有很多货架产品可供选择。

如图 6-3 是通用型的驱动器和带传感器的伺服电动机套装,图 6-3(a)是 DM046A 型驱动器,图 6-3(b)是 60D4A04030 型伺服电动机,电动机上安装了 2500 线光电编码器。

(a) 伺服驱动器　　　　(b) 伺服电动机

图 6-3　低压直流伺服系统

该伺服系统技术指标如下:
(1) 采用 32 位高速 DSP 芯片。
(2) FOC 场定向矢量控制,支持位置/速度闭环。
(3) 位置模式支持指令脉冲+方向或正交脉冲信号。
(4) 速度模式支持 PWM 占空比信号或 4～20 mA 电流或 0.6～3 V 电压信号控制。
(5) 16 位电子齿轮功能。
(6) 供电电压+20～50 V,支持 50～500 W 交流伺服电动机。
(7) 支持 485(modbus 协议 RTU 模式)控制方式。可以设定驱动器地址,简化控制系统。也可以直接通过 PC 控制,并提供 PC 测试软件。
(8) 具有欠压、过压、堵转、过热保护。
(9) 提供隔离输出的到位信号、报警输出信号、编码器零点信号。

图 6-4 是伺服系统的配线图。驱动器提供了丰富的接口选项。MCU 可以通过 I/O 接口连接驱动器,通过数字信号控制电动机转动,也可以通过 RS485 接口连接驱动器,按照 modbus 协议编写控制指令控制电动机转动。利用总线的好处是不仅控制指令更灵活,同时还能灵活改变控制参数和回读电机状态。

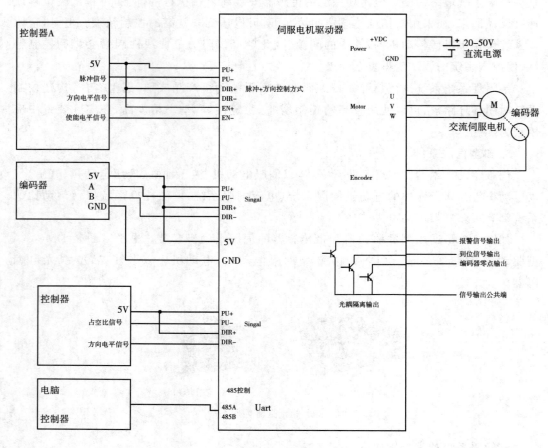

图 6-4　伺服系统配线图

伺服系统的集成化程度不断提高，图 6-5 所示的 PMM 系列一体化伺服驱动系统，不仅将驱动器、传感器与电动机一体化设计，更加入了 EtherCAT/CANopen 多种总线，使控制接口更加灵活。PMM 系列一体化低压伺服电动机是全新的伺服产品，基于高度紧凑的一体化开发理念，集稀土永磁同步电动机、单圈绝对值编码器、总线型伺服驱动

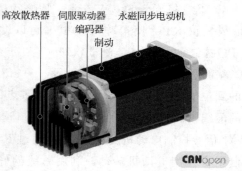

图 6-5　PMM 系列一体化伺服电动机

器、数字量 I/O 接口于一体,采用 FOC 磁场定向控制技术和驱控一体技术,支持 EtherCAT/CANopen 总线控制,具有体积小、接线简单的特点,广泛用于 AGV、协作机器人、医疗、纺织、3C 制造、工业自动化等场合。

6.1.3 液压传动及电液伺服驱动技术

液压传动由于其功率密度大、可无级调速、易于自动控制、良好的过载保护能力等独特技术的优势,在装备机电一体化系统中发得到了广泛的应用。液压元件与电控制技术在机电一体化系统中的融合使液压驱动技术在国民经济各行业中发挥了更大的作用。

1. 电动系统与液压系统的比较

由于电力的传送具有许多优点以及电动机很容易将电能转换成机械能,某些机电系统设计者也许认为不需要再考虑用液压系统或气动系统了,但事实证明并非如此。

在许多场合,减轻系统的重量是重要的,在这方面液压传动比电力传动有突出的优点。因为液压泵和电动机的功率/重力比的典型值为 168 W/N,而发电机和电动机的功率/重力比典型值则为 16.8 W/N。

电动机输出的力或扭矩受到一定的限制,这是由于磁性材料具有饱和作用的原因。但在液压系统中,则可以用提高工作压力的办法来获得较高的力或扭矩。一般说,直线式电动机的力/质量比为 130 N/kg;直线式液压电动机的力/质量比为 13 000 N/kg,即提高了一百倍。回转式液压电动机的扭矩/惯量比一般为相当容量电动机的 10~20 倍,只有无槽式的直流力矩电动机才能与液压传动相当。另外,开环形式的液压系统的输出刚度大,而电动机系统的输出刚度很小。液压传动具有工作平稳,能在低速下稳定运行,自行润滑,操作安全等优点。但从所能达到的最大功率看,液压系统一般只能达到几百千瓦,而电动机系统可达几千千瓦以上。

此外,液压系统不利于长距离传动,存在漏油污染环境、防火性差等问题,另因液体的可压缩性,不能用于精密定比传动;油温变化要引起油液黏度变化,所以不宜用于高、低温的场合。

2. 液压系统及组成

液压系统一般由五部分组成:

(1) 液压动力元件,指液压泵,在源动机的驱动下将机械能转换为液压能。

(2) 液压执行元件,包括液压缸和液压电动机,将液体的压力能转换为机械能来驱动负载运动。

(3) 液压控制元件,指液压控制阀,包括方向控制阀、压力控制阀和流量控制阀,通过调节液流的方向、压力和流量,从而改变执行元件的运动方向、输出力(或力矩)和运动速度。

(4) 液压辅助元件,包括油箱、滤油器、油管和接头、密封件、冷却器和加热器、蓄能器和压力表等。

(5) 工作介质,指液压油。

3. 液压伺服系统

液压伺服系统广泛应用在武器装备中。液压伺服系统属于伺服系统中的一种，它不仅具有液压传动的各种优点，还具有高系统刚性、高功率密度等特点。

液压伺服系统可使系统的输出量（如位移、速度或力等）能自动、快速而准确地跟随输入量的变化，同时输出功率被大幅度放大，以驱动大负载。

下面以某型无人装备离合器、制动线控操纵装置的液压系统为例，讨论液压伺服系统的原理。系统原理如图 6-6 所示。图中各种职能符号的画法及定义，由国家标准 GB 786—1976 给出。

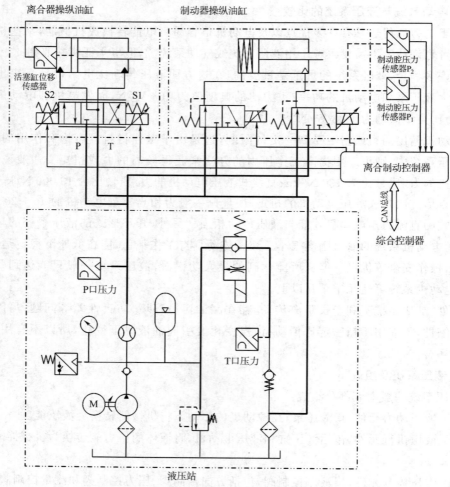

图 6-6　离合器、制动器线控操纵装置液压系统

支持线控的离合器、制动线控操纵装置中，离合制动控制器接收离合器操纵油缸位移传感器、制动腔压力传感器输出的电信号，分析处理后，基于 PID 控制算法产生 PWM 控制信号，经功率放大电路驱动离合器操纵油缸电磁阀和制动操纵控制电磁阀。离合制

动控制器同时管理两个控制回路，即离合器操控油缸的位置闭环和制动器操纵油缸的压力闭环。离合制动控制器通过 CAN 总线接收来自整车综合控制器的指令，通过闭环控制，实现离合器分离或结合动作以及制动器不同制动力输出。

离合器、制动器线控操纵装置液压系统包含液压站、离合器操纵油缸及比例换向阀、制动器操纵油缸以及比例减压阀等主要部件。其中比例换向阀和比例减压阀是实现伺服控制功能的核心部件。

4. 电液比例阀

电液比例阀或伺服阀是受控的换能部件，在液压系统中通过改变阀的输入信号，连续、成比例地控制流量和压力的变化。

电液比例阀既是电液转换元件，又是功率放大元件，它的作用是将小功率的电信号输入转换为大功率的液压能（压力和流量）输出，实现执行元件的位移、速度、加速度及力控制。典型的电液比例阀控制特性曲线如图 6-7 所示。

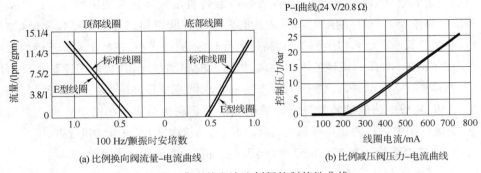

图 6-7 典型的电液比例阀控制特性曲线

由图 6-7(a) 可见，比例换向阀用两个线圈（电磁铁 S_1、S_2）轮流工作实现换向，工作时存在中位死区，这使得比例伺服系统很难达到高精度和快速响应性能。更高控制精度和频响要求的装备机电一体化系统中需使用电液伺服阀作为控制部件。

5. 电液伺服阀

电液伺服阀几乎没有零位死区，通常工作在零位附近，特别强调零位特性只应用在闭环控制系统（含位置控制系统、速度控制系统、力（或压力）控制系统）。电液伺服阀通常由电气—机械转换装置、液压放大器和反馈（平衡）机构三部分组成。反馈和平衡机构使电液伺服阀输出的流量或压力获得与输入电信号成比例的特性。

电液伺服阀按其功能可分为压力式和流量式两种。压力式比例/伺服阀将输入的电信号线性地转换为液体压力；流量式比例/伺服阀将输给入电信号转换为液体流量。单纯的压力式或流量式比例/伺服阀应用不多，往往是压力和流量结合在一起应用更为广泛。

按照液压放大级数，可以分为单级伺服阀、两级伺服阀、三级伺服阀。其中，单级伺服阀结构简单，通常只适用于低压、小流量和负载动态变化不大的场合。两级伺服阀克服了单级伺服阀缺点，是最常用的形式。三级伺服阀通常是由一个两级伺服阀作前置级控制第三级功率滑阀。功率级滑阀阀芯位移通过电气反馈形成闭环控制,实现功率级滑阀阀芯的定位。三级伺服阀通常只用在大流量的场合。

按照第一级阀的结构形式可分为滑阀、单喷嘴挡板阀、双喷嘴挡板阀、射流管阀和偏转板射流阀等。

6.2 直流伺服电动机及驱动技术

机电一体化系统中经常使用的电动机分为两类,一类为动力用电动机,如感应式异步电动机和同步电动机等;另一类为控制用电动机,如力矩电动机、脉冲电动机、开关磁阻电动机、变频调速电动机和各种 AC/DC 电动机等。控制用电动机(伺服电动机)是机电系统的动力部件,是将电能转换为机械能的能量转换装置。由于其可在很宽的速度和负载范围内进行连续、精确地控制,因而在各种装备机电一体化系统中得到了广泛应用。

不同的应用场合,对控制用电动机的性能要求也有所不同。对于起停频率低(如几十次/分),但要求低速平稳和扭矩脉动小,高速运行时振动、噪声小,在整个调速范围内均可稳定运动的机械,如 NC 工作机械的进给运动、机器人的驱动系统,其功率密度是主要的性能指标;对于起停频率高(如数百次/分),但不特别要求低速平稳性的产品,如高速打印机、绘图机、打孔机、集成电路焊接装置等主要的性能指标是高比功率。在额定输出功率相同的条件下,交流伺服电动机的比功率最高,直流伺服电动机次之,步进电动机最低。

总体上,机电系统中控制用电动机(伺服电动机)的基本要求如下:

(1) 功率密度和比功率大;

(2) 快速性好,即加速转矩大,频响特性好;

(3) 位置控制精度高、调速范围宽、低速运行平稳无爬行现象、分辨力高、振动噪声小;

(4) 适应起、停频繁工作要求;

(5) 可靠性高、寿命长。

控制用旋转电动机按其工作原理可分为旋转磁场型和旋转电枢型。前者有同步电动机(永磁)、步进电动机(永磁);后者有直流电动机(永磁)、感应电动机(按矢量控制等效模型),具体可细分为:

(1) 直流伺服电动机(永磁),可分为有槽铁心电枢型、无槽(平滑型)铁心电枢型、电枢型(无槽(平滑)铁心型与无铁心型)。

(2) 交流伺服电动机,可分为同步型、感应型。

(3) 步进电动机可分为变磁阻型(VR)、永磁型(PM)、混合型(HB)。

直流电动机具有良好的控制性能、较大的启动转矩、有相对功率大和响应速度快等优点。相对交流电动机而言,直流电动机结构复杂、价格较高,但仍然是目前机电控制系统中应用最广泛的一类电动机。

6.2.1 直流伺服电动机数学模型、静态和动态特性

1. 直流电动机的结构和原理

直流电动机的结构如图 6-8 所示,主要包括三部分:定子磁极、电枢、电刷。

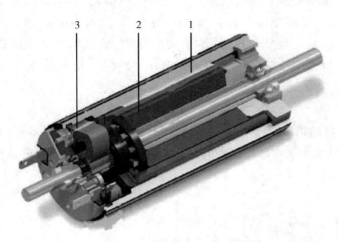

图 6-8 直流电动机的结构

（1）定子磁极

永磁式直流电动机的磁极 N-S 由永久磁铁构成,它激式直流电动机的定子磁极由绕制在磁极上的激磁线圈构成。

（2）电枢

电枢是直流电动机的转子。它是表面绕有电流线圈（即电枢绕组）的圆柱形铁心。铁心是由硅钢片叠制的导磁体。每一个线圈的端点都焊接到对应的换向片上。

（3）电刷

电刷是电动机定子的一部分。当电枢转动时,每一个电刷都交替地与两个换向片接触,以保持电枢线圈中的电流分布相对于定子是不变的。

2. 直流电动机工作原理

直流电动机工作原理如图 6-9 所示。当电刷 A 和 B 两端加以直流电压 u_a 后,便有直流电流 i_a 经过电刷进入电枢绕组。根据安培定律,ab 段所受电磁力向左,而 cd 段所受的电磁力向右,这两个力对电枢产生转矩,使电枢逆时针旋转。当 cd 段与直流电源正极相连时,电枢电流换向,cd 段受向左的电磁力,ab 段受向右的电磁力。由于 ab 段和 cd 段位置进行了交换,所以电枢仍然逆时针旋转。转子每旋转半圈电,枢电流换向一次,电枢则始终受到使之逆时针旋转的转矩。

与单圈电枢绕组耦合的磁链 $\Psi = L_a i_a + \Phi \sin\theta$,其中,第一项为自磁链,第二项为互磁链。磁场能量 $W'_M = \int_0^{i_a} \Psi i'_a = \frac{1}{2} L_a i_a^2 + \Phi \sin\theta \cdot i_a$。因此,电磁转矩可表示为

$$T_{em} = \frac{dW'_M}{d\theta} = \Phi\cos\theta \cdot i_a \quad (N \cdot m) \tag{6-1}$$

式中，i_a 为电枢电流；Φ 为气隙磁通；θ 为电枢平面与磁场方向的夹角。

实际的直流电动机电枢绕组不是一个线圈，而是布满铁心的整个圆周。这样，电枢的电磁转矩就是所有这些导电线圈产生的电磁转矩之和，不仅加大了电枢所产生的电磁转矩，而且减小了转矩随转角的变化。图 6-10 所示为由两个正交的电枢绕组所产生的合成电磁转矩。当分布式电枢绕组足够多时，合成电磁转矩的脉动量将减小到可以忽略不计。因为气隙磁通为常量，由式(6-1)可知，直流电动机的电磁转矩可表示为

$$T_{em} = K_t i_a \tag{6-2}$$

式中，K_t 为直流电动机电磁转矩系数，单位 $N \cdot m/A$，仅与电动机本身的结构参数有关，i_a 为电枢电流，单位 A。由式(6-2)可见，当励磁恒定不变时，直流电动机的电磁转矩与电枢电流成正比。

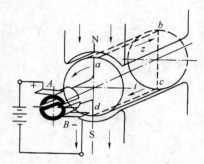

图 6-9 直流电动机工作原理

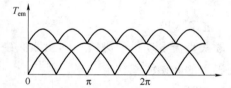

图 6-10 合成的电磁转矩

直流电动机拖动负载时，电磁转矩既要克服负载机械摩擦及阻尼带来的负载阻转矩，又要克服电动机的机械摩擦、电枢中的磁滞与涡流等产生的电动机阻转矩，还要使惯性负载产生加速度，其转矩平衡方程式为

$$J\frac{d^2\theta}{dt^2} = K_t i_a - T_d \tag{6-3}$$

式中，T_d 为作用于电动机轴上的阻转矩，包括电动机阻转矩和负载阻转矩，单位 $N \cdot m$；J 为电动机转子及负载等效在电动机轴上的转动惯量，单位 $kg \cdot m^2$；θ 为电动机转角，单位 rad。

施加在直流电动机电枢上的直流电压，一部分消耗在电枢电阻及电感上，另一部分抵消电动机转动时电枢上产生的反电动势。根据电磁感应定律，当磁通 Φ 恒定时，单圈电枢绕组所感生的反电动势为

$$E_a = \frac{d(\Phi\sin\theta)}{dt} = \Phi\cos\theta\frac{d\theta}{dt} \tag{6-4}$$

实际直流电动机具有多圈分布式电枢绕组，与电磁转矩一样，合成反电势的脉动分量可以忽略不计。因此，直流电动机电枢反电动势 E_a 可以认为与转速成正比，即

$$E_a = K_e \frac{d\theta}{dt} \tag{6-5}$$

式中，K_e 为电动机反电动势系数，单位 V·s/rad，仅与电动机本身的结构参数有关。

比较式(6-1)和式(6-4)，可见电磁转矩和反电动势具有相同的比例系数 $\Phi\cos\theta$，因此合成后的电磁转矩系数 K_t 和反电动势系数 K_e 具有相同量纲 N·m/A=V·s/rad，并且，对于同一台直流电动机，它们的数值相等，即 $K_t = K_e$。

这样，直流电动机的电压平衡方程式为

$$u_a = R_a i_a + L \frac{di_a}{dt} + K_e \frac{d\theta}{dt} \tag{6-6}$$

式中，u_a 为电枢电压，单位为 V；i_a 为电枢电流，单位为 A；R_a 为电枢电阻，单位为 Ω；L 为电枢电感，单位为 H。

由式(6-6)可见，电枢电流不仅与电枢电压及电阻、电感有关，而且和电动机转速有关。由式(6-3)可知，电动机转速的变化与电磁转矩及负载转矩有关。由式(6-2)可知，电磁转矩与电枢电流有关。因此，电动机的转速 ω 和电磁转矩 T_{em} 是相互制约、相互影响的。

普通的直流电动机一般作为动力部件，着重于对启动和运行状态动能指标的要求；而在机电控制系统中作为伺服元件时，则着重于特性的高精度和快速响应。后一类直流电动机称为直流伺服电动机。伺服电动机是一种受输入电信号控制，并作出快速响应的电动机。堵转转矩与控制电压成正比，转速随转矩的增加而近似线性下降，调速范围宽，当控制电压为零时能立即停转。根据伺服电动机的这种工作特点，其结构设计有一些特别的要求。但在基本原理上，直流伺服电动机与普通直流电动机是完全相同的。

3. 直流电动机的静态特性

根据式(6-2)～式(6-5)，静态时可得直流伺服电动机的转速为

$$\omega = \frac{u_a}{K_e} - \frac{R_a}{K_e K_t} T_d \tag{6-7}$$

由此可得直流伺服电动机的机械特性，即保持控制电压恒定时，电动机转矩与转速的关系曲线称为机械特性曲线，如图 6-11 所示。

根据式(6-7)，理想空载转速为 $\omega_0 = \dfrac{u_a}{K_e}$。由于电动机本身存在阻转矩，即使在空载情况下，电动机也不可能达到这个转速。

根据式(6-7)，转速为零时，电动机的堵转转矩 $T_b = K_t \dfrac{u_a}{R_a}$，机械特性硬度 $|\tan\alpha|$ 用理想空载转速和堵转转矩定义为

$$|\tan\alpha| = \frac{\omega_0}{T_b} = \frac{R_a}{K_e K_t} \tag{6-8}$$

可见，机械特性硬度与电枢电压无关。在机电控制系统中，希望机械特性尽量硬。

同时，由式(6-7)又可得到直流伺服电动机的调节特性，即电磁转矩恒定时，电动机转速随控制电压变化的关系曲线，如图6-12所示。

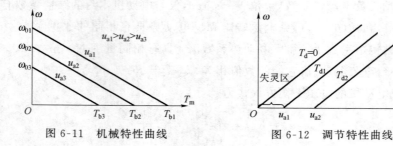

图6-11　机械特性曲线　　　　图6-12　调节特性曲线

图中，调节特性与横轴的交点为电动机的始动电压。从原点到始动电压点的横坐标范围被称为在某一电磁转矩值时伺服电动机的失灵区。失灵区的大小与电磁转矩的大小成正比。

4. 直流电动机的动态特性

根据式(6-2)~式(6-5)，直流伺服电动机的动态特性由下列方程描述：

$$\begin{cases} u_a = R_a i_a + L \dfrac{\mathrm{d}i_a}{\mathrm{d}t} + K_e \dfrac{\mathrm{d}\theta}{\mathrm{d}t} \\ J \dfrac{\mathrm{d}^2\theta}{\mathrm{d}t^2} = K_t i_a - T_d \end{cases} \tag{6-9}$$

将方程组(6-9)进行拉普拉斯变换，可得下列代数方程组：

$$\begin{cases} (Ls + R_a)I_a(s) = U_a(s) - K_e \Omega(s) \\ Js\Omega(s) = K_t I_a(s) - T_d(s) \end{cases} \tag{6-10}$$

由以上代数方程组，可画出等价的传递函数方块图，如图6-13所示。

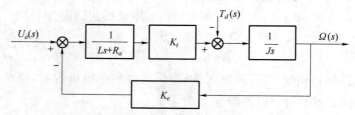

图6-13　直流伺服电动机的传递函数方块图

通过方块图简化可得以电枢电压 $U_a(s)$ 为输入变量，电动机转速 $\Omega(s)$ 为输出变量的传递函数：

$$\Omega(s) = \dfrac{K_t}{JLs^2 + JR_a s + K_t K_e}\left[U_a(s) - \dfrac{Ls + R_a}{K_t}T_d(s)\right] \tag{6-11}$$

令 $T_a = L_a/R_a$ 为电动机电磁时间常数；$T_m = R_a J/K_t K_e$ 为电动机机电时间常数。代入方程(6-11)，可得：

$$\Omega(s) = \frac{1/K_e}{T_m T_a s^2 + T_m s + 1}\left[U_a(s) - \frac{(T_a s + 1)R_a}{K_t}T_d(s)\right] \quad (6\text{-}12)$$

若忽略电枢电感及黏性阻尼系数,则直流伺服电动机的传递函数可近似为

$$\frac{\Omega(s)}{U_a(s)} = \frac{1/K_e}{T_m s + 1} \quad (6\text{-}13)$$

由此可见,直流伺服电动机可近似为一阶惯性环节,其过渡过程的快慢主要取决于机电时间常数 T_m。为了加快系统响应速度,展宽系统频带,必须设法减小 T_m。

根据 T_m 的定义,应从以下几方面着手:

(1) 优化设计机械传动系统,以减小等效转动惯量 J;

(2) 给电动机供电的电源内阻应尽可能小,以降低电枢回路的电阻 R;

(3) 附加速度负反馈,以加大等效反电动势系数 K_e。

对于方法 1,需要从电机选择以及传动系统设计上综合权衡,选择小惯量的伺服电动机,并且进行电机转子惯量和传动单元以及负载惯性匹配设计。在装备工程实践中,小惯量要求往往与其他功能需求是矛盾的,如在电动机拖动的炮控系统中,减少炮塔的转动惯量就意味着需要降低炮塔的防护性,这是不允许的。

对于方法 2,总体上还是伺服电动机选择的问题,我们已知超导电动机的控制性能极其优秀,但是在目前的技术条件下,在装备机电一体化系统中还很难大量应用。

实际上,在装备工程实践中,涉及需要大范围调速且需要快速响应的电动机驱动系统中,构建控制环,即方法 3 是从控制工程角度提出的解决方案。

6.2.2 直流伺服电动机驱动技术

为了实现直流伺服电动机的灵活调速,必须为其配备驱动电路。直流伺服电动机通常采用电枢电压控制方式调节电动机的转速和方向。目前常用的驱动方式包括直流线性驱动、晶闸管直流驱动和脉宽调制驱动 3 种。

(1) 直流线性驱动方式

直流线性驱动方式将输入信号按比例进行功率放大,通过控制电压或者电流的大小来控制电动机的转速和转矩。线性驱动方式线性度好、失真小、快速性好、频带宽、不产生噪声和电磁干扰信号。此外,电流负反馈和限流装置简单可靠。线性驱动方式的缺点是效率低,本身功耗大,输出功率小,输出电流不能太大。在小功率直流控制系统中,线性驱动方式应用较广泛。电流为几安培,功率为几十瓦至上百瓦的直流电动机,常采用线性驱动方式。

(2) 晶闸管直流驱动方式

晶闸管直流驱动方式通过控制晶闸管的触发延迟角(控制电压的大小)来移动触发脉冲的相位,从而改变整流电压的大小,使直流电动机电枢电压变化实现平滑调速。这种方式具有线路简单、控制灵活、效率高等优点,然而其功率因数低、谐波电流大,会引起电网电压波形畸变,造成"电力公害"。因此,过去主要用于大功率直流电动机的驱动控制,近年正逐渐被场效应管脉冲调制驱动方式所代替。

（3）脉宽调制驱动方式

脉宽调制（PWM）驱动是当前应用较广泛的一种直流伺服电动机驱动控制方式。基本原理是利用大功率晶体管的开关作用，将直流电压转换为一定频率的方波电压，加在直流电动机的电枢上，通过对方波脉冲宽度的控制，改变电枢电压的平均值，从而调节电动机的转速。涉及电动机转动方向控制时，一般采用全桥驱动电路。

1. 全桥驱动电路

图 6-14 为小功率直流电动机双环调速系统的原理图，采用的是直流电动机—测速发电机的机组。所谓双环指的是电流环和速度环，这是电力拖动和机电控制领域内普遍采用的技术。

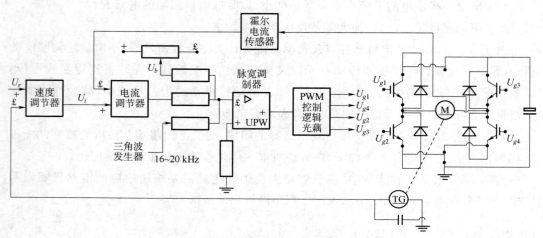

图 6-14　小功率直流电动机双环调速系统原理图

直流电动机通过 H 桥型 PWM 功率放大器驱动，其控制原理图如图 6-15 所示。它由 4 个大功率 IGBT 管组成。4 个 IGBT 分成两组，VT_1 和 VT_4 一组，VT_2 和 VT_3 为另一组，$VD_1 \sim VD_4$ 为 4 个快恢复续流二极管。同一组的两个 IGBT 同时导通（当作开关管使用），同时关断，两组管子之间交替轮流导通和截止。并且，在两个状态之间有一小段延迟时间，以确保一组截止后另外一组才能导通，否则就会上下管子穿通，电源短路，管子损坏。电源电压为 V_S，而栅源之间的控制电压 $U_{g1} \sim U_{g4}$ 各由自己的驱动电路产生，产生开关周期为 T 的正负交替的调宽方波信号，高电平为 +15 V，低电平为 -5 V。当 U_{g1}、U_{g4} 的正半波宽度 $t_1 > T/2$，U_{g2}、U_{g3} 的正半波宽度 $t_2 < T/2$，电动机上平均电压 $U_d > 0$，电动机正转。当 U_{g1}、U_{g4} 的正半波宽度 $t_1 < T/2$，即 U_{g2}、U_{g3} 的正半波宽度 $t_2 > T/2$，电动机上平均电压 $U_d < 0$，电动机反转。当 U_{g1}、U_{g4} 的正半波宽度 $t_1 = T/2$，这时 U_{g2}、U_{g3} 的正半波宽度也是 $t_2 = T/2$，则电动机上平均电压 $U_d = 0$，电动机不转，但电动机上仍然会有交变的电流出现。设 $T = 50$ μs（即频率为 20 kHz），下面计算电动机电枢的电流。

由以上分析可知，无论电动机处于哪种状态，在 $0 \leqslant t_1 \leqslant T/2$ 期间，电动机两端瞬态

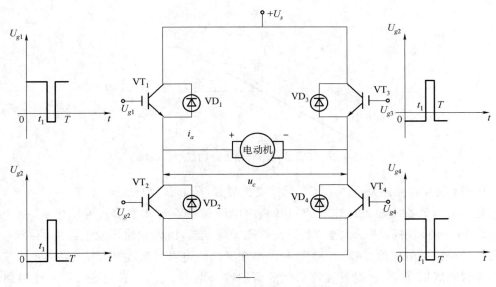

图 6-15　H 桥型 PWM 功率放大器控制原理图

电压总为 $+U_S$，而在 $T/2 \leqslant t_1 \leqslant T$ 期间，电动机两端瞬态电压总为 $-U_S$。故可列出方程式：

$$U_S = L_a \frac{\mathrm{d}i_a}{\mathrm{d}t} + R_a i_a + E \qquad 0 \leqslant t_1 \leqslant T/2 \tag{6-14}$$

$$-U_S = L_a \frac{\mathrm{d}i_a}{\mathrm{d}t} + R_a i_a + E \qquad T/2 \leqslant t_1 \leqslant T \tag{6-15}$$

由这两个公式即可求解不同时刻 t 的电流 $i_a(t)$ 的值。在电动机达到稳态转速时，$i_a(0) = i_a(T)$，这是最小值，而最大值在 t_1 时刻。

设 I_S 为最大堵转电流 $I_S = U_S/R_a$，设 k 为脉冲调宽周期 T 与电磁时间常数 T_a 之比，即 $k = T/T_a$。T_a 为电动机电磁时间常数，即 $T_a = L_a/R_a$。则电枢电流的脉动最大值为

$$\Delta i_{a\max} \approx \frac{I_S}{2} \cdot k \tag{6-16}$$

对于所选用的电动机，$I_s = U_S/R_a = 30 \text{ V}/1.7 \text{ Ω} = 15.6 \text{ A}$，$T = 50 \text{ μs}$，$T_a = 3.7 \text{ mH}/1.7 \text{ Ω} = 2.17 \text{ ms}$。故 $k = T/T_a = 50 \times 10^{-3}/2.17 = 0.023$，得 $\Delta i_{a\max} \approx (17.6/2) \times 0.023 = 0.2 \text{ A}$，远远小于额定电流，不会使电动机过分发热。

设 $\alpha = t_1/T$，称为占空比，故电动机电枢的平均电压为

$$U_a = \alpha \cdot U_S - U_S(1-\alpha) = U_S(2\alpha - 1) \tag{6-17}$$

可见，当 α 由 0 变化到 1，U_a 由 $-U_S$ 变到 $+U_S$ 并且与 α 呈线性关系，如图 6-16 所示。这就是 PWM 的工作原理，其优点是既能够控制电动机电枢的平均电压，又能够降低功率放大器的功耗。这时，电枢的平均电流为

$$I_a = I_S(2\alpha - 1) - E/R_a \tag{6-18}$$

式中，E 是电动机的反电势。

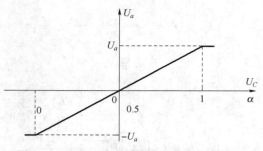

图 6-16　PWM 功率转换电路的线性化特性

PWM 的控制回路是一个电压-脉冲变换装置,简称脉宽调制器,如图 6-17 所示,其输入是电流调节器的输出。脉宽调制器是由电压比较器和 3 个输入电压组成,一个是 16~20 kHz 的调制信号 U_m,通常是三角波或者锯齿波,由调制波形发生器提供;另一个输入信号是控制电压信号 U_c,其极性和大小在工作期间均可变,它与 U_m 相减,在比较器输出端得到周期 T 不变,脉冲宽度可变的调制输出电压 U_{pwm}。有时还需要一个偏置电压 U_b,使调制信号移位。对于 H 型 PWM 线路来说,要求当 $U_c=0$ 时,电枢的平均电压 $U_a=0$。所以,这时 U_{pwm} 正负脉冲宽度应该相等。

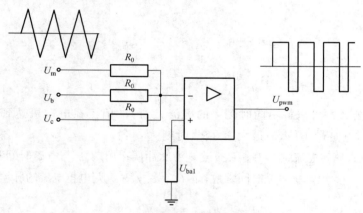

图 6-17　脉宽调制器原理图

图 6-18 是 $U_c=0$,$U_c>0$,$U_c<0$ 这 3 种情况下脉宽调制器输入、输出波形图。由图可知,改变 U_c 的极性就改变了 PWM 变换器输出平均电压 U_a 的极性,从而改变了电动机的转向。改变 U_c 的大小,就改变了 U_{g1}、U_{g4} 脉冲宽度,从而改变了平均电压 U_a 的大小。

在小功率 PWM 伺服放大器中,主回路还可使用 VDMOS 功率场效应管代替 IGBT。

2. 驱动电流的检测

为了构建电动机电流环,需实时检测电动机绕组的工作电流。总体上,电流检测的方法可分为电阻采样法和非接触测量方法。电阻采样法需要在电动机绕组回路中串联接入小阻值高精度的采样电阻,通过检测电阻两端的电压,换算为电流。非接触测量方

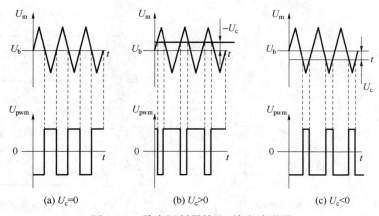

图 6-18 脉宽调制器输入、输出波形图

法一般采用霍尔传感器,基于霍尔效应原理,将电动机驱动回路中导线上的磁场变化转化为电压输出。

(1) 电阻采样法

根据采样电阻接入位置的不同,采用低端电流检测电路和高端电流检测电路实现电流到电压的变换。

低端电流检测电路如图 6-19 所示。电阻 R_S 接在负载电路和公共地之间,运算放大器和电阻 $R_1 \sim R_5$ 构成同相电压放大器。图中采样电阻上电流的表达式为

$$I_S = \frac{R_2}{R_S(R_2+R_3)} V_{\text{OUT}} \tag{6-19}$$

电阻 R_4 和 R_5 用来调整偏置电压或者抵消运算放大器零飘电压的影响。

低端电流检测电路结构简单,但是在工程实际应用中问题较多。首先,接入的采样电阻阻值需要优化,该电阻阻值大,则发热多,影响测量精度,同时降低驱动电路的效率;阻值小,则后续放大电路的增益系数需调大,全桥开关电路工作时引入的电噪声也相应放大,电路中需增加滤波器。另外,采样电阻放到低端,当负载电路中发生故障时,如某个开关管击穿短路,电流直接流入地平面,短路电流不经过 R_S,这将导致电流测量失效。低端电流检测电路如图 6-19 所示。

为了解决短路电流检测的问题,可以将采样电阻接在电源 V_S 和负载电路之间。此测量方案带来了新的技术问题,采样电阻两端有很高的共模电压,而普通运算放大器不能承受高共模电压。此时需要专门设计的高端电流测量放大器,如 MAX4173。由 MAX4173 构成的高端电流检测电路如图 6-20 所示。

MAX4173 的封装包括 6 脚 SOT23 和 8 脚 SO,工作温度为 -40 ℃到 $+85$ ℃,最高可承受 28 V 的共模电压,包含 3 个增益版本 $+20$ V/V(MAX4173T)、$+50$ V/V(MAX4173F)、$+100$ V/V(MAX4173H),全量程的精度为 $\pm 0.5\%$,带宽可达 1.7 MHz(MAX4173T 的数据)。

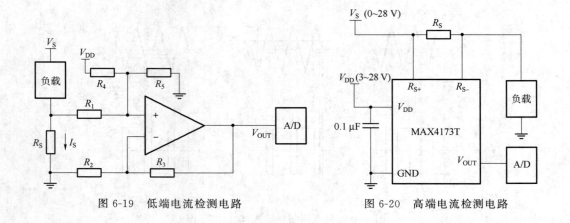

图 6-19　低端电流检测电路　　　　图 6-20　高端电流检测电路

高端电流检测电路中,采样电阻的材质、阻值等都应仔细选择,选用原则如下:

① 电压损耗:采样电阻阻值过大会引起电源电压损耗。为了减少电压损耗,应选用小阻值的采样电阻。

② 精度:较大的采样电阻可以获得更高的小电流的测量精度。这是因为采样电阻上的压差越大,运放的失调电压和输入偏置电流的影响就相对越小。

③ 效率和功耗:当电流较大时,采样电阻 R_S 上的功耗不能忽略。在考虑采样电阻阻值和功耗时,如果允许检流电阻发热(散热条件较好时),则电阻阻值可大一些。

④ 电感:如果待测电流包含高频成分,则采样电阻的电感量要很小,应避免选用线绕电阻,尽量选用金属膜电阻。

⑤ 成本:如果合适的采样电阻的价格太高,则可采用另一种替代方案,如图 6-21 所示。

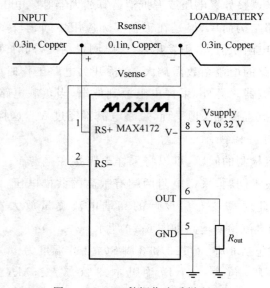

图 6-21　PCB 敷铜作为采样电阻

图 6-21 采用电路板的印制线作为采样流电阻。由于印制板铜线"电阻"并不精确，电路里需要一个电位器调节满量程电流值。另外，铜线的温漂较大（大约为 0.4%/℃），在宽温度范围下工作的系统需要考虑这一点。

专用高端检流电路内部包含了完成高端电流检测的所有功能单元，可在高达 32 V 的共模电压下检测高端电流，并提供与之成比例的、以地电平为参考点的电流输出。需要对电流做精确测量和控制的应用，如本章中的电动机驱动电流检测以及电源管理和电池充电控制，都适合采用这种方案。

在电阻采样法中，采样电阻与驱动电路有线路耦合，开关电路的电噪声尖峰干扰必须处理，否则会影响后续数据采集电路以及 MCU 正常工作，严重时会导致死机的问题。

装备机电一体化系统常采用非接触电流测量方法来避免上述问题的出现。

(2) 非接触测量方法

为避免采样电阻带来的线路耦合干扰问题，对电流检测电路提出了新的需求，即要求把电枢的电流线性地转换成电压信号，并且转换后的电压与待测回路是隔离的，以便把强电回路与弱电回路分开。采用霍尔传感器检测电流是首选的技术方案。霍尔电流传感器是一个把电流转换成电压的传感器，其原理图如图 6-22 所示。

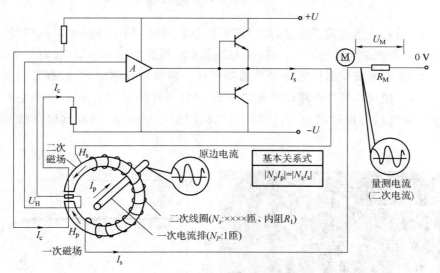

图 6-22　霍尔电流传感器原理图

这是一种磁补偿式电流传感器。磁补偿式的工作原理是自动控制回路保持磁场平衡，即主回路电流 I_P 在聚磁环所产生的磁场，通过一个次级线圈的电流产生的磁场进行补偿，使霍尔器件处于检测零磁通的工作状态。具体工作过程为：当主回路有电流通过时，在导线产生的磁场被聚磁环聚集，感应霍尔器件使之有一个信号输出，这一信号驱动相应的功率管导通，从而获得一补偿电流 I_s。这一电流通过多匝绕组产生的磁场与被测电流产生的磁场正好相反，因而补偿了原来的磁场，使霍尔器件的输出逐渐减小，当 I_P 与匝数相乘所产生的磁场与 I_s 与匝数相乘所产生的磁场相等时，I_s 不再增加，霍尔器件起到指示零磁通的作用。此时可以通过 I_S 来测试 I_P。被测电流的任何变化都会破坏这一平衡,一旦磁场失去平衡,霍尔器件就有信号输出,经放大后,立即有相应的电流流过次级绕组,对失衡的磁场进行补偿。从磁场失衡到再次平衡所需的时间不到 1 ms。

这是一个动态平衡的过程。因此,从宏观上看,次级的补偿电流安匝数在任何时间都与初级被测电流的安匝数相等,即 $N_P \cdot I_P + N_S \cdot I_S = 0$,其中,$N_P$ 为原边匝数,I_P 为原边电流,I_S 为次级补偿电流。N_P、N_S 可从使用手册中查到,测得 I_S 的大小即可得知被测电流的大小。

实质上,霍尔电流传感器本身就是一个典型反馈控制系统,其原理框图如图 6-23 所示。

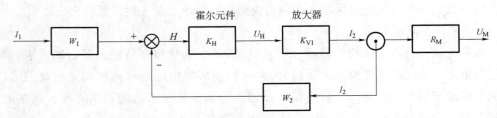

图 6-23 霍尔电流传感器原理框图

近年来,霍尔传感器发展迅速,如国产器件 NSM2016 用于非接触电流测量,在板级电路设计时使用就非常方便。NSM2016 是一款集成路径电流传感器,具有 1.2 mΩ 极低的导通电阻,能有效减少测量电路带来的热损耗。因采用霍尔原理,实现了与被测回路的电信号隔离,使后续接口电路设计更加简单,另外芯片内采用差分霍尔对,芯片对外部杂散磁场也有极强的抑制能力。该芯片的电流测量电路时域、频域响应曲线如图 6-24 所示。

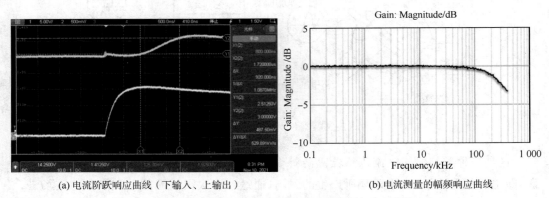

(a) 电流阶跃响应曲线(下输入、上输出)　　　　(b) 电流测量的幅频响应曲线

图 6-24 NSM2016 电流测量电路时域、频域响应曲线

6.2.3 直流电动机转矩转速控制

直流伺服电动机广泛应用于机电一体化装备的驱动系统中。采用半闭环控制结构

和 PWM 功放的直流电动机转速转矩控制系统原理图如图 6-25 所示。它由两个环路组成：电流环和速度环。内环路为电流环，由转矩（电流）控制器、驱动电路（包括三角波发生器、脉冲调制毛路、PWM 信号延迟电路及 H 桥式功率电路）以及由霍尔传感器测量的电枢电流负反馈电路等组成。

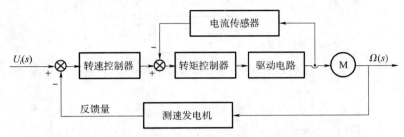

图 6-25 直流电动机转速转矩控制系统原理图

电流环的主要作用是通过调节电枢电流控制电动机的转矩，改善电动机的工作特性和安全性。外环路为速度环，由转速控制器、电流环以及永磁直流测速发电机组成。直流测速发电机与电动机同轴连接，工作时其输出电压与电动机的转速成正比，直流反馈电压与给定值相比较，差值输入转速控制器。速度控制器的输出电压与电动机电枢电流负反馈电压比较后，产生控制量输入电流控制器。电流控制器的输出经过驱动电路驱动电动机转动，直至其转速与给定值相等。

1. 转矩控制（电流环）

根据图 6-25 的工作原理，利用传递函数式(6-11)，可画出电流环的传递函数框图，如图 6-26 所示。图中，符号 α 表示电流负反馈系数；电流控制器传递函数 $G_c(s)=K_i(\tau_i s+1)/\tau_i s$。这里，在电动机的传递函数中已经略去机械阻尼系数 B。

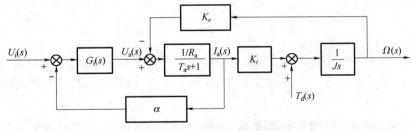

图 6-26 电流环传递函数框图

若选择 $\tau_i=T_a$，则图 6-26 中的反电势的求和点前移以后，内反馈回路的传递函数可以简化为 $\dfrac{1/\alpha}{T_a' +1}$，这里 $T_a'=\dfrac{R_a}{\alpha K_i}T_a$。为了限制电枢电流，通常选择 $\alpha=R_a$，于是 $T_a'\ll T_a$（因为 $K_i\gg 1$ 总是成立）。

这样，内反馈回路可简化为纯增益环节，其增益为 $1/R_a$。同时，整个电流环的传递函数框图可以进一步简化为图 6-27。

由图 6-27 可得：

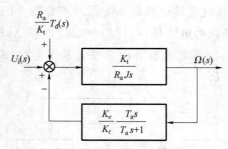

图 6-27　简化的电流环框图

$$\Omega(s) = \frac{\dfrac{K_t}{R_a J s}}{1 + \dfrac{K_t}{R_a J s} \cdot \dfrac{K_e}{K_i} \cdot \dfrac{T_a s}{T_a s + 1}} \left[U_i(s) - \frac{R_a}{K_t} T_d(s) \right] \quad (6\text{-}20)$$

$$\Omega(s) = \frac{\dfrac{1}{K_e}(T_a s + 1)}{T_m s (T_a s + 1) + \dfrac{T_a}{K_i} s} \left[U_i(s) - \frac{R_a}{K_t} T_d(s) \right] \quad (6\text{-}21)$$

因 $T_m \gg T_a, T_a \gg \dfrac{T_a}{K_i}$，可得：

$$\Omega(s) = \frac{\dfrac{1}{K_e}}{T_m s} \left[U_i(s) - \frac{R_a}{K_t} T_d(s) \right] \quad (6\text{-}22)$$

式中，$T_m = \dfrac{J R_a}{K_e K_t}$，为电动机的机电时间常数。

进一步整理得：

$$\Omega(s) = \frac{1}{J s} \left[\frac{K_t}{R_a} U_i(s) - T_d(s) \right] \quad (6\text{-}23)$$

式(6-23)表明，直流电动机在有合适电流负反馈的条件下，电气时间常数 T_a 和反电动势 $K_e \Omega(s)$ 都可以忽略不计。由输入电压 $U_i(s)$ 到电动机转速 $\Omega(s)$ 的传递函数近似为纯积分。

根据图 6-26，电动机的电枢电流 $I_a(s)$ 与电动机的转速 $\Omega(s)$ 存在如下关系式：

$$I_a(s) = \frac{1}{K_t} [J s \Omega(s) + T_d(s)] \quad (6\text{-}24)$$

将式(6-23)代入式(6-24)，得 $I_a(s) = U_i(s)/R_a$，再代入式(6-10)，得电磁转矩为

$$T_{em}(s) = K_t I_a(s) = \frac{K_t}{R_a} U_i(s) \quad (6\text{-}25)$$

式(6-25)表明，在电流环中，直流电动机的电磁转矩 $T_{em}(s)$ 与电枢电流 $I_a(s)$ 成正比，电枢电流 $I_a(s)$ 与输入电压 $U_i(s)$ 成正比，所以，输入电压通过电流环控制了电磁转矩。也就是说，电流环是直流电动机的转矩调节系统。当负载突变时，由于电流环的存

在，不会因反电动势的作用，使电枢电流过大而出现损坏电动机控制元件的事故。因此，电流环能起到过载保护作用。

2. 速度环

设速度控制器为比例控制器，其增益为 K_v，又令测速发电机的反馈系数为 K_f。

考虑到电流环的传递函数方程 $\Omega(s) = \dfrac{1}{Js}\left[\dfrac{K_t}{R_a}U_i(s) - T_d(s)\right]$，可以画出速度环的传递函数框图，如图 6-28 所示。

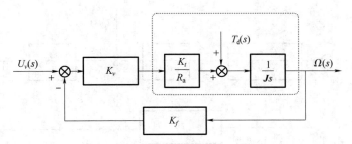

图 6-28 Ⅰ型系统速度环的传递函数框图

由图 6-28 可得

$$\Omega(s) = \dfrac{1/K_f}{T'_m s + 1}\left[U_v(s) - \dfrac{R_a}{K_v K_t}T_d(s)\right] \tag{6-26}$$

式中，$T'_m = \dfrac{T_m}{K_{v0}}$。这里 $K_{v0} = \dfrac{K_v K_f}{K_e}$，为速度环在没有电流负反馈（即 $\alpha = 0$）时的开环增益。容易证明，没有电流负反馈时，速度环的传递函数与电动机传递函数具有一样的形式，只是闭环增益由 $\dfrac{1}{K_f}$ 改为 $\dfrac{K_{v0}}{K_{v0}+1}\dfrac{1}{K_f}$，时间常数由 T'_m 改为 $\dfrac{K_{v0}}{K_{v0}+1}T'_m$。也就是说，无论是闭环增益或者是时间常数，都需要乘以比例因子 $\dfrac{K_{v0}}{K_{v0}+1}$。在一般情况下，不等式 $K_{v0} \gg 1$ 成立，所以不管是否存在电流负反馈，速度环的传递函数基本相同。

由图 6-28 容易看出，该速度调节系统是Ⅰ型系统，对于阶跃参考输入，输出速度无静态误差。但是，由于存在负载转矩 $T_d(s)$，输出速度有静态误差。为了克服这一缺点，速度控制器应采用 PI 控制器，即将图 6-28 中的纯增益 K_v 更换为 $\dfrac{K_v(T_v s + 1)}{T_v s}$（这里，符号 $T_v s$ 是积分增益）。这样，速度环变成了Ⅱ型系统。此时，该系统对于参考输入二阶无静差（不仅对常速度输入无静差，而且对等加速度输入也无静差）。同时，对于常值干扰转矩，该系统也无静差。因此，采用 PI 速度控制器取代 P 速度控制器，可以改善系统的静态速度调节精度。进一步，具有 PI 速度控制器的系统输出转速可以表示为

$$\Omega(s) = \dfrac{1}{K_f}\dfrac{T_v s + 1}{T'_m T_v s^2 + T_v s + 1}\left[U_v(s) - \dfrac{R_a}{K_v K_t}\dfrac{T_v s}{T_v s + 1}T_d(s)\right] \tag{6-27}$$

式中 $T'_m = \dfrac{T_m}{K_{v0}}$，与 P 速度控制器的定义一样。

式(6-27)表明,该调速系统的闭环传递函数具有一个零点和两个极点。当不等式 $T'_m \ll T_v$ 时,$\frac{T_v s + 1}{T'_m T_v s^2 + T_v s + 1} \approx \frac{1}{T'_m s + 1}$,于是,式(6-26)与式(6-27)具有相同的闭环传递函数 $\frac{1}{T'_m s + 1}$。也就是说,具有 PI 速度控制器和具有 P 速度控制器的两个系统,除了静态误差特性存在实质性的差别外,所产生的瞬态响应是基本相同的。Ⅱ型系统速度环的传递函数框图如图 6-29 所示。

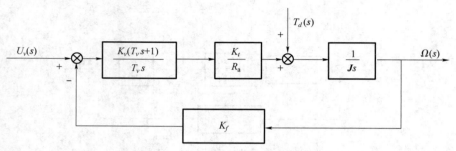

图 6-29　Ⅱ型系统速度环的传递函数框图

6.3　无刷电动机及驱动技术

直流电动机具有非常优秀的线性机械特性、较宽的调速范围,其驱动控制电路简单等优点,长期以来一直广泛地应用在各种驱动装置和伺服系统中。但是,直流电动机的电刷和换向器却成为阻碍发展的障碍。机械电刷和换向器的存在,造成它结构复杂、可靠性差、接触电阻磨损变化、产生火花、噪声等一系列问题,影响了直流电动机的调速精度和性能。长期以来,工程师一直在寻找一种不用电刷和换向器的直流电动机。随着电子技术、功率元件技术和高性能的磁性材料制造技术的飞速发展,这种想法已成为现实。无刷直流电动机利用电子换向器取代了机械电刷和机械换向器,使这种电动机不仅保留了直流电动机的优点,而且又具有交流电动机的结构简单、运行可靠、维护方便等优点,使它一经出现就以极快的速度得到发展和普及。

轮式无人平台行走机构使用的是 6 个独立驱动的轮毂电动机。轮毂电动机是将车轮和电动机进行一体化设计新产品,目前在滑板车、汽车、特种移动平台以及军工装备中都得到了大量应用。轮式无人平台选用的轮毂电动机内置了一个 16 对极无刷电动机。本节将讨论无刷电动机的原理和驱动技术。

6.3.1　无刷电动机结构及原理

无刷电动机由电动机本体、转子位置传感器和驱动控制三部分组成。直流电源通过开关电路向电动机定子绕组供电,位置传感器检测转子所处的位置,并根据转子的位置信号来控制开关管的导通和截止,自动地控制哪些相绕组通电,哪些相绕组断电,实现了电子换相。

无刷直流电动机结构示意图如图 6-30 所示。无刷直流电动机的转子是由永磁材料制成的具有一定磁极对数的永磁体。

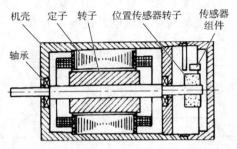

图 6-30　无刷直流电动机结构示意图

电动机本体包括定子和永久磁钢转子。定子电枢铁心由电工钢片组成,电枢绕组通常为整距集中式绕组,呈三相对称分布(也有两相、四相、五相的)。转子磁钢为两极或多极结构,形状为弧形(瓦片形状),磁极下定转子气隙均匀,气隙磁通密度呈梯形分布。

控制器需检测转子位置来确定驱动换向时机,方法是在定子上安装位置检测传感器。电子换向开关电路中,各功率开关元件分别与相应的定子相绕组串联。各功率元件的导通与关断由转子位置传感器给出的信号决定。传感器和控制逻辑的加入,代替了直流电动机中电刷换向器,无刷直流电动机的换向原理与直流电动机的类似,转了磁链与定子电流之间的相互作用产生电磁转矩。采用与直流电动机相似的方式可以导出无刷直流电动机的转矩方程。无刷电动机的结构和驱动电路如图 6-31 所示。

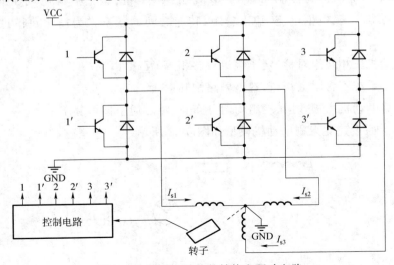

图 6-31　无刷电动机的结构和驱动电路

电子换向开关位置传感器与转子同轴相连。假设图示瞬间，触点 2′刚刚脱开，触点 1、3′接通，使对应的开关管导通，定子绕组 1 中的电流 I_{s1} 为正，3 中的电流 I_{s3} 为负。它们与梯形分布的气隙磁场相互作用，形成常值的电磁转矩使转子反时针转动。转过 60°角后，下一瞬间，触点 3′、2 接通，绕组 3 流入负电流，绕组 2 流入正电流，仍然产生与前一瞬间相同的常值电磁转矩使转子反时针方向转动。转子依次旋转一周，定子绕组通电相序为 13′-3′2-21′-1′3-32′-2′1。各个绕组中流过的电流波形如图 6-32 所示。图中横坐标为转子的电角度，等于转子的机械角度乘以电动机的极对数。

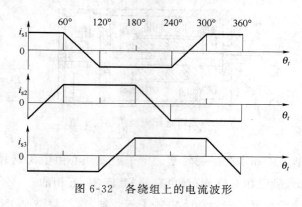

图 6-32 各绕组上的电流波形

由以上分析可见，无刷直流电动机的控制需要解决两个问题：①如何正确换向，转子位置检测很重要；②如何构建控制电路，通过输出占空比可变的 PWM 来改变转速和转动方向。

6.3.2 无刷电动机的控制模型

为了解无刷电动机的控制特性，需要建立其数学模型。根据电动机特性进行建模，建立输入端电压、电枢电流、输出转矩、转速之间的联系。为简化建模过程，做出如下假设：

(1) 电动机三相绕组对称、定子绕组自感相等、互感相等；
(2) 转子系统不含阻尼绕组，忽略磁路饱和；
(3) 忽略电动机齿槽效应、绕组均匀分布、气隙磁通呈梯形分布。

根据以上假设建立无刷电动机模型如图 6-33 所示。

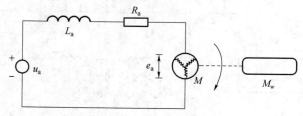

图 6-33 无刷电动机模型

以此建立无刷电动机数学模型,其常值电磁转矩为

$$T_{em} = 2p_m \Psi_r i_a = K_t i_a \tag{6-28}$$

式中,p_m 为电动机极对数;Ψ_r 为转子磁钢产生的磁通与定子绕组交链的磁链,其乘积是不变常数 $K_t = 2p_m \Psi_r$,定义为电磁系数;i_a 为定子绕组方波电流幅值。

定子绕组中的反电动势同气隙磁通密度和转子转速成正比,也呈梯形分布,可以表示为

$$e = 2p_m \Psi_r \frac{d\theta}{dt} = 2p_m \Psi_r \omega = K_t \omega \tag{6-29}$$

三相定子绕组的电压平衡方程可以列写如下:

$$\left. \begin{array}{l} u_a = Ri_{s1} + L\dfrac{di_{s1}}{dt} + M\dfrac{di_{s2}}{dt} + M\dfrac{di_{s3}}{dt} + e_a \\[6pt] u_b = Ri_{s2} + L\dfrac{di_{s2}}{dt} + M\dfrac{di_{s1}}{dt} + M\dfrac{di_{s3}}{dt} + e_b \\[6pt] u_c = Ri_{s3} + L\dfrac{di_{s3}}{dt} + M\dfrac{di_{s1}}{dt} + M\dfrac{di_{s2}}{dt} + e_c \end{array} \right\} \tag{6-30}$$

式中,u_a 为定子绕组三相电压;i_{s1} 为定子绕组三相电流;R 为定子绕组电阻;L 为定子绕组自感;M 为定子绕组互感;e_a、e_b、e_c 为三相定子绕组上的反电动势。因该无刷电动机采用星形接法,则两个绕组同时导通。当 a 相与 b 相联通时,有 $i_a = i_b = I$,且 $e_a = e_b$,而后可将无刷直流电动机的三相电压平衡方程转化为

$$u = u_a + u_b = 2RI + 2L\frac{dI}{dt} + 2K_t \omega \tag{6-31}$$

化简得到:

$$\frac{dI}{dt} = -\frac{R}{L}I - \frac{e_a}{L} + \frac{U}{2L} \tag{6-32}$$

另外,可以得到转子轴上的转矩平衡方程:

$$\boldsymbol{J}\frac{d\omega}{dt} = T_{em} - T_d \tag{6-33}$$

至此,完成了无刷直流电动机的数学模型,由方程(6-28)、(6-32)和(6-33)组成。

由上述方程可以看出,这一数学模型与有刷直流电动机的完全相同。所以,无刷电动机的运行特性与有刷直流电动机并无两样。这也是无刷直流电动机这个名词术语的来由。

基于式(6-33),可以得到轮毂电动机在车轮上的切向力为

$$F_d = \frac{T_{em}}{r} = \frac{\boldsymbol{J}}{r}\frac{d\omega}{dt} - F_f \tag{6-34}$$

式中,r 为轮毂电动机的半径。

6.3.3 无刷电机驱动技术

无刷直流电动机调速系统原理框图如图 6-34 所示,系统由变频器、无刷直流电动机、

位置及转速检测装置以及控制电路构成。控制电路包括速度环、电流环控制器、PWM 调制器以及逻辑控制单元。这些电路与有刷直流电动机的驱动单元相似。

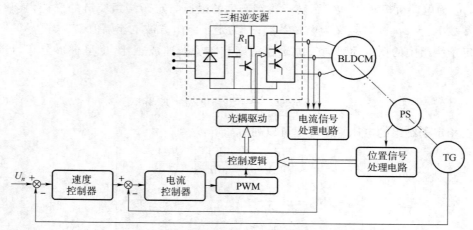

图 6-34 无刷直流电动机调速系统原理框图

逻辑控制单元的主要作用是提供电动机四象限（正向电动、能耗制动、反向电动、反接制动）、运行时的转矩方向，通常由译码电路和逻辑门组成。其输入信号有速度控制器的状态判别信号、PWM 信号、换向传感器信号等。PWM 作为译码器的选通信号，控制电压正负极性信号和转子位置传感器信号作为译码地址。译码器输出经过逻辑门产生逆变器的开关信号，并满足逻辑关系如下：

无刷电动机运行时，若控制电压为正，按正向相序 $13'$-$3'2$-$21'$-$1'3$-$32'$-$2'1$ 依次接通相绕组而产生正转电磁转矩；若控制电压为负，则按逆向相依次接通相绕组并产生逆向旋转电磁转矩。在能耗制动时，电动机处于发电状态，机械能消耗在逆变器的耗能电阻 R_h 上。但是，当反接制动时，则必须改变电磁转矩的方向。即正转时产生负的电磁转矩，反转时产生正的电磁转矩，这就是说，必须将同一桥臂上下两个功率管的导通时刻互换，使电枢绕组电流反向。

电流控制器调整逆变器输出电流的幅值，使其跟随速度控制器给定的电流变化。稳态时误差为零，电流环的反馈信号应与电枢绕组中方波电流幅值成正比。因为无刷电动机的相电流是 $120°$ 导电型方波，所以只需要检测三相电流中正半波值并进行叠加后，即可生成与绕组电流幅值成正比的直流反馈量。

目前，实际的无刷电动机速度环大多数采用全数字方案，由无刷电动机组成的伺服系统具有转矩平滑、响应快、控制精度高等特点。

由于定子绕组具有电感，因此电流不可能瞬时通断。相绕组中的电流一阶导数与电感上的电压，最大的有效（净）电压由于电动机的反电动势的缘故，在不同转速时是不同的，结果将产生不对称的通、断电流，高速时会出现剩余脉动转矩可能激发机械谐振。这些问题需要在驱动控制系统中加以规避处理。

6.3.4 轮式无人平台轮毂电动机驱动控制

轮式无人平台集成设计时，选用了轮毂电动机加电动机驱动器的全电驱动方案。

1. 轮毂电动机

近年来国内外学者针对电驱动车辆技术研究较多，在能源系统和动力系统方面都取得了进步，动力执行的关键就是轮毂电动机及其驱动器。当前市场上驱动器类型丰富，虽然都基于的电磁感应原理，利用交流工作形式实现稳定的转速转矩输出，然而不同种类电动机也各有其优缺点。直流电动机属于初代电动机，因使用了电刷和换向器，限制了电动机过载能力。交流三相感应电动机应用广泛、成本低廉，效率比直流电动机高，但因其耗电量大，转子易发热，高速运转下需要考虑电动机散热，并且调速不便，限制了其在电动汽车领域的应用。永磁无刷电动机性能优良，特性与直流电动机较为一致，结构上省去了换向器及电刷，避免了换向火花的产生，电枢绕组安装在外侧的定子上，即便高速运转也易于散热。在能量利用方面，与其他电动机系统相比具有更高的能量密度和效率。在电动机控制方面，可以通过双闭环控制实现转速转矩反馈控制，具有较好的应用前景。

轮式无人平台选用了如图 6-35 所示的 FRD 永磁无刷直流轮毂电动机。该电动机具有较好的调速范围，最大输出转速可达 800 r/min，换算至行驶速度，最大可以达到 40 km/h 以上的行驶速度，基本满足在城市环境侦查的需求；同时其最大转矩也保证了诸如坡面行驶和低速起步的性能。轮毂电动机加载实验下的参数最值如表 6-1 所示。

图 6-35　FRD-65 永磁无刷轮毂电动机

表 6-1　轮毂电动机加载实验下的参数最值

最值项目	转矩/N·m	转速/(r/min)	输出功率/W	电压/V	电流/A	输入功率/W	效率
转矩	13.69	77.8	111.6	32.98	12.75	420.65	26.5
转速	0.05	799.6	4.19	36.03	0.97	34.95	12

续表

最值项目	转矩/N·m	转速/(r/min)	输出功率/W	电压/V	电流/A	输入功率/W	效率
输出功率	6.14	549.4	353.06	33.02	13.04	430.51	82
电压	0.05	799.6	4.19	36.03	0.97	34.95	12
电流	6.84	479.6	343.34	32.92	13.14	432.42	79.4
效率	3.67	686.8	264.14	34.17	9.1	310.89	85

2. AQMD6030BLS 无刷电动机驱动器

为实现电流转速双闭环控制,选用如图 6-36 所示的 ADMD6030 型无刷电动机驱动器。该驱动器可以实现 RS485 多机通信,支持 MODBUS-RTU 通信协议,方便多轮协调控制。

选用的 ADMD6030BLS 无刷驱动器技术参数包括:

(1) 支持电压 9~60 V,额定输出电流 30 A;

(2) 支持占空比调速、转矩控制、速度闭环控制、位置闭环控制多种控制方式;

(3) 包含模拟量、开关量、频率信号接口以及 RS485 接口,485 端口带光电隔离,支持 RS485 多机通信,支持 MODBUS-RTU 通信协议,支持通信中断停机保护;

(4) 支持加减速缓冲时间与加减速加速度控制,采用 PID 调节控制算法,电流控制精度 0.1 A,最大启动/负载电流、制动(刹车)电流可分别配置,支持电动机过载和堵转限流,防止过流损坏电动机;

图 6-36 ADMD6030 型无刷电动机驱动器

(5) 内置大功率刹车电阻可提供 20 A 持续刹车电流;

(6) 支持电动机相序学习、霍尔错误保护,支持电动机正反转限位,可外接两个限位开关分别对正转和反转限位;

(7) 支持电动机转速测量,支持电动机堵转检测/堵转限位停转,支持故障报警;

(8) 18 kHz 的 PWM 频率,电动机调速无 PWM 器叫声,极小的 PWM 死区,仅 0.2 μs,PWM 有效范围 0.1%~100%;

(9) 全部接口 ESD 防护,可适应复杂的现场环境;

(10) 使用 ARM Cortex-M3@72 MHz 处理器。

3. MODBUS 协议

选用 AQMD6010BLS 无刷电动机驱动器,应用 RS-485 通信方式建立综合控制器与 6 组驱动器控制网络。综合控制器的两个 RS485 总线分别接左侧 1、3、5 轮驱动器和右侧 2、4、6 号轮驱动器,总线网络拓扑图参见图 4-87。综合控制器通过 Modbus-RTU 通信协议操作驱动器的相关寄存器,从而对电动机进行控制。485 通信控制支持一主站控制多个从站,在电动机驱动器上通过 1~7 位拨码开关可配置 128 个从站地址。

MODBUS 是 OSI 模型第 7 层上的应用层报文传输协议,它在连接至不同类型总线或网络的设备之间提供客户机/服务器通信,支持的硬件协议包括 RS485、以太网等,互联网能够使 TCP/IP 栈上的保留系统端口 502 访问 MODBUS。自从 1979 年出现工业串行链路的事实标准以来,MODBUS 就成为工控网络里应用最广泛的用户层协议。MODBUS 是一个请求/应答协议,并且提供功能码规定的服务。MODBUS 功能码是 MODBUS 请求/应答 PDU 的元素。

AQMD6030BLS 无刷电动机驱动器在控制网络中作为从站,综合控制器作为主站。已经设置串口比特率为 115 200 bit/s,数据位 8,偶校验,停止位 1,通过从站地址由拨码开关设定左侧 1、3、5 号电动机驱动器地址为 1、3、5,右侧 2、4、6 号电动机驱动器地址为 2、4、6。

(1) MODBUS-RTU 帧格式

MODBUS-RTU 数据帧采用"地址+功能码+地址+数据+CRC 校验字节"的格式。

AQMD6030BLS 无刷电动机驱动器支持 MODBUS 的 0x03(读保持寄存器)、0x06(写单个寄存器)、0x10(写多个寄存器)和 0x2B(读设备识别码)功能码。

(2) 功能码 0x03 读保持寄存器

功能码 0x03 是主站读从站某个寄存器地址开始的若干字节(主站读取下位机运行状态),主站发送数据帧格式如表 6-2 所示,从站返回数据帧格式如表 6-3 所示,从站返回异常码如表 6-4 所示。

表 6-2 读保持寄存器(0x03)功能码主站发送帧格式

字节	1	2	3	4	5	6	7	8
内容	ADR	0x03	寄存器地址高字节	寄存器地址低字节	寄存器数高字节	寄存器数低字节	CRC 高字节	CRC 低字节

第 1 字节 ADR:从站地址码(001~254)。

第 2 字节 0x03:读寄存器值功能码。

第 3、4 字节:要读的寄存器开始地址。

第 5、6 字节:要读的寄存器数量。

第 7、8 字节:从字节 1 到 6 的 CRC16 校验和。

表 6-3　读保持寄存器(0x03)功能码从站返回帧格式

字节	1	2	3	4、5	6、7	…	M	M+1	M+2
内容	ADR	0x03	字节总数	寄存器1数据	寄存器2数据	…	寄存器M数据	CRC高字节	CRC低字节

第1字节 ADR：从站地址码(001～254)。
第2字节 0x03：返回读功能码。
第3字节：从 4 到 M(包括 4 及 M)的字节总数。
第4到 M 字节：寄存器数据。
第 $M+1$、$M+2$ 字节：从字节 1 到 M 的 CRC16 校验和。

表 6-4　读保持寄存器返回异常码

字节	1	2	3	4	5
内容	ADR	0x83	异常码	CRC高字节	CRC低字节

第1字节 ADR：从站地址码(001～254)。
第2字节 0x83：读寄存器值出错。
第3字节异常码：如表 6-5 所示。
第4、5字节：从字节 1 到 3 的 CRC16 校验和。

表 6-5　MODBUS 异常码

异常码	含义	异常码	含义
0x01	非法功能码	0x06	从设备忙
0x02	非法数据地址	0x08	存储奇偶性差错
0x03	非法数据值	0x0A	不可用的网关
0x04	从站设备故障	0x0B	网关目标设备响应失败
0x05	请求已被确认，但需要较长时间来处理请求		

(3) 功能码 0x06 写单个寄存器

功能码 0x06 是主站向从站某个寄存器地址开始写若干字节(主站向从站发送命令)，主站发送数据帧格式如表 6-6 所示，从站返回数据帧格式如表 6-7 所示，从站返回异常码如表 6-8 所示。

表 6-6　写单个寄存器(0x06)功能码主站发送数据帧格式

字节	1	2	3	4	5	6	7	8
内容	ADR	0x06	寄存器地址高字节	寄存器地址低字节	数据高字节	数据低字节	CRC高字节	CRC低字节

表 6-7　写单个寄存器(0x06)功能码从站返回数据帧格式

字节	1	2	3	4	5	6	7	8
内容	ADR	0x06	寄存器地址高字节	寄存器地址低字节	数据高字节	数据低字节	CRC高字节	CRC低字节

表 6-8　写单个寄存器返回异常码

字节	1	2	3	4	5
内容	ADR	0x86	异常码	CRC 高字节	CRC 低字节

4. AQMD6030BLS 无刷电动机驱动器寄存器定义

综合控制器主控程序通过 MODBUS 数据帧读写无刷电动机驱动器内存中的寄存器数据,即可实现轮毂电动机变速控制和状态回读。AQMD6030BLS 无刷电动机驱动器由 200 个以上寄存器可供读写,涵盖了内部状态、控制参数、工作模式、目标速度等详尽信息。这里摘取部分控制系统需实时交换的数据的寄存器地址定义,实时状态寄存器如表 6-9 所示,速度控制寄存器如表 6-10 所示。

表 6-9　实时状态寄存器定义

寄存器地址	描述	取值范围	功能码	备注
0x0020	实时 PWM	0～1 000	0x03	数值乘以 0.1% 为占空比
0x0021	实时电流	0～3 500	0x03	数值乘以 0.01 为电流值,单位为 A
0x0022	实时换向频率(转速)	-32 768～32 767	0x03	数值乘以 0.1 为换向频率,单位为 Hz;换向频率除以电动机极个数再乘以 20 为电动机转速,单位 RPM
0x0023	位置控制完成状态	0,1	0x03	0:未完成 1:完成
0x0024	电动机实时位置高半字	-2 147 483 648～2 147 483 647	0x03	电动机换向脉
0x0025	电动机实时位置低半字			

表 6-10　速度控制寄存器定义

寄存器地址	描述	取值范围	功能码	备注
0x0040	停止	0,1,2	0x06	0:正常停止 1:紧急制动 2:自由停止
0x0042	设定占空比	-1 000～1 000	0x06	数值乘以 0.1% 为目标占空比
0x0043	设定速度闭环控制目标速度	-32 768～32 767	0x06	数值乘以 0.1 为目标换向频率,单位为 Hz

综合控制器用功能码 0x06 写 0x0043 寄存器,即可实现轮毂电动机速度控制,用功能码 0x03 读 0x0020～0x0022 寄存器,即可实时监督电动机运行状态。

5. 轮毂电动机转速控制

如表 6-10 所示,综合控制器通过 485 总线,向无刷电动机驱动器寄存器地址 0x0043 写入速度控制目标值,实现轮毂电动机的转速指令下发,无刷电动机驱动器即可驱动轮毂电动机按照设定转速旋转;向寄存器地址 0x0040 写入数值可控制电动机停转,其中写"0"为正常停止,写"1"为紧急制动,写"2"为自由停止。

以下函数可基于给定参数,将指令数据写入数组 motor_buff[],并通过 huart4 串口(对应 485 总线),将(0x06)功能码数据帧发送给无刷电动机驱动器。

```
#include "stm32f1xx_hal.h"
#include "modbus_485.h"
extern UART_HandleTypeDef huart4;
#define HIGH(n) ((n)>>8)
#define LOW(n) ((n)&0xff)
// * 例程:MODBUS 写单个寄存器函数
 * 参数1: uint16_t motorAddr : 驱动器地址
 * 参数2: uint16_t regAdd : 寄存器地址
 * 参数3: short setValue : 目标速度
 * 返回值:无
void motorbuff06Write(uint16_t motorAddr,uint16_t regAdd,short setValue)    //
{
    uint8_t motor_buff[8];
    uint16_t calCRC;
    motor_buff[0] = motorAddr;
    motor_buff[1] = 0x06;
    motor_buff[2] = HIGH(regAdd);
    motor_buff[3] = LOW(regAdd);
    motor_buff[4] = HIGH(setValue);
    motor_buff[5] = LOW(setValue);
    calCRC = CRC_Compute(motor_buff,6);
    motor_buff[6] = (calCRC>>8)&0xFF;
    motor_buff[7] = (calCRC)&0xFF;
    HAL_UART_Transmit(&huart4, motor_buff2, 8, 0xFFFF);HAL_Delay(10);
}
```

如设置 2 号电动机目标转速为 1000,则函数调用方法为

```
uint16_tmAdd = 2;
short speedValue = 1000;
motorbuff06Write(2,0x43, speedValue);
```

motorbuff06Write()函数中调用 CRC_Compute()函数来计算 MODBUS 数据帧的 CRC 校验字,其计算过程参见以下函数段。

```
//高位字节的 CRC 值
const uint8_t auchCRCHi[] = {
```

0x00,0xC1,0x81,0x40,0x01,0xC0,0x80,0x41,0x01,0xC0,0x80,0x41,0x00,0xC1,0x81,0x40,0x01,0xC0,
0x80,0x41,0x00,0xC1,0x81,0x40,0x00,0xC1,0x81,0x40,0x01,0xC0,0x80,0x41,0x01,0xC0,0x80,0x41,
0x00,0xC1,0x81,0x40,0x00,0xC1,0x81,0x40,0x01,0xC0,0x80,0x41,0x00,0xC1,0x81,0x40,0x01,0xC0,
0x80,0x41,0x01,0xC0,0x80,0x41,0x00,0xC1,0x81,0x40,0x01,0xC0,0x80,0x41,0x00,0xC1,0x81,0x40,
0x00,0xC1,0x81,0x40,0x01,0xC0,0x80,0x41,0x00,0xC1,0x81,0x40,0x01,0xC0,0x80,0x41,0x01,0xC0,
0x80,0x41,0x00,0xC1,0x81,0x40,0x00,0xC1,0x81,0x40,0x01,0xC0,0x80,0x41,0x01,0xC0,0x80,0x41,
0x00,0xC1,0x81,0x40,0x01,0xC0,0x80,0x41,0x00,0xC1,0x81,0x40,0x00,0xC1,0x81,0x40,0x01,0xC0,
0x80,0x41,0x01,0xC0,0x80,0x41,0x00,0xC1,0x81,0x40,0x00,0xC1,0x81,0x40,0x01,0xC0,0x80,0x41,
0x00,0xC1,0x81,0x40,0x01,0xC0,0x80,0x41,0x01,0xC0,0x80,0x41,0x00,0xC1,0x81,0x40,0x00,0xC1,
0x81,0x40,0x01,0xC0,0x80,0x41,0x01,0xC0,0x80,0x41,0x00,0xC1,0x81,0x40,0x01,0xC0,0x80,0x41,
0x00,0xC1,0x81,0x40,0x00,0xC1,0x81,0x40,0x01,0xC0,0x80,0x41,0x00,0xC1,0x81,0x40,0x01,0xC0,
0x80,0x41,0x01,0xC0,0x80,0x41,0x00,0xC1,0x81,0x40,0x01,0xC0,0x80,0x41,0x00,0xC1,0x81,0x40,
0x00,0xC1,0x81,0x40,0x01,0xC0,0x80,0x41,0x01,0xC0,0x80,0x41,0x00,0xC1,0x81,0x40,0x00,0xC1,
0x81,0x40,0x01,0xC0,0x80,0x41,0x00,0xC1,0x81,0x40,0x01,0xC0,0x80,0x41,0x01,0xC0,0x80,0x41,
0x00,0xC1,0x81,0x40};
//低位字节的 CRC 值
const uint8_t auchCRCLo[] = {
0x00,0xC0,0xC1,0x01,0xC3,0x03,0x02,0xC2,0xC6,0x06,0x07,0xC7,0x05,0xC5,0xC4,0x04,0xCC,0x0C,
0x0D,0xCD,0x0F,0xCF,0xCE,0x0E,0x0A,0xCA,0xCB,0x0B,0xC9,0x09,0x08,0xC8,0xD8,0x18,0x19,
0xD9,0x1B,0xDB,0xDA,0x1A,0x1E,0xDE,0xDF,0x1F,0xDD,0x1D,0x1C,0xDC,0x14,0xD4,0xD5,0x15,
0xD7,0x17,0x16,0xD6,0xD2,0x12,0x13,0xD3,0x11,0xD1,0xD0,0x10,0xF0,0x30,0x31,0xF1,0x33,0xF3,
0xF2,0x32,0x36,0xF6,0xF7,0x37,0xF5,0x35,0x34,0xF4,0x3C,0xFC,0xFD,0x3D,0xFF,0x3F,0x3E,0xFE,
0xFA,0x3A,0x3B,0xFB,0x39,0xF9,0xF8,0x38,0x28,0xE8,0xE9,0x29,0xEB,0x2B,0x2A,0xEA,0xEE,
0x2E,0x2F,0xEF,0x2D,0xED,0xEC,0x2C,0xE4,0x24,0x25,0xE5,0x27,0xE7,0xE6,0x26,0x22,0xE2,
0xE3,0x23,0xE1,0x21,0x20,0xE0,0xA0,0x60,0x61,0xA1,0x63,0xA3,0xA2,0x62,0x66,0xA6,0xA7,0x67,
0xA5,0x65,0x64,0xA4,0x6C,0xAC,0xAD,0x6D,0xAF,0x6F,0x6E,0xAE,0xAA,0x6A,0x6B,0xAB,0x69,
0xA9,0xA8,0x68,0x78,0xB8,0xB9,0x79,0xBB,0x7B,0x7A,0xBA,0xBE,0x7E,0x7F,0xBF,0x7D,0xBD,
0xBC,0x7C,0xB4,0x74,0x75,0xB5,0x77,0xB7,0xB6,0x76,0x72,0xB2,0xB3,0x73,0xB1,0x71,0x70,0xB0,
0x50,0x90,0x91,0x51,0x93,0x53,0x52,0x92,0x96,0x56,0x57,0x97,0x55,0x95,0x94,0x54,0x9C,0x5C,
0x5D,0x9D,0x5F,0x9F,0x9E,0x5E,0x5A,0x9A,0x9B,0x5B,0x99,0x59,0x58,0x98,0x88,0x48,0x49,0x89,
0x4B,0x8B,0x8A,0x4A,0x4E,0x8E,0x8F,0x4F,0x8D,0x4D,0x4C,0x8C,0x44,0x84,0x85,0x45,0x87,0x47,
0x46,0x86,0x82,0x42,0x43,0x83,0x41,0x81,0x80,0x40};
//CRC 计算函数
uint16_t CRC_Compute(uint8_t * puchMsg, uint16_t usDataLen)
{
    uint8_t uchCRCHi = 0xFF ;
    uint8_t uchCRCLo = 0xFF ;
    uint32_t uIndex ;
    while (usDataLen--)

```
        {
            uIndex = uchCRCHi ^ * puchMsg++ ;
            uchCRCHi = uchCRCLo ^ auchCRCHi[uIndex] ;
            uchCRCLo = auchCRCLo[uIndex] ;
        }
        return ((uchCRCHi<< 8) | (uchCRCLo)) ;
}
```

习题与思考题

1. 机电一体化系统中对执行器的基本要求？
2. 机电一体化系统中执行器的分类？
3. 伺服系统的定义？
4. 现代伺服系统可分为开环、半闭环和闭环3种基本控制方式，试分析图6-6所示的离合器操纵控制系统属于何种控制方式？
5. 简化后，直流伺服电动机的数学模型是什么？各参数的物理意义是什么？
6. 加快直流伺服电动机响应速度的手段包括哪些？
7. 利用 MATLAB 软件，设计直流伺服电动机仿真模型，测定所设计模型的机电时间常数 T_m。
8. 设计一个直流电动机机电时间常数 T_m 的测量系统，简述设计要点。
9. 直流电动机伺服控制系统中，电流环的作用是什么？
10. 直流电动机伺服控制系统中，速度环的作用是什么？
11. 直流电动机伺服控制系统中，速度环采用何种控制器，基本原理是什么？
12. 编程练习，参考表6-2中MODBUS功能码0x03定义和无刷电动机驱动器寄存器定义表6-9，编写电动机实时状态读取函数，读取并显示实时PWM值、实时电流值和换向频率（转速）值，并在综合控制器实验平台实验验证。

第 7 章 机电一体化技术应用

系统总体技术从机电一体化系统整体功能目标出发,组织和应用各种相关技术,采用系统工程的和方法,将目标系统整体分解成相互有机联系的若干功能单元,并以功能单元为子系统继续分解,直至找到可实现的技术方案,再把功能与技术方案组合在一起进行分析、评价和优化,获得最优的功能目标和技术方案。本章主要讨论机电一体化系统总体技术的实现过程,主要内容包括简介装备机电一体化系统总体设计方法及实施过程,讨论军用装备技战术指标体系的建立过程和具体内容,以轮式无人平台为例,讨论其总体设计和功能实现方法。

7.1 装备机电一体化系统总体设计

传统的机电系统设计方法试图在开发阶段把可靠性和性能更多地放到系统的机械部分考虑,然后设计系统的控制部分并将其添加进来以改善性能,提高可靠性,并改正在设计中未发现的错误。因为其设计是按顺序进行的。所以传统方法是一种串行工程方法。

机电一体化技术全面融入装备系统后,装备机电一体化系统高度自动化地工作,除了显而易见的支撑件和外壳,有的已经分不清哪些是属于机械部分,哪些是电子部分,这就是机电系统设计展现的魅力。机电一体化系统设计的任务就是解决如何把机电及相关技术有机结合成整体,形成内部合理匹配,对外性能最佳的系统。

7.1.1 机电一体化系统设计方法的演变

实现机电系统的良好设计,需要正确的设计思想、有效的分析方法和坚实的技术基础。为了高水平地研发机电一体化产品,必须将机电一体化系统纳入系统工程领域,以系统工程理论为基础导出机电一体化系统设计方法论,强化系统总体技术在设计中的作用。

机电一体化系统不同于传统机械系统,是在机械系统的基础上,经过长时间的新技术的渗透，逐步发展进步的。相应的设计方法也是在传统的机械工程设计方法的基础上探索实践逐步形成了理论基础和方法。

传统的机械设计方法有很多，能够称为有体系的方法是三步设计法，即总体方案设计、具体结构设计和性能评价修改。传统的设计过程中，注意力更多地集中于局部，或设计对象的功能实现原理，对性能评价依据的条件比较局限或是评价的方法更多依赖于经验。机电一体化系统是融合了机、电和其他技术的综合系统，技术的综合性、系统的复杂性都远比传统的机械系统高得多。

而机电一体化高新技术群的发展必然导致其系统结合更多的新技术以人们意想不到的速度产生更新和提升。如果仍然依赖于传统机械设计方法的演变，将会导致设计的落后和无能为力。因此，机电系统的设计方法要从思想、方法论和技术各个层面上建立一套适应发展的理论和方法。总体设计在整个设计过程中成为最关键的环节，也是决定机电一体化系统能否达到合理地有机结合多种技术于一体，使整体性能最佳的保证。系统总体技术作为机电一体化共性关键技术之一，以系统工程的思想和方法论为基础，为系统的总体设计提供了正确的设计思想和有效的分析方法。采用系统总体技术，将机电一体化共性关键技术综合应用，是系统设计的主要工作内容。

通常所说机电一体化系统就是机电融合的系统，实际上用系统工程的观点看这种定义是狭义的。比如在信息系统中最广泛地应用到数据融合技术，即通过使用来自多源且不同性质的数据手段、工具和方法的集合，来增强所需信息的质量。而机电一体化系统要做到各种技术融合，也不仅是机和电两方面的事，而是要使用各种技术领域、人文、社会、经济、法律等各个领域的思想、工具和方法的集合，来提高技术的融合度，提升机电系统的设计品质。这就是系统工程的思想方法，是机电系统设计理论发展的基础。

7.1.2 机电一体化系统的特征

如同系统工程描述的系统特征一样，机电一体化系统也是多学科技术综合的系统，是由相互作用和相互依赖的若干组成部分结合的具有特定功能的有机整体，具有整体性、层次性、相关性、目的性和适应性几大特点。图7-1是从设计的角度绘制的机电一体化系统结构层次图，该图既能反映系统的结构内容，又能反映内部各组成部分之间的关系。

系统的整体性说明其外部性能是由内部各要素相互作用产生的整体效果，不是内部都是优良要素就能组成一个优良系统的，也不因有差的要素就一定不能组成符合要求的系统。层次性表明系统由多个子系统构成，而子系统又可分解为由其各子系统构成，向上可合，向下可分。相关性是指系统内各部分或各要素之间的相互联系、相互作用的关系。目的性是指一个系统能干什么？性能如何？可用指标来描述。适应性指系统在环境、应用条件等作用下性能的保持性，也可用指标来描述。

第 7 章 机电一体化技术应用

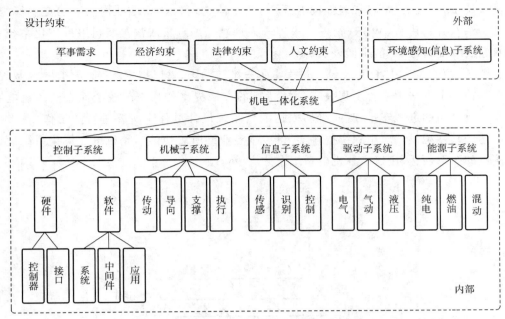

图 7-1　机电一体化系统结构层次图

7.1.3　机电一体化系统的方法论

一个机电系统具有系统工程所指系统的所有特征,因此,系统设计也应以系统工程的理论为基础,以系统工程方法论为指导,才能设计出内部元素合理匹配,外部性能最佳的机电系统。那么,设计的主要指导思想是什么呢?

根据系统的特征,主要的指导思想有四方面:一是设计研究整体化,在设计时把系统内部和外部所有要素看成一个整体,甚至把系统与环境、与人看成一个整体,统一思考、规划和解决系统设计的问题;二是关系处理协调化,对构成系统整体的各部分之间的联系和结合关系强调有机协调,系统各部分或各元素之间匹配的协调关系比元素本身还重要;三是技术应用综合化,机电一体化系统是以多种技术综合应用为基础的系统,设计时强调多种技术的有机结合,不再有传统设计的单一专业技术的特点;四是目标追求最优化,强调系统设计达到目标的有效程度,对设计要进行分析、评价、优化,使系统达到最佳。

对于机电一体化系统,应该把系统和产品等同,不能只是抽象地谈系统,系统的设计最终需要转化为产品的设计。产品的设计涉及军事需求、价格约束、技术成熟度等大环境因素,是工程中巨系统的范畴。只有这样才真正把系统工程思想方法正确地应用到机电产品设计中来,所设计的机电系统才会产生军事、经济效益。

系统工程方法是完成一个特定任务的技术或操作,而方法论是给出完成任务所进行研究和探索的一般规律和方法,即用于指导如何使用方法。

系统工程方法论最具代表性的有还原论、整体论、霍尔"三维结构法"、切克兰德"学习调查法"、并行工程、WSR(物理－事理－人理)法、综合集成法等。机电一体化系统本身有它的专业特性,不能生搬硬套。

图 7-2 为机电一体化系统设计过程霍尔三维结构图,是以霍尔"三维结构法"为基础,结合其他几个方法中适合工程技术领域特点的方法提出的。该图较全面表达了机电系统设计所经历的进程安排(时间维所表达的)、系统设计过程中所要进行的工作(逻辑维所表达的)、系统设计应用到哪些科学与技术(专业维所表达的),是机电一体化系统设计方法论的图形表达,用以指导机电系统设计。

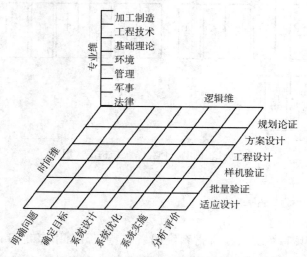

图 7-2　机电一体化系统设计过程霍尔三维结构图

1. 时间维

在时间维中有以下几个阶段。

(1) 规划阶段,在此阶段基于军事需求和技术发展现状,充分调查研究、明确目标,提出所要设计的装备机电一体化产品的性能指标,规划系统设计的方针、政策、人员组织、资金调配、行动计划。

(2) 方案设计阶段,根据规划阶段所提出的要求设计系统总体方案,提出方案、比较、优选,并从市场、社会、经济、技术、可行性方面进行综合分析,选择最优总体方案。

(3) 工程设计阶段,主要按技术与管理两条线进行,技术方面为根据总体方案进行系统的工程设计(结构和工艺设计)、系统性能评价、样机制造、样机测试、修改设计等;管理方面进行以制定的规划为指南,组织人、财、物及各个环节、各个部门的协调工作,以保证有序的工作过程。

(4) 样机试验阶段,对样机进行安装和调试,按系统的运行计划、试验目标进行试验、采集数据、分析并给出结论和数据;修改设计直至样机实验数据达到目标要求。

(5) 批量验证阶段,按照批量生产的技术工艺进行生产和管理,可能是先进行小批量生产验证后再扩大批量。批量生产后进行性能测试，找问题修改设计结构和工艺，以期达到批量生产各项指标均达到要求的目的。

（6）适应设计阶段，装备列装后，要组织作战应用培训，研究实战应用、技术保障和后勤保障方法，对用装单位反馈信息进行综合分析，对系统进行进一步的修改设计，使装备适应作战需求。

经过以上6个步骤，一个装备机电系统的产品设计工作周期才结束，这就是整体化设计思想一个方面的体现。

2. 逻辑维

逻辑维是表达作为一个系统设计者所要进行的工作归纳。

（1）明确问题：在每个阶段设计者都要明确要解决的问题，为此要尽量全面地收集资料和数据，与决策者甚至用户沟通，明确意图，并且了解所要设计的系统所处的用户环境、操作向信息，以便设计时统一考虑。

（2）确定目标（系统指标设计）：在充分分析所掌握信息的基础上，制定出系统目标和目标（指标）时，应提出系统目标体系，确定达到目标的程度标准，依次作为衡量系统方案的优劣。各个阶段都应确定目标。

（3）系统设计：根据制定的系统指标和目标进行系统设计，在方案设计阶段进行系统方案设计，在工程设计阶段进行结构设计等，在样机试验阶段进行试验工艺设计和方案修改设计，等等。

（4）系统优化：针对每个阶段所要解决的问题，都要有多个方案的提出，系统优化就是解决如何寻找满足约束条件的最优方案，或者说挑选出最好地满足系统目标的方案。有时根据系统方案满足系统目标的程度，选出最优方案、次优方案、满意方案等多个方案提交决策者选择。这里不局限于机电系统的技术方案，包含整体过程的一切活动方案，如管理，制试验、销售等。

（5）系统实施：为系统设计过程中一切计划的具体运作，如总体方案设计如何进行，制造过程如何组织生产，等等。

（6）系统分析：对系统方案、实验数据、进行分析计算，系统建模、计算机仿真、对系统模型进行静态分析、动态分析等以获得系统性能参数，为系统设计进程中各环节的方案调教设计修改、系统优化等提供依据。

逻辑维中的6个步骤是循环进行的，逐步深化不断递进达到理想的结果。比如当设计方案经过分析优化确定，进行具体实施后，再进行试验分析；找出问题明确目标后，进行修正设计后再行实施。

3. 专业维

时间维和逻辑维仅表明了系统设计过程中的进程及内容、做好设计应该做哪些方面的工作等。就像在你面前展现了一张画好方格的纸，而在各个方格中按要求合理填充内容，就是专业维所要解决的问题。那么一个机电系统的设计究竟需要涉及哪些专业领域呢？

方案设计和工程设计阶段主要用到专业技术(机电一体化6项共性关键技术)和基础理论(数学、物理)。在样机验证、批量验证、适应设计阶段主要用到经济、管理、环境和专业技术;规划阶段要用到所有涉及的科学领域(法律、社会、经济、管理、环境、工程技术、基础理论)。

系统工程方法论是一个全面解决机电一体化系统(产品)从规划到投入市场乃至整个产品生命周期的问题的指导。在专业层面上涉及众多专业学科,作为一个具体的专业技术人员需要具备所研究的某项技术的专业知识,同时也要了解进行社会经济系统的规划研究、环境科学、管理科学、法律等学科的知识对于系统设计的影响规律和特性。这样,才能在团队中很好地明确问题、提出有效的方案和设计、正确地评价系统。

7.1.4 机电一体化系统设计的考虑方法

机电一体化系统(产品)的主要特征是自动化操作。因此,设计人员应从其通用性、耐环境性、可靠性、经济性的观点进行综合分析,使系统(或产品)充分发挥机电一体化的三大效果。为充分发挥机电一体化的三大效果,使系统(或产品)得到最佳性能,一方面要求设计机械系统时应选择与控制系统的电气参数相匹配的机械系统参数,同时也要求设计控制系统时,应根据机械系统的固有结构参数来选择和确定电气参数,综合应用机械技术和微电子技术,使两者密切结合、相互协调、相互补充,充分体现机电一体化的优越性。

机电一体化系统设计的考虑方法通常有:机电互补法、结合(融合)法和组合法。其目的是综合运用机械技术和微电子技术各自的特长,设计最佳的机电一体化系统(产品)。

(1) 机电互补法

也可称为取代法。该方法的特点是利用通用或专用电子部件取代传统机械产品(系统)中的复杂机械功能部件或功能子系统,以弥补其不足。如在一般的工作机中,用可编程逻辑控制器(PLC)或微型计算机来取代机械式变速机构、凸轮机构、离合器、脱落蜗杆等机构,以弥补机械技术的不足,不但能大大简化机械结构,而且还可提高系统(或产品)的性能和质量。这种方法是改造传统机械产品和开发新型产品常用的方法。

(2) 结合(融合)法

它是将各组成要素有机结合为一体构成专用或通用的功能部件(子系统),其要素之间机电参数的有机匹配比较充分。某些高性能的机电一体化系统(产品),如激光打印机的主扫描机构——激光扫描镜,其扫描镜转轴就是电动机的转子轴。这是执行元件与运动机构结合的一例。在大规模集成电路和微机不断普及的今天,随着精密机械技术的发展,完全能够设计出执行元件、运动机构、检测传感器、控制与机体等要素有机地融为一体的机电一体化新产品(系统)。

(3) 组合法

它是将结合法制成的功能部件(子系统)、功能模块,像积木那样组合成各种机电一体化系统(产品),故称组合法。例如将工业机器人各自由度(伺服轴)的执行元件、运动机构、检测传感元件和控制器等组成机电一体化的功能部件(或子系统),可用于不同的关节,组成工业机器人的回转、伸缩、俯仰等各种功能模块系列,从而组合成结构和用途不同的工业机器人。在新产品(系统)系列及设备的机电一体化改造中应用这种方法,可以缩短设计与研制周期、节约工装设备费用,且有利于生产管理、使用和维修。

7.1.5 机电一体化系统的设计程序、准则和规律

1. 设计程序

设计中一般采用三阶段法,即总体设计、部件(零件)的选择与设计或初步设计、技术设计与工艺设计。在试验性设计与计算机辅助设计中,多采用既分阶段又平行兼顾的设计即并行设计,以便相互协调。

总体设计程序为:①明确设计思想;②分析综合要求;③划分功能模块;④响应设定的性能参数;⑤拟定总体方案;⑥方案对比定型;⑦编写总体设计论证书。

总体设计中应注意的问题有:①以机电互补原则进行功能划分,权衡用机械技术或微电子技术实现其功能的利弊,明确哪些功能由机械技术来实现,哪些功能由微电子技术的硬件和软件来实现,以利于简化机械结构,发挥机电一体化效果;②用图表说明功能要求与动作顺序要求;③分析产品的通用性与专用性以及批量的要求;④重点明确产品的主要特性;⑤分析产品的自动化程度及其适用性;⑥分析环境条件要求;⑦动力源特性分析;⑧机、电、液(气)驱动的最佳匹配;⑨可靠性分析;⑩结构尺寸及空间布置分析;⑪特殊功能分析:如系统稳定性、快速响应性与定位精度要求等。

2. 设计准则

设计准则主要考虑"人、机、材料、成本"等因素,而产品的可靠性、适用性与完善性设计最终可归结于在保证目的功能要求与适当寿命的前提下不断降低成本。以降低成本为核心的设计准则不胜枚举。产品成本的高低,70%决定于设计阶段,因此,在设计阶段可从新产品和现有产品改型两方面采取措施,一是从用户需求出发降低使用成本,二是从制造厂的立场出发降低设计与制造成本。从用户需求出发就是减少综合工程费用,它包括为了让产品在使用保障期内无故障地运行而提高功能率,延长 MTBF 平均故障间隔即到产品发生故障为止,或从一个故障排除后到下一个故障发生时的平均时间,减少因故障停机给用户造成的损失,进一步提高产品的工作能力。

3. 设计规律

总结一般机械系统的设计,具有以下规律:根据设计要求首先确定离散元素间的逻辑关系,然后研究其相互间的物理关系,这样就可根据设计要求和手册确定其结构关系,最终完成全部设计工作;其中确定逻辑关系阶段是关键,如逻辑关系不合理,其设计必然不合理。在这一阶段可分两个步骤进行,首先进行功能分解,确定逻辑关系和功能结构,然后建立其物理模型、确定其物理作用关系。所谓功能就是使元素或子系统的输出满足设计要求。一般来说,不能用某种简单结构一下子满足总功能要求。这就需要进行功能

分解，总功能可分解成若干子功能，子功能还可以进一步分解，直到功能元素。将这些子功能或功能元素按一定逻辑关系连接，来满足总功能的要求，这样就形成所谓功能结构。

功能结构的基本形式一般可分为以下 3 种：链状结构（串联），平行结构（并联）以及有反馈过程的闭式结构（反馈连接）。以这 3 种基本形式将子功能和功能元素连接成功能结构则可和总功能等效。在进行功能分解和功能综合时，常使用现代化的一些设计方法。

从逻辑角度考虑把总功能分解并连接成功能结构，使实现功能的复杂程度大大降低，因满足比较简单的功能元素的要求比满足总功能的高度抽象要求容易得多。如果将有关功能元素列成一个矩阵形式，则可得到不同连接的数种或数十种系统方案，然后根据符号逻辑运算进行优化筛选，就可得到较理想的系统方案。

7.2 军用装备机电系统技战术指标体系

武器装备尤其是各种军用机动作战平台，因遂行作战、支援和保障等任务差异，因作战地域、地形以及路面等环境差异，其装备机电一体化系统的功能需求的提出和技术指标的确定过程是非常复杂的，需专业的军事需求论证部门组织专业力量来实施和实现。

7.2.1 军用装备机电一体化系统技战术指标体系

随着装备技术的发展，对于直接遂行突击、保障等作战任务的有人、无人机动平台，其技战术指标体系日趋完善，总体应包含投送部署能力、快速机动能力、战场感知能力、火力打击能力（对于作战装备）、综合防护能力、指挥信息能力、操作控制能力等能力，具体到每种能力，都有可量化表达的战术技术指标及作战使用要求。

如轮式无人平台在做技术指标论证时，对机动性能指标，根据任务载荷配置，提出轻小型无人平台底盘承载能力不小于 50 kg。参照国外同类无人装备数据和国内现有技术水平，提出底盘重量不大于 70 kg（车体约 10 kg、控制系统约 3 kg、动力驱动系统约 15 kg、行动系统约 35 kg、防护及其他约 7 kg）。结合作战环境，对比承载作战平台的通过能力，提出最大爬坡度不低于 30°；根据整车中心高度，提出翻越垂直墙不低于 0.15 m 的指标要求。根据动力系统配置和作战环境需求，提出最大速度 30 km/h，平均速度 12 km/h；为保证战场生存能力，提出 7 s 内 0~30 km/h 加速性能指标。

除了论证装备机电一体化系统的作战应用能力，还需论证其通用战技性能指标。当前军工产品的可靠性、维修性、测试性、保障性、安全性和环境适应性等指标已成为军方装备质量考核的通用质量指标，并且形成了通用的质量标准要求，如 GJB 9001C—2017《质量管理体系要求》。

依据 GJB 451A—2005《可靠性维修性保障性术语》，通用质量特性定义如下：

（1）可靠性，产品在规定的条件下和规定的时间内，完成规定功能的能力。

(2) 维修性，产品在规定的条件下和规定的时间内，按规定的程序和方法进行维修时，保持或恢复到规定状态的能力。

(3) 保障性，装备的设计特性和计划的保障资源满足平时战备完好性和战时利用率要求的能力。

(4) 测试性，产品能及时并准确地确定其状态（可工作、不可工作或性能下降），并隔离其内部故障的能力。

(5) 安全性，产品所具有的不导致人员伤亡、系统毁坏、重大财产损失或不危及人员健康和环境的能力。

(6) 环境适应性，装备在其寿命期预计可能遇到的各种环境的作用下能实现其所有预定功能、性能和（或）不被破坏的能力。

1. 可靠性要求

定量要求，通常包括基本可靠性要求和任务可靠性要求。基本可靠性，产品在规定的条件下，规定的时间内，无故障工作的能力。常见参数如平均故障间隔时间（MTTF）（不可修复产品）、平均故障间隔时间（MTBF）（可修复产品）等。任务可靠性，产品在规定的任务剖面内完成规定功能的能力。常见参数如平均严重故障间隔时间（MTBCF）、任务可靠度（$R(t)$）等。

定性要求，对产品设计、工艺、软件及其他方面提出的非量化要求，如采用成熟技术、简化、冗余和模块化设计等设计要求、有关元器件使用、降额和热设计方面的要求等。

2. 维修性要求

包含定量要求和定性要求。

定量要求，反映系统战备完好性、任务成功性、保障费用和维修人力等目标或约束，体现在保养、预防性维修、修复性维修和战场抢修等诸方面。参数可分为以下 3 类：

(1) 维修时间参数，如平均修复时间（MTTR）、系统平均恢复时间（MTTRS）、平均预防性维修时间（MPMT）等；

(2) 维修工时参数，如维修工时率（MR）；

(3) 测试诊断类参数，如故障检测率（FDR）、故障隔离率（FIR）、虚警率（FAR）、故障检测隔离时间（FIT）等。

定性要求，为使产品维修快速、简便、经济，而对产品设计、工艺、软件及其他方面提出的要求，一般包括可达性、互换性与标准化、防差错及识别标志、维修安全、检测诊断、维修人素工程、零部件可修复性、减少维修内容、降低维修技能要求等方面。

3. 保障性要求

同样可分为定量要求和定性要求。

定量要求一般分为 3 类：

(1) 针对装备系统的系统战备完好性要求，如使用可用度、能执行任务率等；

(2) 针对装备的保障性设计特性要求，主要包括可靠性、维修性、测试性要求，它们由系统战备完好性要求导出，一般用与系统战备完好性、维修人力和保障资源要求有关的可靠性、维修性、测试性使用参数描述；

（3）针对保障系统及其资源的要求，如平均延误时间、备件利用率等。

定性要求一般包括针对装备系统、装备保障性设计、保障系统及其资源等几方面的非量化要求。装备系统的定性要求主要是指标准化等的原则性要求；装备保障性设计方面的定性要求主要是指可靠性、维修性、测试性、运输性的定性要求和需要纳入设计的有关保障考虑；保障系统及其资源的定性要求主要是指在规划保障时要考虑、要遵循的各种原则和约束条件。

4. 测试性要求

定量要求包括故障检测率、故障隔离率、故障检测时间、故障隔离时间和虚警率等。定性要求包括测试可控性、测试观测性和被测单元（UUT）与测试设备的兼容性等。

5. 安全性要求

安全性要求必须与质量管理、可靠性、维修性、人素工程、健康保障等工作综合权衡与协调，已达到最佳的费用效益。

6. 环境适应性要求

装备的环境适应性指标应根据装备运用所处地域的环境特点来确定。确定合理的环境适应性要求，并以合理的费用确保装备满足规定的环境适应性要求。

某轮式无人平台环境适应性指标如下：

① 环境温度，工作温度 $-43\ ℃\sim+55\ ℃$，储存温度 $-43\ ℃\sim+70\ ℃$。

② 振动，满足 GJB 150.16—1986，扫频 5 Hz～500 Hz～5 Hz,（强度,5 Hz～5.5 Hz，振幅 25.4 mm,5.5 Hz～30 Hz,振动加速度 1.5 g,30 Hz～50 Hz,振幅 0.84 mm,50 Hz～500 Hz,振动加速度 4.2 g），振动方向和持续时间，垂直轴向扫描 2 次，一次扫描 15 min，共 30 min。

③ 冲击，满足 GJB 150.18—1986 中高强度冲击要求。半正弦波 60 g,6 ms。

④ 湿度，满足 GJB 150.9—1986 中地面电子设备的要求。即高温 60 ℃，相对湿度 95%，低温 30 ℃，相对湿度 95%，每周期 24 h，共 10 个周期。

⑤ 盐雾，按 GJB 150.11—1986 执行。

7.2.2 国内外典型移动无人平台（小型）及技术指标简介

早期无人平台的军事应用，是以代替人进入危险地域进行排雷或排爆的军事需求推动下发展起来的。1972 年 Morfax 公司在英国频遭爱尔兰共和军炸弹袭击的背景下研制出世界上第一台排爆机器人 wheelbarrow（手推车）。后来随着国际反恐形势的日趋严重，特别是"9.11"恐怖袭击事件以后，在伊拉克战争、阿富汗战场等几场低烈度反恐战争的作战需求推动下，国外一些科研院所及大公司，如美国麻省理工学院、Remotec、 iRobot、Foster-Miller，英国 P. W. Allen、ABP，德国 Telerob、加拿大 Pedsco、法国 Cybernetix 等相继在排爆机器人的技术研究和军事应用上取得了进展，相应的排爆机器人产品在各国军警部门都有装备和使用，并在战场上得到实战检验。

应用最广泛的排爆机器人为英国 Morfax 公司的 Wheelbarrow（手推车）、美国 Remotec 的 AndrosF6A、美国 Irobot 的 Packbot510、美国 Foster-Miller 的 talon（魔爪）、加拿大 Pedsco 公司的 RMI-9WT、法国 Cybernetix 的 TSR200 等。这里选取 3 种国外军用小型无人平台，其性能对比如表 7-1 所示，外观如图 7-3 所示。美国 Irobot 公司的 Packbot510 和 Foster-Miller 公司的 talon 是世界上部署量最大的两款排爆机器人，有超过 2800 台 talon、超过 4000 台 Packbot510 在伊拉克和阿富汗等地区执行清除路边炸弹和简易爆炸装置任务。

表 7-1 3 种国外军用小型无人平台

生产国家及品牌		美国 Irobot	加拿大 Pedsco	美国 Remotec
型号		Packbot510	RMI-9WT	AndrosF6A
质量/kg		51	100	159
运输状态 长×宽×高/mm		680×520×1200	1400×680×1200	1320×445×1120
最高行驶速度/(km/h)		9	5	6
最大爬坡度/(°)		35	38	45
最大抓取重量/kg	完全伸展	5	30	11
	折叠状态	13	60	46
最大抓取外径/mm		200	300	250
最大作业高度/mm		1800	3000	2130
自由度		7	4	5
持续工作时间/h		4	4	3

(a) 美国-Packbot510

(b) 加拿大-RMI-9WT

(c) 美国-AndrosF6A

图 7-3 国外小型无人平台

国内轻小型机器人的研究起步晚于国外,直到进入 21 世纪才引起广泛重视。经过多年的发展,国内排爆机器人产品已由最初的仿制发展成为自主研发创新,技术上已基本成熟,并有多款产品装备到公安部门和武警部队。

3 种国产小型无人平台如表 7-2 所示,外观如图 7-4 所示。

表 7-2　3 种国产小型无人平台

	生产单位	长源动力科技有限公司	北京晶品特装科技有限公司	南京理工大学
	型号	XBOT510	JP-REOD400	BBB001
结构性能	机器人尺寸(长×宽×高/mm,完全收起状态)	830×570×450	830×600×460	904×475×636
	本体质量/kg	≤37	≤37	35
机动性能	最高行驶速度/(km/h)	7.2	≥6.12(5 个挡位,无级调速)	高速挡 12.4
	最大垂直越障高度/mm	≥200 mm	300	200
	最大越壕宽度/mm	200	400	370
	最大涉水深度/mm	300	200	200
	最大爬坡度/(°)	40	45	37
	爬楼梯能力	具备,38°楼梯	具备,45°楼梯	具备,31°楼梯
抓取性能	机械臂平伸承重/kg	6	≥6	可加装
	机械臂收起承重/kg	12	≥16	可加装
	最大夹持宽度/mm	170	280	可加装
	最大抓取高度/mm	1500	≥2000	可加装
	最大抓取深度/mm	850	≥1100	可加装
	最远抓取距离/mm	1500	≥1600	可加装
	自由度	9	8	可加装
控制性能	控制方式	有线、无线控制	有线、无线控制	无线控制
	线缆长度/m	100	≥100	
	无线遥控距离/m	1000	≥600	1000
	防护性能	IP65	IP66	IP65
	持续工作时间/h	5	≥2	≥5
	工作环境温度	-25 ℃~+55 ℃	-40 ℃~+50 ℃	-40 ℃~+55 ℃
	作战单元	高压水炮	高压水炮	35 mm 枪挂榴弹

第 7 章　机电一体化技术应用

(a) XBOT510

(b) JP-REOD400

(c) BBB001机器人

图 7-4　国产小型无人平台

7.3　轮式无人平台总体设计

　　轮式无人平台主要用于在作战前沿或者危险区域执行抵近侦察、信息传输等任务，典型的作战环境包括城市巷道、楼宇内、有遮蔽物的乡间道路周边、丛林、丘陵等，典型任务包括图像获取及态势感知、隐蔽侦察、通信中继等。在多任务和复杂环境下，要求单体运动平台具有最大化的环境适应能力，如平整和崎岖路面的高速运动，碎石块、路肩等障碍的自适应翻越，这对运动平台的推进和悬挂系统提出了较高的技术要求。

　　轮式无人侦察平台具有全电全驱动六轮结构，其中每侧的前两轮通过摆臂结构连接在一起形成联动关系，然后再通过直线弹簧悬挂装置连接平台本体，后两轮独立摇臂悬挂。轻型轮式无人平台的技术指标以及运动学和动力学模型已在第 2 章和第 3 章讨论，该平台的样机如图 7-5 所示。

图 7-5　轻型轮式无人平台及遥控地面站

　　轻型轮式无人平台遥控地面站包含便携式箱体、侦察计算机及显示端、无人平台状态监控计算机及显示端、按键摇杆检测电路、锂电池组以及数传和图传电台。遥控地面站展开后如图 7-6 所示。

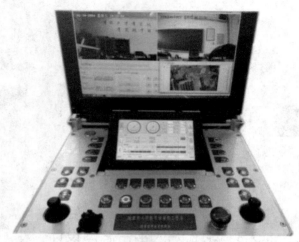

图 7-6　遥控地面站展开

7.3.1　轮式无人平台行动系统优化设计

行动系统包含 6 个独立电驱动的轮毂电动机,其结构和布置方法已在第 2 章介绍,如图 2-20 所示。

轮毂电动机通过悬挂机构连接到平台本体。悬架机构主要用来传递作用于车身和车轮之间的力和力矩,以缓和由于路面冲击载荷引起的车身振动,达到使平台正常行驶的目的。悬架机构性能的优劣直接影响到无人平台的行驶平顺性、稳定性、通过性、可靠性等多方面的性能。故而,设计性能优良的悬架有着十分重要的意义。

轮式无人平台摆臂悬挂机构如图 7-7(a)所示。该机构包含悬挂底板、上定位块、下定位块、光轴、悬挂弹簧、液压减振器、弹簧座、滑块轴承、限位挡片、摆臂座、橡胶缓冲垫、摆臂、摆臂轴等主要零部件。

两个轮毂电动机通过摆臂连接成为一个整体,摆臂中心压装铜套,通过摆臂轴连接到摆臂座上。当无人平台在崎岖不平路面运动时,两个接地的轮毂电动机可围绕摆臂轴摆动,这样可保持最大的轮胎接地压力,可大大提高轮式平台的通过性。当遇到垂直障碍时,两个联动的轮毂电动机同步推动摆臂翻转,可大大提高平台越障能力。

摆臂座背面安装滑块轴承,滑块轴承与固定在上下定位块之间的光轴配合,使摆臂座相对于光轴只有一个上下运动的自由度。摆臂座和上定位块之间安装悬挂弹簧和液压减振器,构成了一个直线运动悬挂机构。悬挂底板用于安装上下定位块。

上述零部件装配后,构成了摆臂悬挂机构的模块化单元,通过 6 个螺栓连接到平台本体,整体结构紧凑,更换维修简便。

后轮摇臂悬挂机构如图 7-7(b)所示。该机构包含悬挂底板、提手座、上定位块、液压减振器、电动机摆臂、定位轴、保持架、限位三角块、橡胶缓冲垫等主要零部件。

轮毂电动机与电动机摆臂一端连成一个整体,定位轴插装到悬挂底板上,电动机摆臂另一端压装铜套，与定位轴配合，使轮毂电动机可绕定位轴摆动。保持架通过4个螺栓固定到悬挂底板上，起到强化定位轴的作用。提手座与悬挂底板通过螺栓连接在一起，上定位块焊接在提手座上。提手座与电动机摆臂中间的铰接点通过直销安装液压减振器，构成一套摇臂悬挂机构。

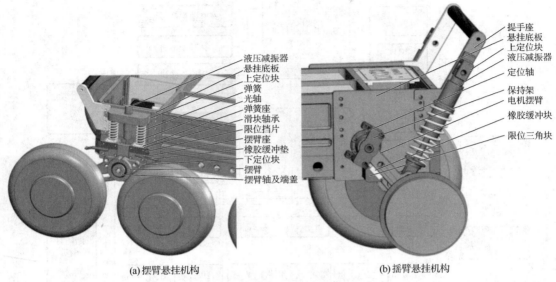

图 7-7 轮式无人平台悬挂机构

7.3.2 轮式无人平台控制系统及任务软件架构

该无人平台具有六轮结构，行驶时要求各驱动电动机同步运行，控制实时性要求高，这对无人平台控制系统的设计提出了极高的要求。针对无人平台的结构特点和控制需求，同时兼顾高速稳定行驶控制策略、状态估计算法、转矩协调控制算法，构建了基于嵌入式处理器的实时控制系统，并采用C语言编写了实时控制程序。

1. 轮式无人平台控制系统层次结构

总体上将无人平台的核心控制算法按照控制功能划分为4个不同层次，按照控制指令发出到动作生成的顺序，这4层分别为操作控制层、状态估计层、转矩协调层和六轮驱动力分配层。无人平台嵌入式控制系统架构如图7-8所示。

在本控制系统中，操作控制层负责无人平台操控指令的生成与发出，同时具备状态显示功能。本层选用了一款基于Cortex-A9高速处理器内核的核心板，设计了CAN总线、网络接口底板，并集成操作摇杆、数传电台和锂电池和电源管理电路，设计了人机交互和状态显示界面，构成了一款操作简便、界面友好的操作终端。

状态估计层以嵌入式控制器iMX6Q为核心构建了规划控制计算机，还集成了数传电台、北斗定位模块、MTI陀螺仪等部件，构成了基于无人平台状态模型的状态估计系统。控制器通过高速以太网读取底层车轮转速、电压、电流等状态信息，实时评估计算无

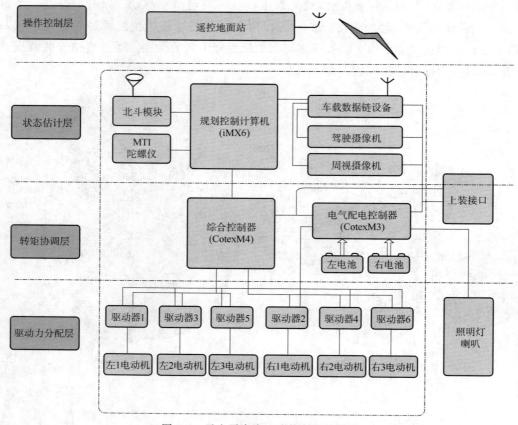

图 7-8 无人平台嵌入式控制系统架构

人平台本体状态,同时通过陀螺仪读取平台姿态信息,通过北斗模块读取定位信息,通过数传电台读取遥操作指令,确保遥控指令从控制终端到无人平台畅通。

转矩协调层负责无人平台多轮同步运行控制与控制策略制定,对控制的实时性要求较高。本层任务由基于 STM32M4 内核的综合控制器,通过 RS485 总线和 CAN 总线分别与底层电动机驱动板以及电源控制板交互信息,通过高速以太网与状态估计层的规划控制计算机交互信息。

驱动力分配层由电动机驱动器和轮毂电动机构成。各个车轮的驱动器和轮毂电动机构成闭环控制系统,通过 RS485 总线接受驱动指令并实时反馈电动机状态参数。

2. 综合控制器设计

在图 4-22 所示的最小系统基础上,结合轮式无人平台控制接口需求,综合集成外围接口电路,设计了 ZYUVC01A 型综合控制器板,其结构及接口如图 7-9 所示,采用 cotexM4 内核的 STM32F407 嵌入式 MCU,180M 主频,集成 2 路隔离 CAN 总线接口,2 路 RS232 接口,2 路隔离 RS485 接口,4 路 16 位高速 A/D 接口,4 路 12 位 A/D 接口,1 路 USB 接口,1 通道 100M 局域网接口,1 路 I^2C 接口并集成了 MEMS 陀螺仪,另外扩展了 4 路支持 PWM 输出接口,8 路隔离的数字输出接口,6 路编码器接口,8 路隔离的数字输入接口。该板卡有丰富的通信接口和 IO 口,用于无人平台整机行驶控制,接收线控、遥控指令,解析指令并分发指令,实现车辆行驶、转向、制动等复杂控制功能。

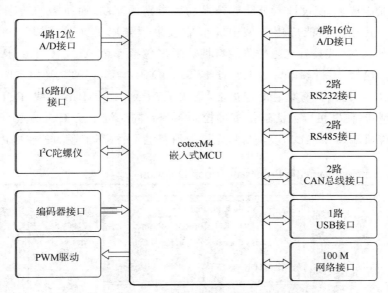

图 7-9　ZYUVC01A 型综合控制器硬件结构及接口图

综合控制器需 9~36 V 宽压直流电源供电,由内置电源管理单元产生 3.3 V 外围器件和核心板工作电压,电源管理单元包含完善超压和过流保护电路。板上还安装了小功率隔离 DCDC 模块,高速光耦将 MCU 的 CAN 总线收发信号与 CAN 总线协议芯片进行电气隔离,这样可以隔绝外部电路的线路干扰,确保本系统的可靠性。板内集成了体积小巧的功耗低、全能型 10/100M 以太网收发器,扩展了一路网络接口,综合控制器通过该网络接口连接无人平台车载互联网。

综合控制器 4 路异步串口(UART)其中串口 4 和串口 5 通过光耦隔离连接 485 协议芯片 SP3485,定义为 RS-485 接口,分别连接左侧和右侧的轮毂电动机驱动器;串口 2 和串口 3 通过协议芯片 SP3232EEY 引出,定义为 RS-232 接口,作为系统备用接口。

3. 状态估计层主要部件选择与设计

状态估计器负责无人平台实时位置、姿态以及运行状态的实时解算与运动规划,计算任务较重,经计算任务评估,设计了基于 iMX6q 内核的规划控制计算机。

该规划控制计算机任务层面上与综合控制器的控制任务有部分重叠,这样就可以为每个实时计算任务建立两个版本,主版本在正常情况下运行,运行过程中一旦发现故障,将启动任务的副版本进行故障恢复,确保实时任务可靠地完成。当然,按照计算任务层次划分,状态评估任务的主版本在规划控制计算机中,而转矩协调任务的主版本在综合控制器中。

考虑到实时计算任务的计算需求和编程实现的快捷性,本系统中选择了可移植 Linux 操作系统的 Cortex A9 处理器 iMX6 构建规划控制计算机。

iMX6 双核处理器的构成框图如图 7-10 所示。iMX6 系列应用处理器专为常规的嵌入式设备、汽车电子、工业控制和消费电子等应用而优化，可实现高性能和高能效，具有先进的智能加速技术，使设计人员能够开发功能丰富的产品，而所需的功率级别远远低于业界预期。其在高性能应用领域中的节能效果领先同类产品，采用 40 nm 低功率 CMOS 技术架构，使其具有优越的节能特性。最多包括 4 个 ARM Cortex-A9 内核，HD 级别的视频加速器，运行频率可达 1.2 GHz，带有 1 MB L2 缓存和 64 位 DDR3 或 2 通道、32 位 LPDDR2 支持。具有卓越的连接性，集成了 FlexCAN、MLB 总线、PCI Express 和 SATA-2 控制器，使其可以灵活连接多种控制系统。同时继承了 LVDS、MIPI 显示器端口、MIPI 摄像机端口和 HDMI v1.4，是先进的消费电子、汽车工业的理想应用平台。

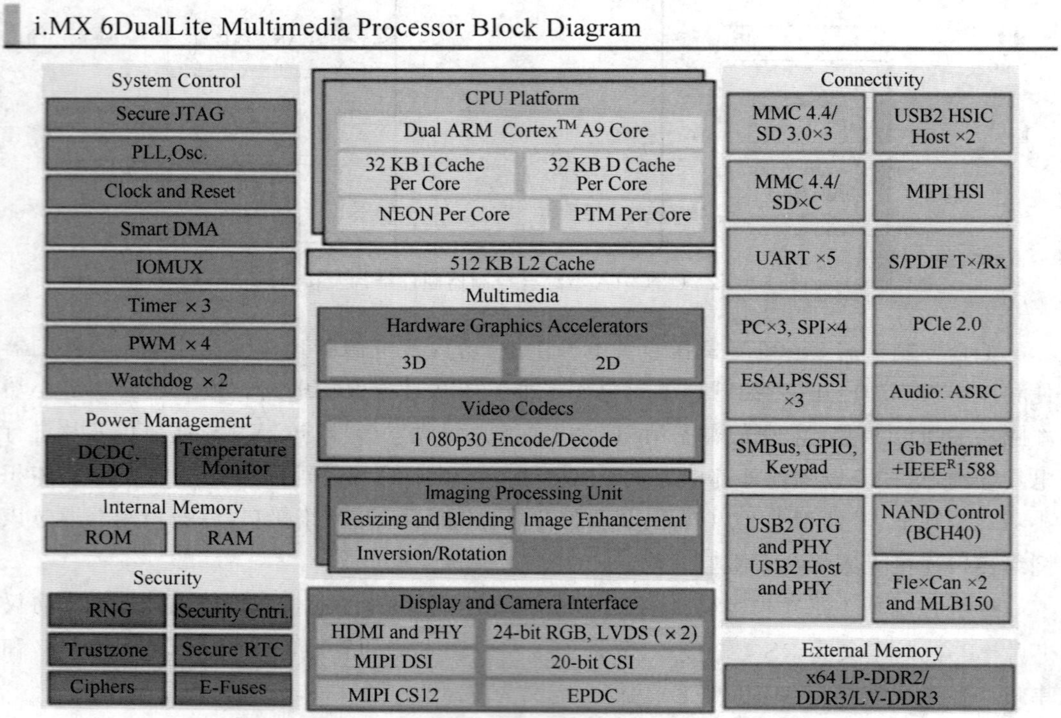

图 7-10　iMX6 双核处理器构成框图

iMX6 规划控制计算机集成了图 7-11 所示的外围设备。这里扩展的 HDMI 接口主要用于系统调试和应急检修。iMX6 核心板上有两路 CAN 总线接口，通过高速光耦将 iMX6 核心板上的 CAN 总线收发信号与 CAN 总线协议芯片进行电气隔离，这样可以隔绝外部电路的线路干扰，确保本系统的可靠性。

应用体积小巧的功耗低、全能型 10/100 M 以太网收发器扩展了一路网络接口。iMX6 控制板通过该网络接口连接无人平台车载互联网。

iMX6 规划控制计算机内部含有 5 路异步串口（UART），其中 UART1 已被操作系统占用，用于连接调试终端。这里将其余四路串口引出，其中串口 2 和串口 3 通过 485 协

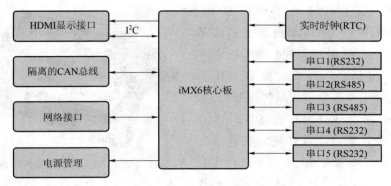

图 7-11　iMX6 规划控制计算机

议芯片 SP3485,定义为 RS-485 接口,分别连接左侧和右侧的轮毂电动机驱动器;串口 4 和串口 5 通过协议芯片 SP3232EEY 引出,定义为 RS-232 接口,作为系统备用接口。

iMX6 规划控制计算机需 5 V 2 A 的直流电源,由电源管理单元产生 3.3 V 外围器件工作电压和 5 V 核心板工作电压,电源管理单元包含完善超压和过流保护电路,可保证核心板的电气安全。

本系统中导航定位模块选用的是星网宇达自主研发的 XW-GNSS1037 七频民用测量型接收机,如图 7-12 所示。该模块是基于中国北斗二代卫星定位系统,俄罗斯格洛纳斯卫星定位系统和美国 GPS 卫星定位系统的测量型接收机,在测量精度达到了世界先进水平,可同时接收 BDS-B1、B2、B3、GPS-L1、L2C/L2P 和 GLONASS-L1、L2 共 7 种频点的卫星信号,采用实时动态载波相位差分技术实现高精度位置测量。

图 7-12　导航定位模块

XW-GNSS1037 模块通过 RS232 接口连接 iMX6 控制板,实时反馈本机经纬度坐标。

无人平台控制系统需要通过无线通道接收遥操作指令,综合衡量传输速率、传输距离和传输可靠性技术指标,选用了 MDS EL805 数传电台构建该无线通道。

EL805(图 7-13)是一款传输速率为 115 kbit/s,运用跳频扩频技术的工业级的无线数据传输设备。该数传电台工作在 902～928 MHz ISM 频段,支持无线数据透明传输,支持几乎所有的监控和数据采集协议和 EFM 协议,包括 MODBUS 协议。任何 MDS TransNET 都可以设置成中继站,可以存储转发数据,扩展网络运行的范围。

在本系统中 EL805 数传电台主站通过串口连接操作终端遥控器,EL805 数传电台从站通过串口连接综合控制器,封装后的操

图 7-13 EL805 数传电台

作指令数据流和无人平台实时状态数据流即可在无人平台和遥控器之间透明传输。

7.3.3 轻型轮式无人平台高速行驶稳定性分析及控制策略

在对车辆动力学的研究中,实现安全行驶是第一要务,对于无人平台而言,稳定行驶也是保证其各项功能的基本要求。相比于普通车辆,无人平台工作环境更加复杂,同等行驶条件对于动力性和体积都处于劣势的无人平台来说,稳定行驶更加困难。为了实现良好的驱动控制,为轮式无人平台构建了综合控制系统,结合横摆角速度观测和防滑驱动控制策略,实现多轮独立驱动控制下的稳定行驶。

轮式车辆稳定性控制的研究对象以动力学参数为主,包括车速、纵向、横向加速度、质心侧偏角、横摆角速度等,还有一些围绕利用附着系数的研究,本质上看也是意在改善牵引力作用效果。在众多参数中,质心侧偏角和横摆角速度是用于行驶稳定性控制的最重要的两个参数。

驱动控制和行驶环境是决定无人平台行驶状态的重要因素。无人平台为六轮毂电动机独立驱动,其动力性依赖于对轮毂电动机输出转矩的控制,分析常见工况下的动力学特性有助于针对性地设计稳定性控制方案。直驶是无人平台最基本的行驶工况,行驶过程中轮速车速不等常导致滑移、滑转,严重的滑移、滑转会威胁平台的稳定;转向功能在所研制的无人平台上通过电子差速实现,差速转向本质上是利用滑移实现转向,而且转向过程中运动状态的瞬间切换很可能导致过度侧滑。因此,为了提高平台的地面附着特性,使之行驶"快"且"稳",需要准确监控无人平台纵、横向滑移情况;当遇到险情,还需要能够通过主动控制等手段,有效限制滑移程度才能恢复无人平台的稳定行驶状态。为了更好实现稳定行驶策略,以下将围绕滑移模糊控制和横摆角速度门限控制设计无人平台控制策略。

为此,依照自上而下的开发流程,在前述六轮独立驱动无人平台运动学、动力学建模的基础上,进行驱动力控制策略研究,以期实现多轮独立控制下的稳定行驶。

在实际应用过程中,无人平台受控于远程操作终端,多数情况下平台本体并不处于视距范围内,操作员无法完整了解平台行驶状况和环境特点,所以需要通过平台的半自主控制来维持行驶过程的稳定。半自主控制应用于远程复杂环境下的遥控作业,一方面

获取运动状态参数研判行驶状态,通过自动控制保证行驶稳定;另一方面还能受控于人工远程操作,执行任务指令。因此具有更强的环境适应能力与更大的任务执行空间。

六轮独立驱动无人平台控制系统采用层级式控制体系,依据控制与状态指令处理、行驶策略制定、平台的动力输出三大功能分为三层,分别为:基于模型的状态估计层、基于稳定行驶的转矩协调层以及六轮驱动力分配层,如图 7-14 所示为控制系统的各层级功能与层间输入、输出物理量。

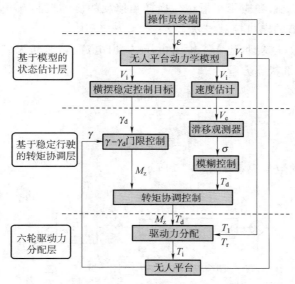

图 7-14 无人平台控制系统分层与控制量

基于模型的状态估计层位于整个无人平台控制系统的上层,其主要任务为获取指令信号与控制信号并解算,输出运动期望与状态估计量。首先在状态估计层建立六轮驱动无人平台动力学模型,而后采集各轮运动速度与各轮轴转矩值,根据前述运动学与动力学关系,估计行驶速度与驱动力分布情况。与此同时,将操作端输入的行驶指令信号传入无人平台模型,行驶指令可以为力矩控制、速度控制、转向半径控制等。最终将接收到的控制指令与状态指令传入转矩协调控制层,以模型为基础,实现从控制语言到机器语言的"翻译"功能。

基于稳定行驶的转矩协调层位于无人平台控制系统的中层,其主要功能是监控行驶状态并制定力矩协调控制方案。无人平台运动状态稳定性主要考查横摆角速度和滑移率两方面,运用惯导元件监测可以获得实时横摆角速度,而滑移率无法直接测量,需要估计获得。根据前述内容可知,过度滑移现象是平台运动失稳的常见原因,适当的滑移率可以提高平台的稳定性。为了维持最佳滑移率,设计模糊控制方法输出转矩控制量,直接改变平台的滑移滑转程度。为了维持横向稳定,设计横摆角速度门限控制方法。最终结合无人平台行驶状况与稳定行驶方案,给出转矩协调的控制方法。

六轮驱动力分配层位于整个无人平台控制系统的底层,其主要功能是执行转矩控制,决策过程参考来自操作员终端的直接转矩控制信号,和转矩协调控制模块给出控制方案。在驱动力分配层中，预设单侧转矩分配、前后转矩分配、差动转矩分配等转矩分配方案，在接收驱动转矩和横摆力矩的情况下，给出每个电动机转矩方案。

六轮驱动力分配层主要负责执行平台的转矩控制，根据上一层基于稳定行驶的考量，将驱动力调节量分配到无人平台的各个执行机构，从而实现无人平台的动力学控制，本质上是实现了获取目标到控制输出的过程。前述可知六轮无人平台通过六组轮毂电动机控制器对应六组轮毂电动机实现独立驱动控制，本节将介绍控制器获得控制目标后进行的基础动力学控制，和应用于滑移与横摆角速度的协调控制方案。

1. 基于转矩调节的电机控制方法

由轮毂电动机数学模型，建立了输入电压、输出电流、转速与无刷电动机参数特性的关系，获得无刷电动机状态方程为

$$\frac{\mathrm{d}I}{\mathrm{d}t} = -\frac{R}{L}I - \frac{k_e\omega}{L} + \frac{U}{2L} \tag{7-1}$$

$$\frac{\mathrm{d}\omega}{\mathrm{d}t} = \frac{2k_eI - T_d}{M_w} \tag{7-2}$$

单轮毂电动机的数学模型如图 7-15 所示。

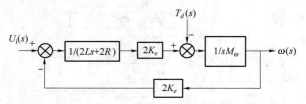

图 7-15　单轮毂电动机的动态结构

电动机控制系统通过输入电压实现电动机转速的控制。根据前述电动机协调控制的需要，还需要实现电动机转矩控制，电枢电流作为上述控制回路的状态变量，与电动机转矩为正比关系，通过电流反馈可以实现转矩闭环控制，为此，建立单轮毂电动机转矩闭环如图 7-16 所示。

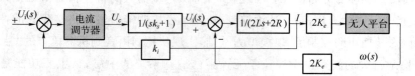

图 7-16　单轮毂电动机转矩闭环控制结构

所建单闭环转矩控制实现了电枢电流的反馈，反馈电流通过 PID 调节器控制，实现了输出转矩的有效控制，建立起转矩闭环。

2. 用于行驶稳定性控制的驱动力分配方案

完成了单闭环电动机转矩的控制，也即实现了电动机的基础的动力学控制，六轮毂电动机及其驱动器作为一个整体，在实现整车稳定性的过程中应当实现很好的协同控制方法，有效的协同控制，可以帮助平台在纵、横向实现优秀的动力性能，合理的分配动力，也可以为平台节省能量，提高能量利用效率和续航里程。

由前述无人平台转矩协调控制层级针对横摆角速度和滑移率的控制,设计防滑和横摆力矩控制策略。

单轮防滑控制策略简单直接,由前述滑移率研究可知,无人平台可以时刻监控各个轮毂电动机的滑移滑转情况,通过模糊控制方法,单个轮胎施加补偿力矩,改变其轮速,以维持最佳滑转率。

横摆力矩控制策略稍微复杂,常规转向方式为差速转向,由轻型轮式无人平台的动力学模型,根据其转向目标设定差异化的轮速,实现以转向半径为控制目标的差速转向方法,实现行驶方向的改变。然而伴随路面情况的变化可能出现转向不足或者转向过度等问题。为此,以左转为例,以目标横摆角速度为参考值,设计转向控制的 4 种补偿与纠偏方法,实现转矩的协调分配。左转过程中,无人平台的前外轮和后内轮对横摆力矩的影响最为显著,故以此类轮驱动力为控制目标。

如图 7-17 所示,左转过程中转向不足时,根据目标横摆角速度判定区间,设定转向不足与严重转向不足两种情况。以转向不足为例,当转向过程中横摆角速度小于目标横摆角速度且处于门限控制下限之上,则属于转向不足,通过策略 a 实现力矩补偿;当转向过程中,横摆角速度小于横摆角速度且小于门限控制下限,则平台此时处于严重转向不足状态,采用策略 b 进行力矩补偿。同理可得在转向过度情况下,应用策略 c 进行转矩补偿;转矩严重不足下,应用策略 d 进行横摆稳定性控制。

  (a)   (b)   (c)   (d)

图 7-17 以左转为例的转矩协调控制策略

应用了转矩协调分配的无人平台稳定性控制,从整体的驱动方案上,为无人平台节省了能量,匹配了力矩需求,实现了横摆角速度控制,确保了平台的平稳运行。

习题与思考题

1. 如何理解机电系统设计的霍尔三维结构图?时间维和逻辑维的交叉点表明了在特定的工作时间段需要进行的工作,请分析在作战装备研发中,相应的专业维上涉及哪些专业技术领域?

2. 以轮式无人平台为例,简述该装备用于遂行抵近侦察任务时,其技战术指标提出时应考虑的外部因素?

3. 简述轮式无人平台动力学模型和运动学模型对于控制策略提出的意义?

参考文献

[1] 董景新,赵长德,熊沈蜀,等.控制工程基础.北京:清华大学出版社,2003.
[2] 黄筱调,赵松年.机电一体化技术基础及应用[M].北京:机械工业出版社,2011.
[3] 戴夫德斯.谢蒂,理查德 A.科尔克.机电一体化系统设计.北京:机械工业出版社,2016.
[4] S.A.纳萨尔.电机与机电学.北京:科学出版社,2002.
[5] 胡寿松.自动控制原理.北京:科学出版社,2019.
[6] 高钟毓.机电控制工程.北京:清华大学出版社,2011.
[7] 张秋菊,王金娥,等.机电一体化系统设计.北京:科学出版社,2016.
[8] 郭文松.机电一体化技术.北京:机械工业出版社,2017.
[9] 高原,等.国外军用地面无人系统.北京:兵器工业出版社,2017.
[10] 刘勇,宋克岭,等.坦克装甲车辆电气系统设计.北京:北京理工大学出版社,2019.
[11] 刘宏新.机电一体化技术.北京:机械工业出版社,2015.
[12] 戴维·G·阿尔恰拖雷.机电一体化与测量系统.贾平民,许飞云,等译.北京:机械工业出版社,2018.
[13] 赵晓凡.装甲车辆电磁兼容性设计与试验技术.北京:北京理工大学出版社,2019.
[14] 李春明.现代坦克装甲车辆电子综合系统.北京:人民邮电出版社,2018.
[15] 李涛.测控系统原理与设计.北京:北京航空航天大学出版社,2020.
[16] 江崎雅康.无刷直流电机矢量控制技术.查君芳,译.北京:科学出版社,2018.
[17] 郭琼.现场总线及其应用.北京:机械工业出版社,2020.
[18] 白思俊.系统工程导论.北京:中国电力出版社,2013.
[19] 王永华.现场总线技术及应用教程.北京:机械工业出版社,2018.
[20] 班华.运动控制系统.北京:电子工业出版社,2019.